青少年 STEAM 活动核心系列丛书

乐学电子技术

——DIY 传感器玩 mBlock

张子红　编著

清华大学出版社

北　京

内 容 简 介

随着教育部将 STEAM 写入《义务教育小学科学课程标准》中，以及国务院《新一代人工智能发展规划》等文件的发布，STEAM 教育已驶往发展的快车道。支持学生开展 STEAM 活动的脚手架，也是 STEAM 课程的核心，是程序设计、电子技术和结构设计三部分。学生在 STEAM 活动中设计的解决实际问题的方案以及测试环节，都可以通过“程序设计 + 电子技术 + 结构设计”的方式制作出来。

《好玩的 Scratch》一书，属于“程序设计 + 电子技术 + 结构设计”框架中的“程序设计”部分。本书是在《好玩的 Scratch》的基础上，通过“图形化的 mBlock+开源电子”的方式，以及通过让学生自己制作传感器，逐步引导学生，进入奇妙的电子技术世界。

本书的重点是通过引导学生亲自动手实践来掌握电子制作的相关技术，阅读完本书后，学生将能够使用 mBlock 软件编写程序。然后通过运行 mBlock 程序，可以“看见”电子元件和电路的运行效果，进而理解电子元件和电路的作用。

本书共 15 章，前 4 章介绍基础知识，第 5 ～ 15 章，每章都介绍一个独立项目，每个项目都包括项目分析、硬件制作、软件分析制作、优化迭代、拓展应用和相关资料等。

本书可作为中小学和培训机构的创客社团教材、创客教师的研习教材以及开源硬件爱好者的入门教材。

图书在版编目（CIP）数据

乐学电子技术：DIY 传感器玩 mBlock / 张子红编著 . —北京：清华大学出版社，2020.2
（青少年 STEAM 活动核心系列丛书）
ISBN 978-7-302-53893-6

Ⅰ. ①乐…　Ⅱ. ①张…　Ⅲ. ①电子技术 – 青少年读物　Ⅳ. ① TN-49

中国版本图书馆 CIP 数据核字（2019）第 209543 号

责任编辑：贾小红
封面设计：魏润滋
版式设计：楠竹文化
责任校对：马军令
责任印制：沈　露

出版发行：清华大学出版社
网　　址：http://www.tup.com.cn，http://www.wqbook.com
地　　址：北京清华大学学研大厦 A 座　　邮　　编：100084
社 总 机：010-62770175　　邮　　购：010-62786544
投稿与读者服务：010-62776969，c-service@tup.tsinghua.edu.cn
质量反馈：010-62772015，zhiliang@tup.tsinghua.edu.cn

印 装 者：涿州汇美亿浓印刷有限公司
经　　销：全国新华书店
开　　本：170mm × 230mm　　**印　　张：**19.75　　**字　　数：**330 千字
版　　次：2020 年 4 月第 1 版　　**印　　次：**2020 年 4 月第 1 次印刷
定　　价：79.80 元

产品编号：080282-01

机器做重复性工作，人做创造性工作。机器工作是线性的，编程是创造性的……让我们通过编程，培养创新型人才，控制机器更好地工作。

编 委 会

前 言

STEAM 核心课程包括程序设计、电子技术和结构设计三部分。在《好玩的Scratch》一书的基础上，学生通过学习和使用 Scratch 软件，掌握了程序运行的常见流程。《乐学电子技术——DIY 传感器玩 mBlock》一书，是在《好玩的 Scratch》的基础上，通过“图形化的 mBlock+ 开源电子”的方式，让学生自己制作传感器，逐步引导学生进入奇妙的电子技术世界。

本书配套资源包括：项目的示例程序；用于加工底板的 SolidWorks 原文件、底板截图和激光切割 DXF 文件；虚拟电子元件搭建的 Fritzing 原文件。这些丰富的配套资源非常方便老师们开展教学。

本书的重点是自己动手，掌握电子制作相关技术。同时，结合 mBlock 软件，理解电子元件和电路的作用。

本书共 15 章，前 4 章分别介绍准备工作、Arduino 简介、电子技术基本知识、常用的工具和材料等内容。

从第 5 章起，由易到难，从使用一个电子元件制作传感器开始，逐步增加难度。每章介绍一个独立项目，每个项目都包括项目分析、硬件制作、软件分析制作、优化迭代、拓展应用和相关资料等内容。

每章传感器的制作方式包括三种：一是使用套装硬件，即使用厂家生产的整套电子元件制作传感器；二是使用电子元件，纯手工 DIY 传感器；三是使用电子元件，在面包板上制作传感器。

在制作好传感器的基础上，再设计和制作 mBlock 端的游戏，最后是测试、优化和迭代。

最有特色的是所配的“相关资源”，这一部分使用浅显易懂的语言，以帮助学生看懂电子元件的说明文件，进而达到学生通过看电子元件的技术文档，自己就能掌握电子元件的使用方法。

本书的特点

（1）本书是 STEAM 三大核心课程（程序 + 电子 + 结构）中的电子部分。

（2）本书是电子技术入门的最佳载体。通过 mBlock 软件，读者可以“看见”电子元件和电路的运行效果。

（3）掌握项目制学习方法：基于实际问题，分析需求，设计背景、角色和算法。

（4）训练逻辑思维：从分析项目入手，用百度脑图，分别按程序流程和对象两种思维方式分析项目。

（5）培养创新能力：通过一个个好玩、实用的案例，让读者在理解的基础上，先仿照，再创造，进而逐渐形成创新力。在完成项目基本功能的基础上，进行拓展，以激发创新思维。

本书的内容安排

第 1 章　准备工作

第 2 章　Arduino 简介

第 3 章　电子技术基本知识

介绍万用表的使用方法，认识电压、电流、电阻、直流电源、电池、电容以及各种开关和负载（如马达、LED 灯、蜂鸣器），并且学习串联、并联等知识。

第 4 章　常用工具和材料

介绍 27 种常见创客工具和 18 种材料的使用方法。

第 5 章　反应速度测试仪（按键传感器）

设计和制作按键传感器，并在 mBlock 软件中设计和制作一个反应速度测试仪。

第 6 章　按键赛马（按键传感器）

设计和制作按键传感器，并在 mBlock 软件中设计和制作一款“按键赛马”游戏。

第 7 章　抽奖机（触摸传感器）

设计和制作触摸传感器，并在 mBlock 软件中设计和制作一台抽奖机。

第 8 章　投票器（按键传感器）

设计和制作按键传感器，并在 mBlock 软件中设计和制作一个投票器。

第 9 章　迷宫（旋转电位器）

设计和制作旋转电位器，并在 mBlock 软件中设计和制作一款“迷宫”游戏。

第 10 章　抢滩登陆战（旋转电位器 + 按键）

设计和制作旋转电位器 + 按键传感器，并在 mBlock 软件中设计和制作一款“抢滩登陆战”游戏。

第 11 章　坦克大战（按键传感器）

设计和制作 4 个按键 + 两个按键传感器，并在 mBlock 软件中设计和制作一款“坦克大战”游戏。

第 12 章　雷电（按键传感器）

设计和制作 4 个按键 + 两个按键传感器，并在 mBlock 软件中设计和制作一款“雷电”游戏。

第 13 章　神箭手（直滑式电位器 + 按键）

设计和制作直滑式电位器 + 按键传感器，并在 mBlock 软件中设计和制作一款“神箭手”游戏。

第 14 章　快快接礼物（直滑式电位器）

设计和制作直滑式电位器，并在 mBlock 软件中设计和制作一款“快快接礼物”游戏。

第 15 章　深海潜行（超声波传感器）

设计和制作超声波传感器，并在 mBlock 软件中设计和制作一款“深海潜行”游戏。

附录 1　各项目底板尺寸图

附录 2　配套的全套 DIY 底板

附录 3　配套的套装硬件

附录 4　配套的全套 DIY 电子元件

附录 5　原文件下载

适合阅读本书的读者

- 创客教师
- 中小学学生
- 小学、初中、高中、大学教师
- STEAM 研发机构
- STEAM 课程培训机构
- Scratch 爱好者
- Scratch 培训机构教师
- 硬件开发工程师

说明：为了页面效果和便于学习，本书在介绍网页制作过程中使用了一些网络图片。因图片版权无法查找，故未能及时与图片著作权人取得联系，在此深表歉意。如若侵犯了您的权益，请您及时与我们联系，我们将按市场价格支付图片使用费用，谢谢！

为方便大家学习和交流，欢迎大家添加技术支持微信：cdzzh9。

张子红

2020 年 4 月

目录

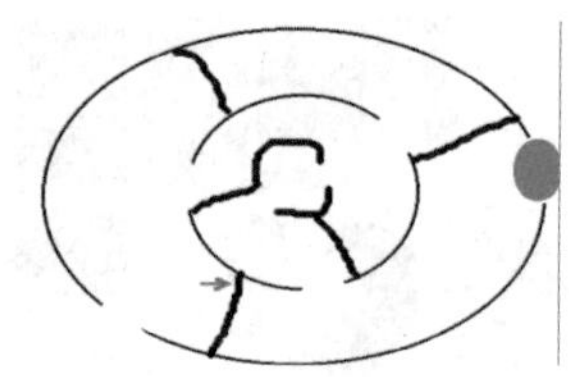

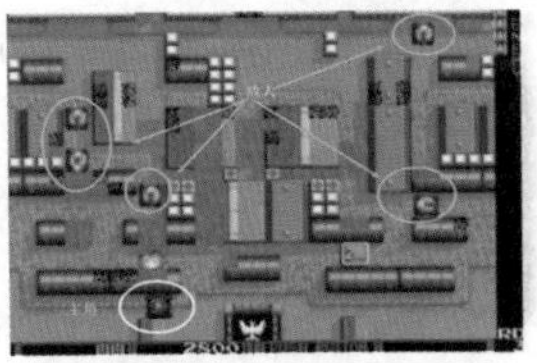

第1章 准备工作

工欲善其事，必先利其器。在通过 mBlock 玩电子制作的过程中，电脑端的必备软件是 mBlock 和 Fritzing。其中，mBlock 是一款改进版 Scratch 软件，可使用自制的电子传感器控制 Scratch 中的角色；Fritzing 是一款入门的电路设计软件，它可将实物与 PCB 设计联系起来，进而便于使用者理解电路原理。

本章学习目标

- mBlock 的安装和简介
- Fritzing 的安装和简介

1. mBlock 是什么

mBlock 是基于开源软件 Scratch 开发的图形化编程软件，支持 Makeblock 机器人和 Arduino 开源硬件编程，从而让用户可以很容易地创造出可交互的智能应用，mBlock 软件的 LOGO 如图 1.1 所示。

mBlock 软件下载地址为 www.mBlock.cc，PC 端现在通用的 mBlock 软件是基于 Scratch 2.0 的 mBlock 3，已提供支持 macOS、Windows XP、Windows 7 及以上、Chrome OS 和 Linux 系统的多个版本，界面如图 1.2 所示。

图 1.1　mBlock 软件的 LOGO

图 1.2　PC 端的 mBlock 3

截至笔者编写本书时，基于 Scratch 3.0 开发的、支持 Python 语言的 mBlock 5 已推出 macOS 版本和 Windows 7 及以上的版本，如图 1.3 所示。

图 1.3　PC 端的 mBlock 5

除了 PC 端的 mBlock 软件，还有移动端的 APP，目前支持 Android 系统和 iOS 系统，如图 1.4 所示。

图 1.4　移动端的 mBlock

2. mBlock 能做什么

（1）游戏制作：使用图形化编程语言，配合电子传感器模块，设计出有趣的小游戏。

（2）艺术创作：通过简单的图形化编程，可以让你的艺术绘画变成活灵活现的动画作品。

（3）机器人控制：通过编程，让你的机器人学会自己思考和完成任务，成为陪你玩耍的小伙伴。

3. Fritzing 简介

Fritzing 是图形化 Arduino 电路开发软件，下载地址为 fritzing.org，欢迎界面如图 1.5 所示，它支持中文。Fritzing 深受设计师、艺术家、研究人员和爱

图 1.5　Fritzing

好者的喜爱，帮助他们从最初的原型设计，直到设计出完美产品。还支持用户设计以 Arduino 和其他电子为基础的电子作品，并与他人分享。也可用于教学，方便地展示各种电子元件的连接，并生成可供工厂直接生产的 PCB 文件。

本书用到如图 1.6 所示的电路原理图和如图 1.7 所示的电子元件实物连接效果图，都可以用 Fritzing 软件设计。

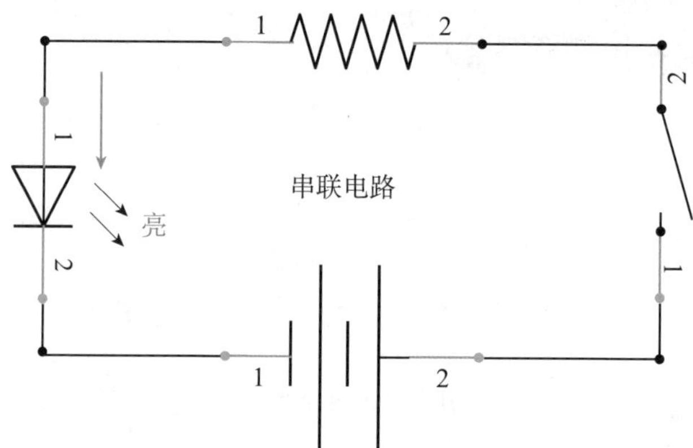

图 1.6　Fritzing 绘制的电路原理图

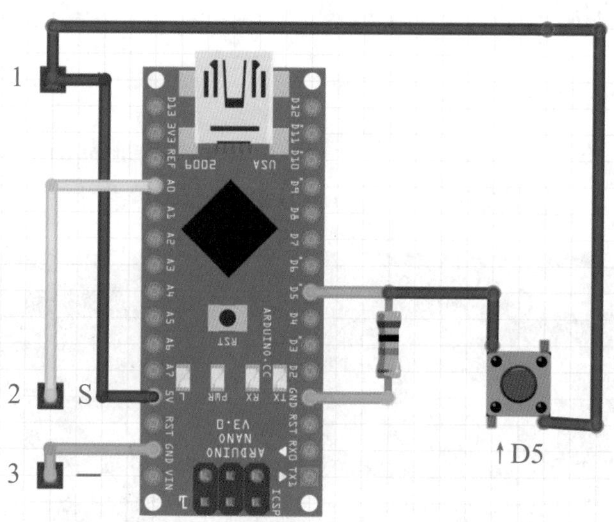

图 1.7　Fritzing 绘制的电子元件实物连接效果图

（1）Fritzing 软件功能 1：虚拟电子元件连接，如图 1.8 所示。

图 1.8　虚拟电子元件连接

（2）Fritzing 软件功能 2：绘制电路原理图，如图 1.9 所示。

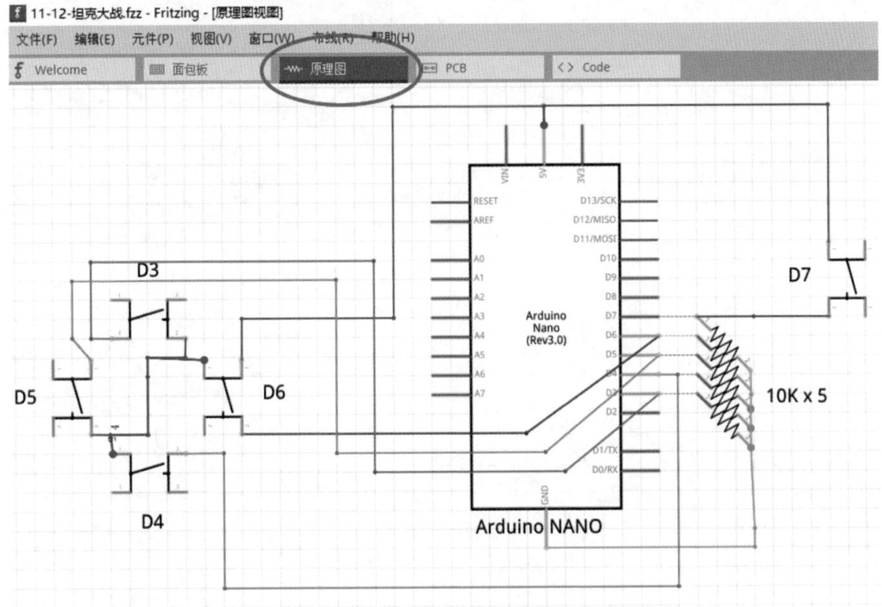

图 1.9　绘制电路原理图

（3）Fritzing 软件功能 3：绘制 PCB，如图 1.10 所示。

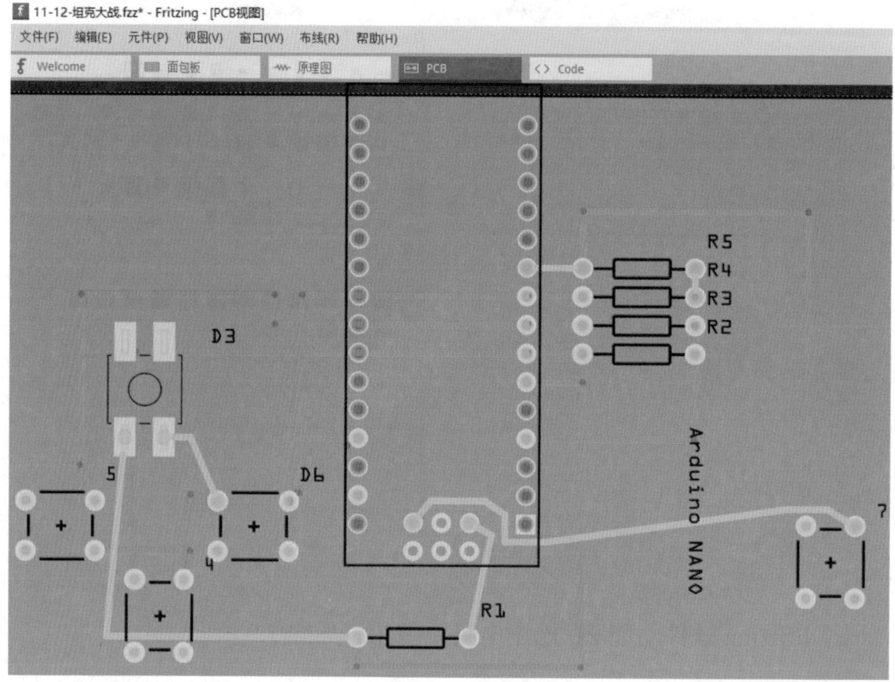

图 1.10　绘制 PCB

第2章 Arduino 简介

本章将介绍常见的 Arduino 板的使用方法，以及用程序控制端口电平的方法，同时还将带领读者初步体验制作基于 Arduino 的电子作品的过程。通过学习本章读者将掌握 Arduino 板的供电方式，知道 USB 供电和电池供电的区别，并了解常见的 Arduino 传感器的外形和作用。

本章学习目标

- Arduino 是什么
- Arduino 的简单使用方法
- 供电方式
- 常见的 Arduino 传感器

1. Arduino 是什么

Arduino 是一款便捷灵活、容易上手的开源电子平台，包含硬件（各种型号的 Arduino 板）和软件（Arduino IDE）。它是由一个欧洲开发团队于 2005 年冬季开发的，常见的 Arduino 板如图 2.1 所示。

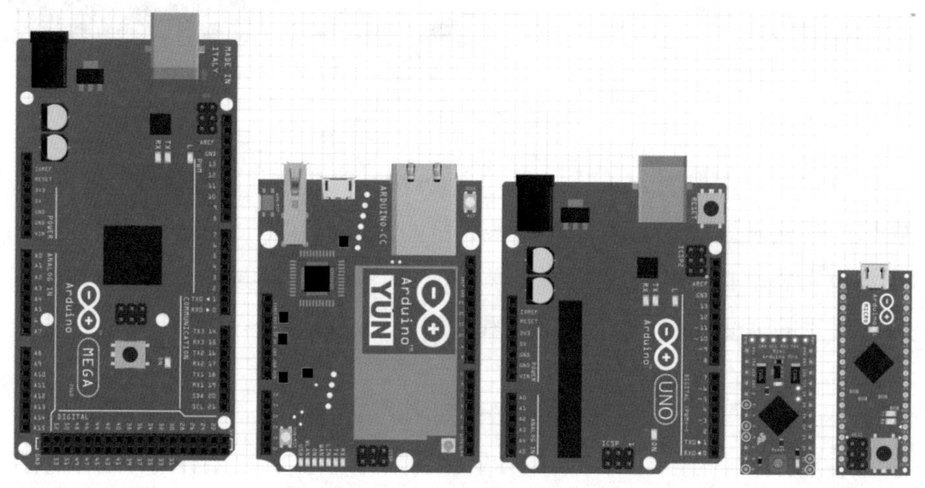

图 2.1　Arduino 各版本对比

Arduino 可以单独运行，例如制作一个红绿灯。也可以与 Adobe Flash、Processing、Max/MSP、Pure Data、SuperCollider 等软件结合，做出互动作品。以 Arduino 板为中心，兼容多种外围电路。还可以兼容其他电子元件，例如开关、传感器、LED、步进马达或其他输出装置等。Arduino 的 IDE 界面基于开放源代码，因而可以免费下载使用，以开发出更多令人惊艳的互动作品。

（1）Arduino 平台特点 1：跨平台。

Arduino IDE 可以在 Windows、Macintosh OS X、Linux 三大主流操作系统上运行，而其他的大多数控制器只能在 Windows 上开发。

（2）Arduino 平台特点 2：简单清晰。

Arduino IDE 基于 Processing IDE 开发，所以它对于初学者来说极易掌握，同时有着足够的灵活性。Arduino 语言基于 Wiring 语言开发，是对 avr-gcc 库的二次封装，不需要太多的单片机基础、编程基础，简单学习后，读者就可以快速地进行开发。

(3) Arduino 平台特点 3：开放性。

Arduino 的硬件原理图、电路图、IDE 软件及核心库文件都是开源的，在开源协议范围内可以任意修改原始设计及相应代码。

(4) Arduino 平台特点 4：发展迅速。

Arduino 不仅仅是全球流行的开源硬件，也是一个优秀的硬件开发平台，更是硬件开发的趋势。Arduino 简单的开发方式使得开发者更关注创意与实现，更快地完成自己的项目开发，进而大大节约了学习的成本，以及缩短了开发的周期。

因为 Arduino 的种种优势，越来越多的专业硬件开发者已经或开始使用 Arduino 来开发他们的项目、产品；越来越多的软件开发者使用 Arduino 进入硬件、物联网等开发领域；大学里，自动化、软件，甚至艺术专业，也纷纷开设了 Arduino 相关课程。

2. Arduino 的简单使用方法

接下来，结合 LED 灯闪亮这一个具体实例，来说明 Arduino 板的使用方法。任何一个 Arduino 作品都包括电子元件部分和控制程序部分，下面就分别进行介绍。

(1) 安装软件和驱动程序。

① 安装 Arduino IDE 软件。

登录 www.arduino.cc 网站，打开 Software 页面，如图 2.2 所示。从该图中可以看到，当前 Arduino IDE 现在最新版本是 Arduino 1.8.5。Arduino IDE 软件版本分类有多个版本：Windows 单文件安装包 Windows Installer、Windows 压缩包 Windows ZIP file for non admin install、Windows 8 或 Windows 10 版本的 Windows app Requires Win 8.1 or 10，以及苹果计算机系统的安装软件 Mac OS X 10.7 Lion or newer，和支持 Linux 系统的 32 位版本 Linux 32 bits、64 位版本的 Linux 64 bits、ARM 版本的 Linux ARM。

② 安装 Arduino 板驱动。

安装完成 Arduino IDE 软件后，系统将提醒是否安装 Arduino 板驱动程序，单击“是”按钮即可。常见的 Arduino 板与计算机连接的 USB 通信芯片有 CH340 和 FT232，Arduino 官方下载的 Arduino IDE 软件包中自带 FTDI USB

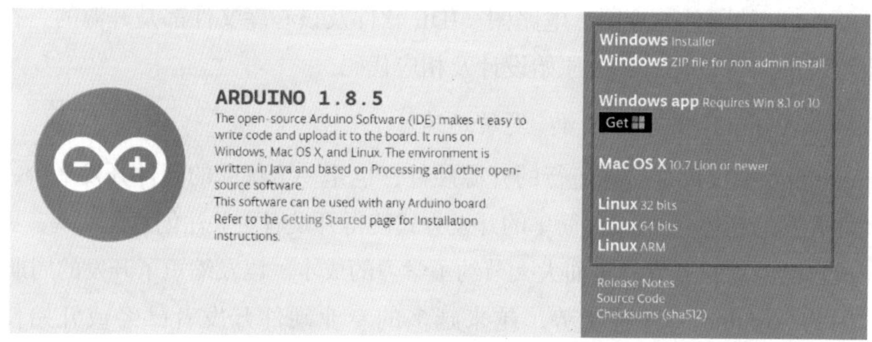

图 2.2　Arduino IDE 软件下载

Drivers，将 Arduino 板通过 USB 线与计算机连接后，计算机将自动识别并安装 Arduino 板的驱动，实际上是安装 USB 通信芯片的驱动。

国内公司在生产 Arduino 板时，进行了一些改进，将 USB 通信芯片，更换成了更好用的 CH340 系列芯片，这类通信芯片相比 FTDI 芯片要好用一些。如果接入计算机，Arduino IDE 软件没有识别出 Arduino 板，则可以用 360 驱动大师之类的驱动程序管理软件，如图 2.3 所示。扫描一次计算机的硬件驱动程序，将识别出计算机上未安装驱动程序的所有硬件，安装一遍即可，这项工作需要连网才能完成。

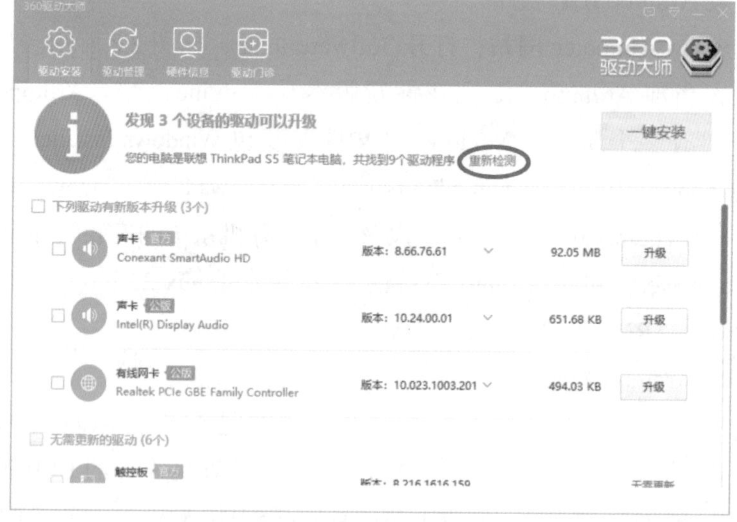

图 2.3　360 驱动大师

③ 通过 mBlock 软件安装驱动。

如果不使用 Arduino IDE 软件，则可以只安装 mBlock 软件，也可以使用 Arduino。安装好 mBlock 软件后，打开“连接”菜单中的“安装 Arduino 驱动”（见图 2.4），即可安装 Arduino 驱动。

图 2.4　通过 mBlock 软件安装 Arduino 驱动

（2）掌握电路原理图。

图 2.5 显示了将 Arduino NANO 板的数字端口 D8 连接到 10kΩ 电阻一端，该电阻另一端连接到 LED 灯的正极端，而 LED 灯的负极连接到 Arduino NANO 板的 GND 引脚。这是最简单的串联电路，由 Arduino NANO 板的数字端口 D8 控制，实物连接如图 2.6 所示。连接好电子元件后，该作品还不能工作，必须配合控制程序才能工作。

（3）编写控制程序。

编写控制程序有多种软件，第一种编写 Arduino 控制程序的软件是 Arduino 官方提供的编写程序软件 Arduino IDE，如图 2.7 所示。Arduino IDE 使用代码编写控制程序有一定的编写门槛，且其对语法要求严格，区分字母的大小写。写错一个字符或一个符号，都不能编译成功，它的代码编程的效率很高。Arduino IDE 适合有相应基础的专业人员以及初中生可尝试使用 Arduino IDE 进行代码编写，

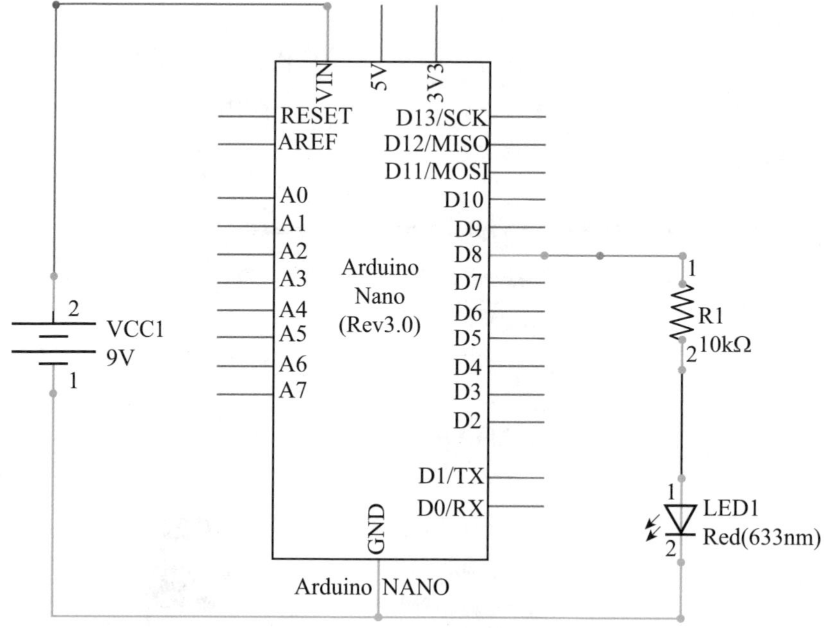

图 2.5 点亮 LED 电路原理图

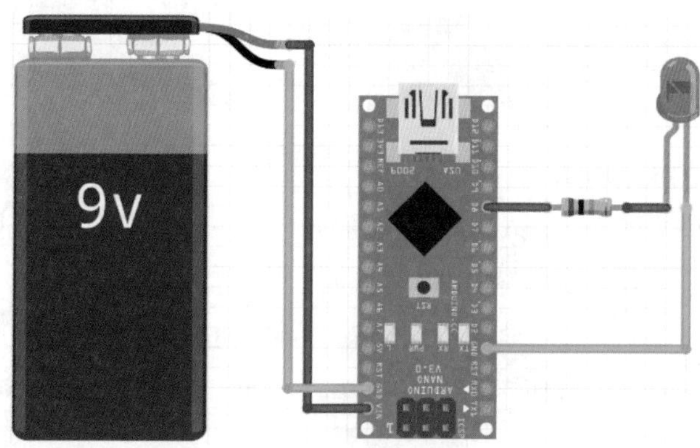

图 2.6 电子元件实物连接图

高中生和大学生完全可以使用 Arduino IDE 进行代码编写，以提高编程效率。

第二种编写 Arduino 控制程序的软件是上海新车间创客开发的图形化程序 ArduBlock，如图 2.8 所示。ArduBlock 不能单独使用，必须配合 Arduino IDE 使用。图形化编写程序系统适合小学生使用，只需要拖放图形模块，就可以完成程序编写，不必担心代码书写的问题。

sketch_feb05a | Arduino 1.5.5-r2

文件 编辑 Sketch 工具 帮助

sketch_feb05a §

```
void setup()
{
  pinMode( 8 , OUTPUT);
}

void loop()
{
  digitalWrite( 8 , HIGH );
  delay( 1000 );
  digitalWrite( 8 , LOW );
  delay( 1000 );
}
```

图 2.7 Arduino IDE 编写程序

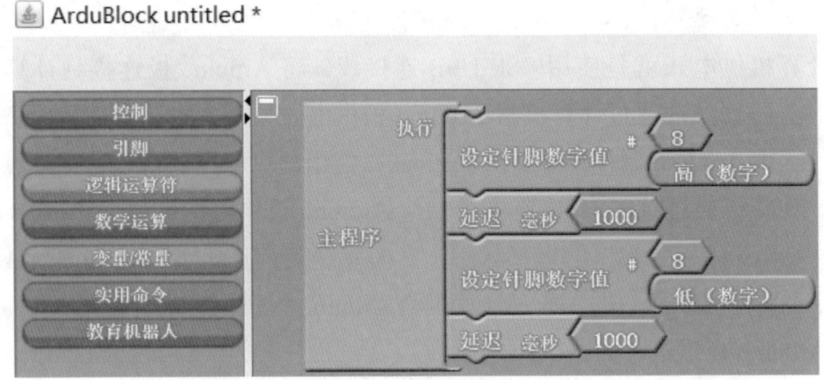

图 2.8 ArduBlock 编写 Arduino 程序

第三种编写 Arduino 控制程序的软件是 mBlock，也是本书中广泛使用的软件，如图 2.9 所示。mBlock 软件可以很方便地使用图形化编写 Arduino 程序，也可以直接编写代码。mBlock 是 Makeblock 公司基于 Scratch 2.0 编写的图形化编程软件。小学生使用时，可以从熟悉的 Scratch 编程软件，快速过渡到 mBlock 控制电子元件中。同时，本书也会重点介绍使用电子元件制作各种传感器的方法，用传感器控制 mBlock 中的动画角色，大大丰富了 Scratch 的控制方式，以实现更多的创意。

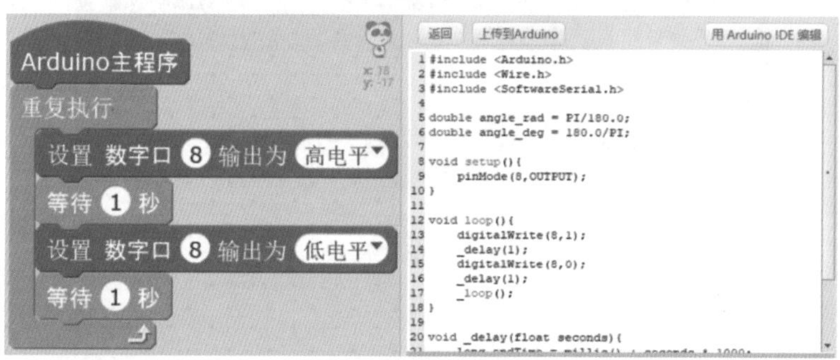

图 2.9　mBlock 编写 Arduino 程序

3. 供电方式

Arduino 作品是一个电子作品，当然就要涉及供电问题。供电方式有三种：计算机供电式、直流电源式和干电池式。

（1）计算机供电式。

计算机供电式就是使用一根 USB 连接线，将 Arduino 板连接到计算机的 USB 口，进而实现通过计算机给 Arduino 板供电。另外，将在本书后面章节中介绍的，用 Arduino 制作传感器玩 mBlock，使用的供电方式都是这种计算机供电式。计算机通过这根 USB 连接线在给 Arduino 板供电的同时，该 USB 连接线还将 Arduino 板各端口的电平状态，实时发送到计算机上的 mBlock 软件中，也就是还将同时发送数据。通过计算机给 Arduino 板供电，也可使用 5V 的充电器为 Arduino 板供电，如图 2.10 所示。

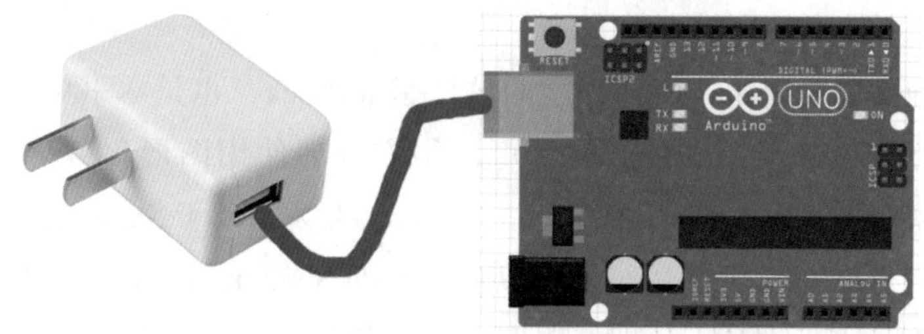

图 2.10　手机充电器供电

（2）外接 9 ～ 12V 直流电源。

外接一个 9V 或 12V 的直流电源适配器，然后连接到 Arduino 板的电源接口，进而完成给 Arduino 板的供电，如图 2.11 所示。这一种供电方式，由于采用专用的适配器来供电，因此，可保证足够的电力供应，它相比计算机供电式，提供的电流要大一些。

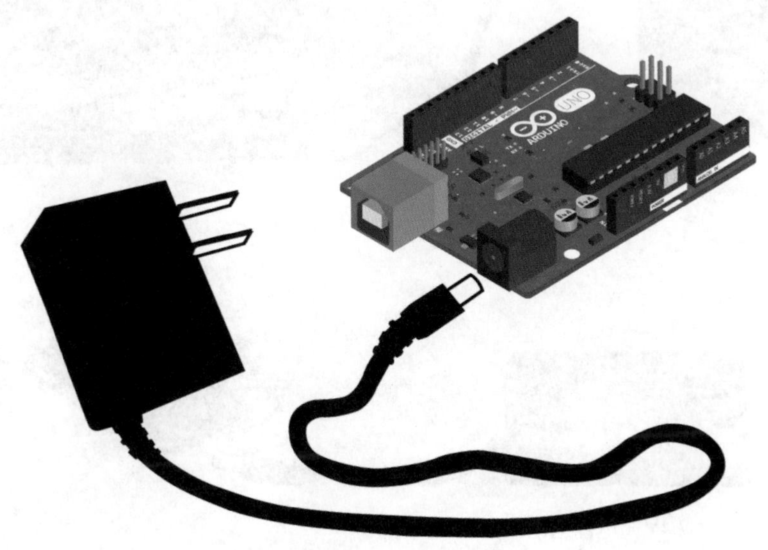

9～12V直流电源适配器
（250mA以上）

图 2.11　直流电源适配器供电（9 ～ 12V）

（3）9V 干电池。

使用一块 9V 干电池，通过自己焊接的连接线来连接到 Arduino 板的供电口上，如图 2.12 所示。这种供电方式适合于临时展示 Arduino 作品时，并且带动的元件功率不能太大，因为干电池的供电能力是有限的。

（4）7.4V 充电锂电池。

图 2.13 是锂电池供电示意图。使用锂电池给 Arduino 作品供电，是应用最多的供电方式之一，如智能小车和四旋翼飞机等。锂电池既能提供足够强劲的电力，又能重复充电。

在实际应用时，根据实际使用环境，选择适当的供电方式。如将在本书

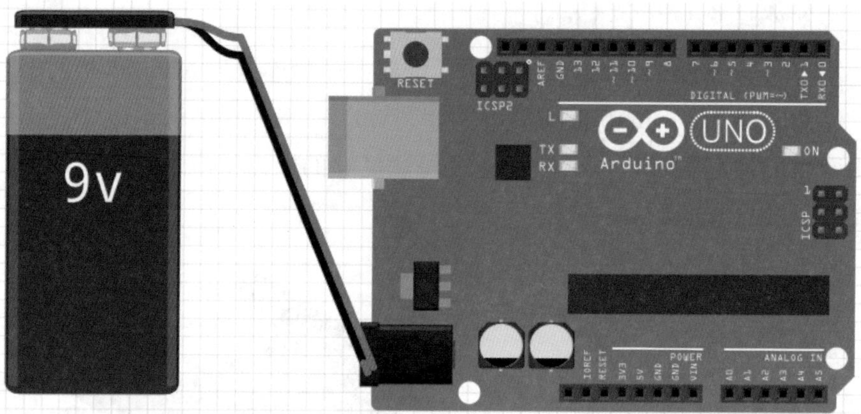

图 2.12　9V 干电池供电

图 2.13　锂电池供电

后面章节中介绍的 Arduino 手柄作品，使用计算机供电方式即可。如果制作 Arduino 智能小车，因为 9V 直流电源适配器和计算机供电的方式都需要接线，所以这两种方式不能用于小车。Arduino 小车就只能使用锂电池供电，或者 9V 干电池供电了。如果制作一个校园气象站，因为要长时间工作，所以就可以采用 9V 直流电源适配器供电的方式。

（5）常见的 Arduino 传感器。

在本书中使用的传感器共 6 种，如表 2.1 所示。这里做了一个对比，以统一传感器的名称。同时，将 Arduino 传感器与生活中的同类电子元件进行对比，建立与生活中实际应用的联系，更好地理解和应用电子技术。对各传感器的功能进行对比，在对比中加强对传感器的掌握。同时，罗列了在本书中用到传感器的章节，以便于快速查找。

表 2.1 本书中用到的所有传感器

名称	图片	同类电子元件	功能	本书中用到传感器的章节
触摸传感器	 	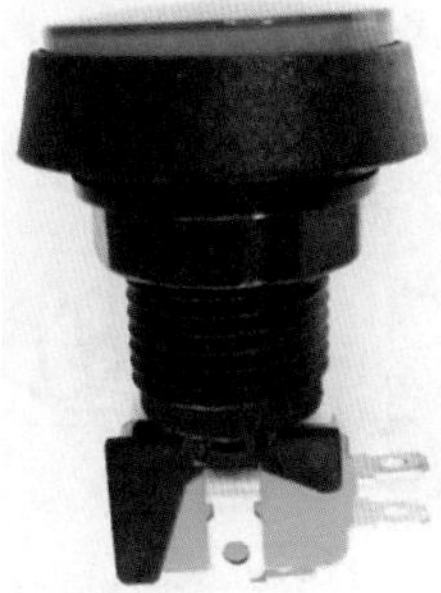	检测按下动作	第 5 章
按键传感器			按键传感器，按下时为高，输出高电平；松开时为低，输出低电平	第 6 章 第 8 章 第 10 章 第 11 章 第 12 章 第 13 章
触摸传感器	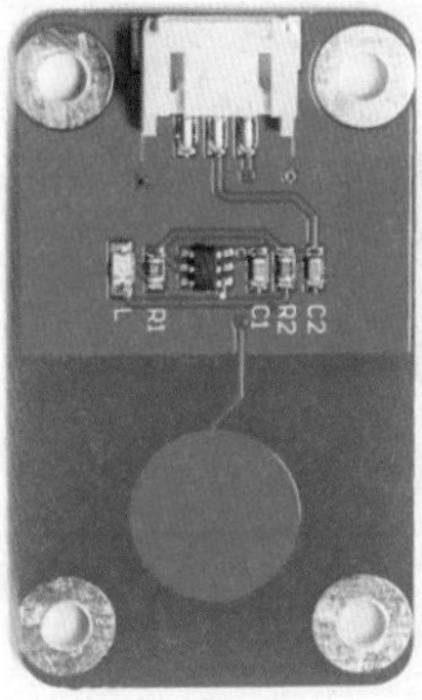	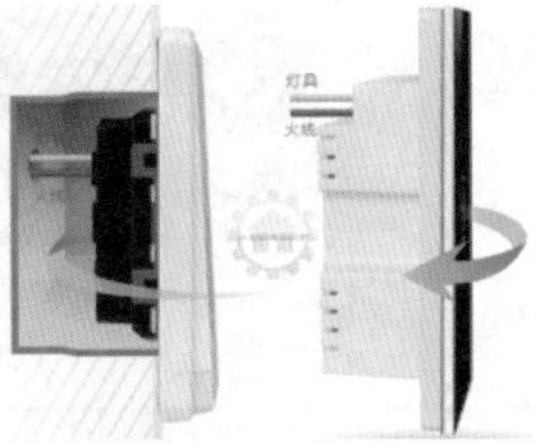	将集成电容触摸检测 IC，输出相应电平变化值，并添加连接线接插座，方便与扩展板进行连接，以及与主板进行通信	第 7 章

续表

名 称	图 片	同类电子元件	功 能	本书中用到传感器的章节
旋转电位器	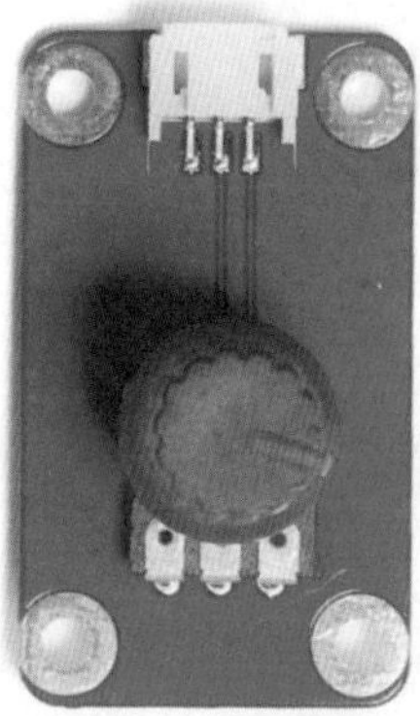		将旋转电位器作为输入设备，获取它的值来控制箭头角色的方向	第 9 章 第 10 章
直滑式电位器	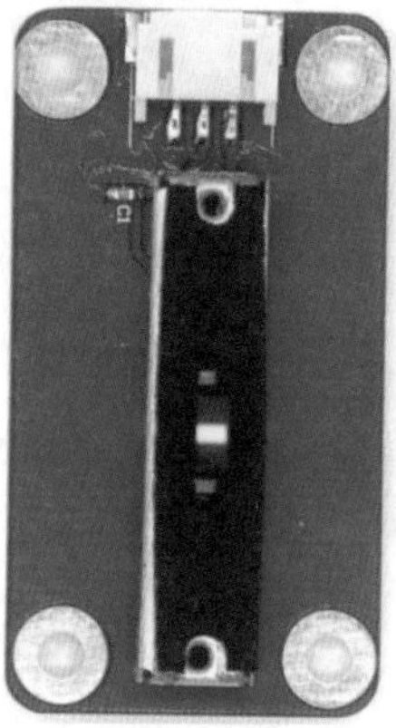	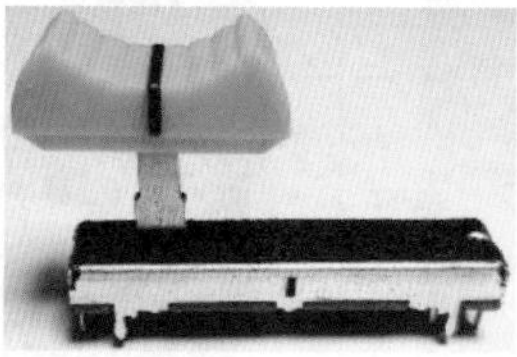	将直滑式电位器作为输入设备，获取它的值来控制角色移动	第 13 章 第 14 章
超声波传感器	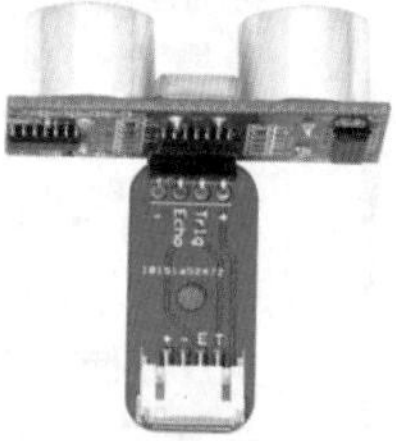	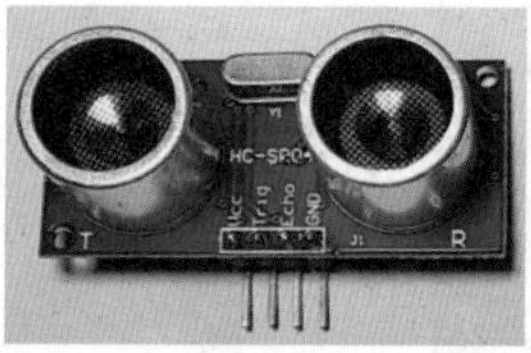	将超声波信号转换成其他能量信号（通常是电信号）的传感器，用作测距	第 15 章

第 3 章

电子技术基本知识

大学里有一门专业就是电子技术，涉及 20 多门课程。本书介绍的电子技术，是针对小学生设计的，没有讲解高深的理论知识。本书只讲最易上手的、最易理解的应用。其中涉及一些电子技术的专业术语，本章将进行专门介绍，以帮助读者快速入门。

本章学习目标

- 掌握使用万用表测量电压、电流和电阻的方法
- 了解常用开关的外形和作用
- 了解电路负载的类型和作用
- 掌握并联和串联电路

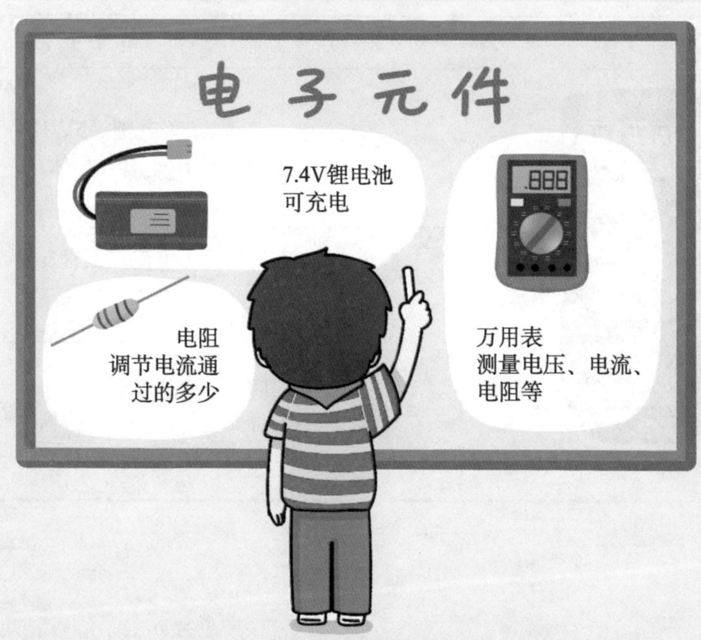

让电路可视化，以帮助读者理解电子元件的运行是本书最大的特色。图 3.1 描述了本章介绍的电子技术基本知识，本章将从万用表可测量的对象、开关元件、负载和电路连接方式这四个方面进行阐述。

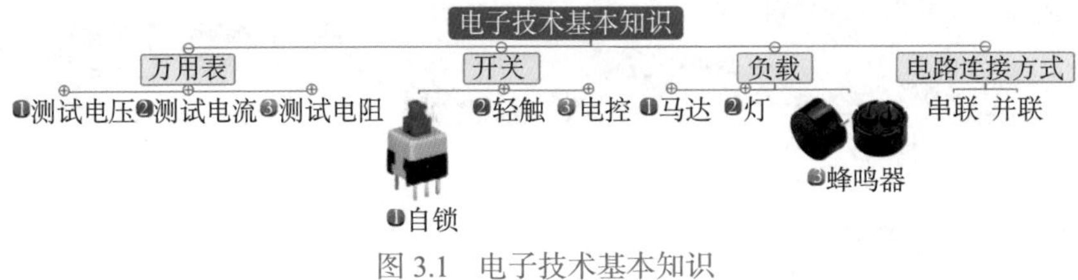

图 3.1　电子技术基本知识

3.1　万用表和电压、电流、电阻

电路可视化必不可少的测量工具是万用表。本节将介绍使用万用表测量电压、电流和电阻的方法，以及常见的与电压、电流和电阻相关的电子元件。

表 3.1 描述了上述测量工具和电子元件。

表 3.1　电压、电流、电阻元件一览表

测量工具	知识点	电子元件
万用表	电压	电源（9V 电池、5V/12V 直流电源适配器）、电容、导体
	电流	二极管（整流二极管、发光二极管）
		短路、断路
	电阻	固定电阻：各种电阻， 可变电阻：旋转电位器、 直滑式电位器、摇杆

1. 测量交流电压（V ～）

将万用表的黑色表笔插入 com 孔，红色表笔插入 VΩ →|— 孔。万用表的 V ～区域，包括 2V、20V、200V、750V 四个档位。这些档位指的是最大测量范围。在不清楚测量对象的大致范围时，一般采取的策略是“先大后小”，意思是先选择大档位（如果显示为 1，表示超出测量范围），再往小逐级搬动档位，直到显示正确的测量数值。测量其他类型时，同样也采取这种“先大后小”的方法。

如图 3.2 所示，将正中间的档位旋钮，切换到 V ～区域中的 750 档。这时，将黑色表笔和红色表笔分别插入电源插板的两个插口上，此时显示 220，表示电压为 220V，并且此时的红色表笔所测试的孔为正极；如果显示为−220，表示此时电压为 220V，红色表笔所测试的孔为负极。一般的市电是 220V±10%，如果有一些变动，属于正常情况。通常在家用电器设计时，设计的电压波动范围为 220V±10%，也就是 198 ～ 242V。

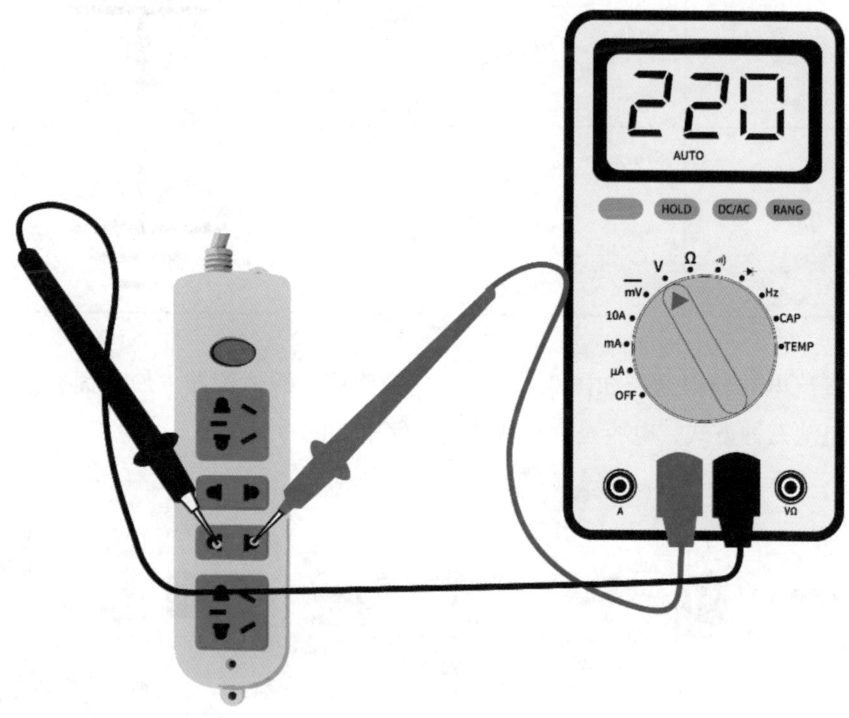

图 3.2　万用表测量交流电压

2. 测量直流电压

(1) 电源的电气符号。

电源的电气符号如图 3.3 所示，其中长线一端表示正极，短线一端表示负极，简称“长正短负”。正负极也有单独的符号，如表 3.2 所示。

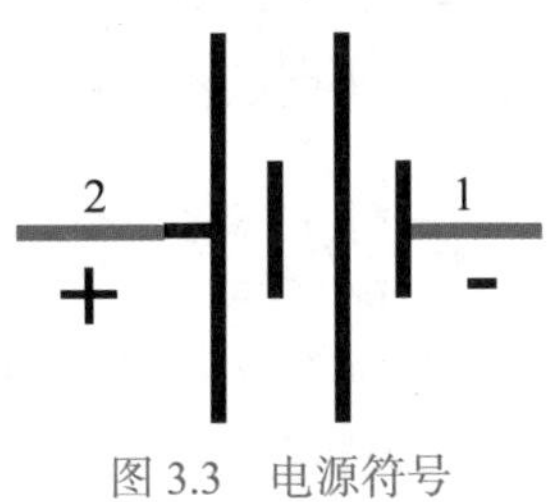

图 3.3　电源符号

表 3.2　电源的电气符号

电　源	符　号	图　示
正极	VCC　+	⊤
负极	GND　–	⏚

直流电的获得途径如图 3.4 所示，包括使用电源适配器、使用锂电池和使用干电池三种方式，电容是一种特殊的存储电能的方式。

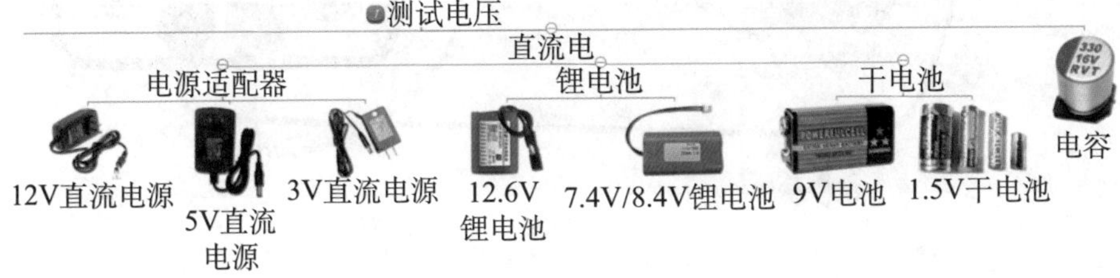

图 3.4　直流电获取

（2）电源适配器。

在万用表的直流电压 V- 区域，共有 5 个档位，从小到大分别是 200mV、2V、20V、200V、1000V。常见的直流电源是电源适配器，图 3.5 为 12V 电源适配器，图 3.6 为 5V 电源适配器，图 3.7 为 3V 电源适配器。

图 3.5　12V 电源适配器

图 3.6　5V 电源适配器

图 3.7　3V 电源适配器

在一般情况下，这类电源适配器背面都有标注，常见的电源适配器输入电压为 100 ～ 240V，输出电压有 3V、5V、12V 等。其中电压为 100 ～ 240V，这类电器全球通用。

图 3.8 演示了用万用表测量直流电源的方法。测量直流电源适配器时，将

万用表档位切换到 20V 档位，然后将万用表的红色表笔接到电源适配器的输出接口的内孔，黑色表笔接到该适配器接口的外面。此时，就可以观察到数据显示了。如果显示的数据与所测适配器背面的标注相同，说明这款适配器工作正常；如果显示的数据为 0，表示该适配器已损坏。

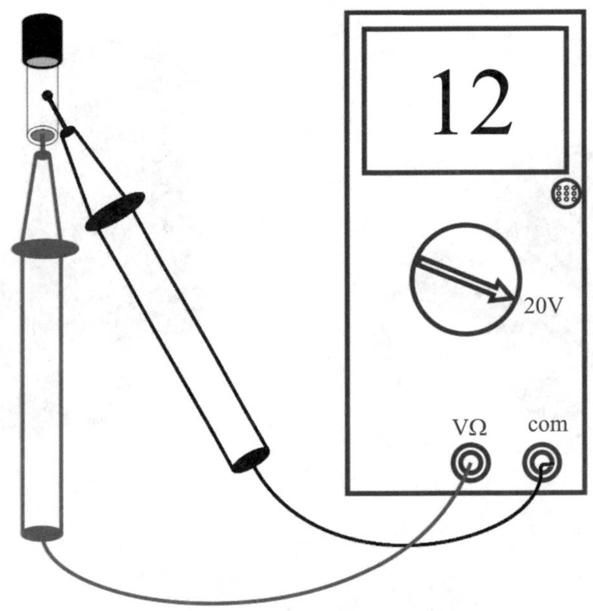

图 3.8　万用表测量直流电源

（3）锂电池。

两支单支 3.7V 的 18650 电池串联在一起，组成了 7.4V 的锂电池组；同样，如果使用两支单支 4.2V 的 18650 电池串联在一起，就可以组成 8.4V 的锂电池组。由电池串联组成的锂电池组的外形如图 3.9 所示。

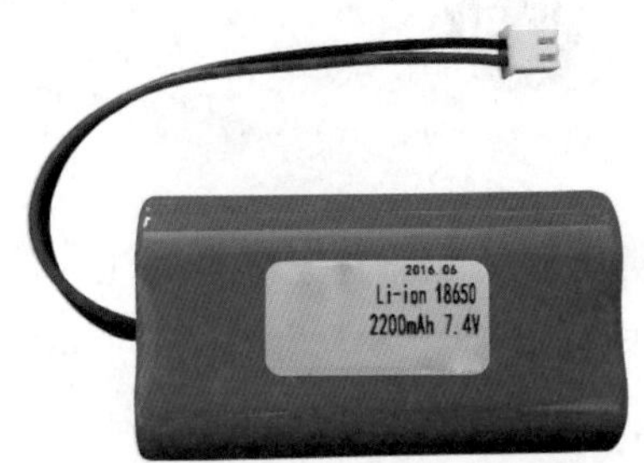

图 3.9　7.4V/8.4 V 锂电池

使用三支单支3.7V的18650锂电池串联在一起，就组成了11.1V的锂电池组；如果使用三支单支4.2V的18650锂电池串联在一起，就组成了12.6V的锂电池组。通常统称为12V锂电池组，外形如图3.10所示。

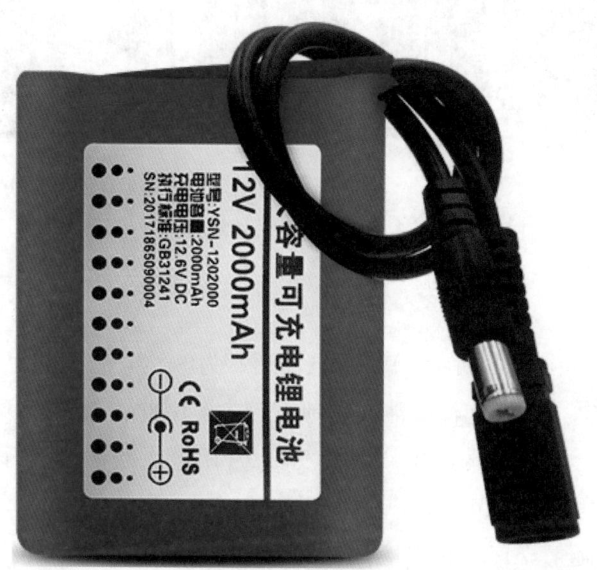

图3.10　12V锂电池

（4）干电池。

常见的干电池包括9V的方型电池、1.5V干电池和电容，如图3.11所示。

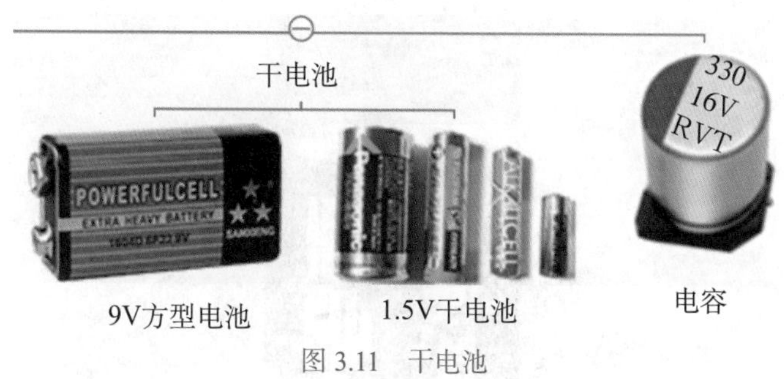

图3.11　干电池

干电池，又称碱性电池，按大小分为0号、2号、5号、7号、9号和9V电池，如图3.12所示。

0号　　2号　　5号　　7号　　9号　　9V

图 3.12　干电池型号对比图

（5）9V 电池。

9V 干电池如图 3.13 所示，9V 干电池通常为碱性电池，也就是一次性电池，用完后不能充电。由于这种电池使用地方较少，因此，很少有厂家做成可充电的 9V 锂电池。9V 电池输出电压就是 9V，常用于无线话筒、万用表、各种仪表等，常见用途如图 3.14 所示。

近年来，随着 Arduino 的应用越来越多，9V 干电池又被广泛地应用到 Arduino 作品中，配上专用连接线，用于驱动 Arduino 主板，如图 3.15 所示。

（6）电容。

电容，在电路中符号是 C，单位为 F（法拉），电容的电路符号如图 3.16 所示。常见的电容分无极性电容、有极性电容和可变电容三种。

图 3.13　9V 碱性电池

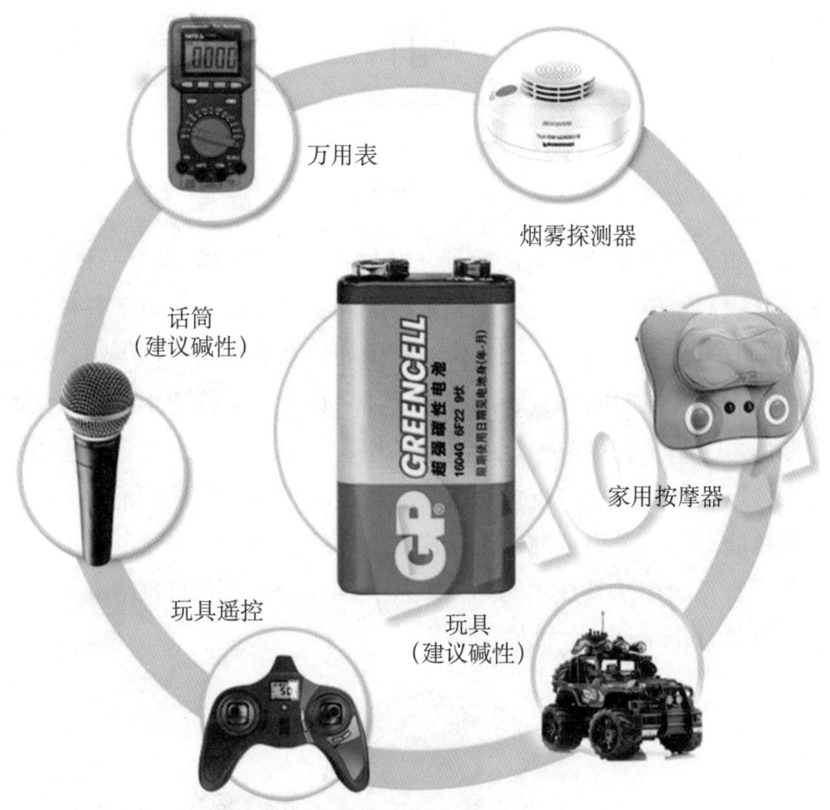

图 3.14 9V 电池的常见用途

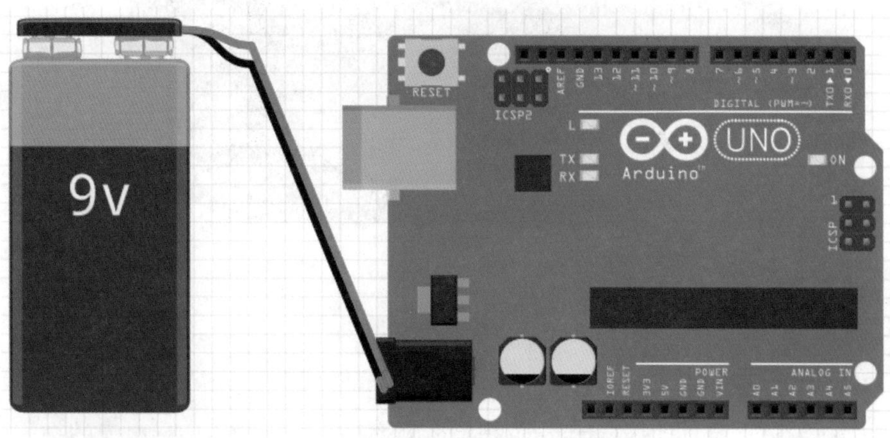

图 3.15 9V 电池给 Arduino 主板供电

图 3.16　电容符号

电容，顾名思义是存储电的容器，我们也可把它理解成为一种特殊电池。在电路中，我们希望一直获得一个非常稳定的直流电源，但由于各种原因，稳定的直流电源总会受到影响。就好像河流中如果没有水库，一下雨，河流马上就要涨水，天晴一段时间又会干涸一样。如果在河流中修建水库，天晴时，靠之前存储的水，给下游供应稳定的水流；如果天降大雨，水库将这些雨水全部存储起来，还是按照之前的流量，稳定地给下游供水。这样，不论天晴还是下雨，下游总能获得一个稳定的水流，这是水库的作用，电容在电路中也起到水库的作用。常见的用法是在小马达两端连接了一个 0.1uF 的旁路电容，以用于稳定马达两端的电流涌动，如图 3.17 所示。

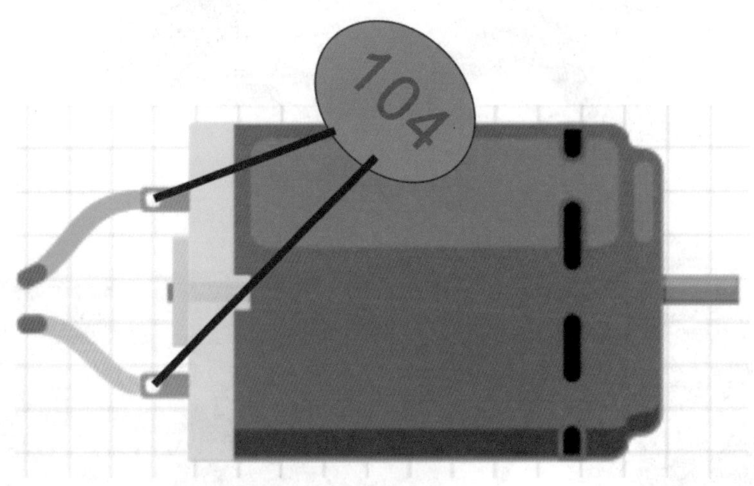

图 3.17　旁路电容

3. 测量电流

（1）导体。导体（Conductor）是指电阻率很小，且易于传导电流的物质。导体中存在大量可自由移动的带电粒子，称为载流子。在外电场作用下，载流子做定向运动，形成明显的电流。

金属是第一导体，常见金属中，按照金属的电阻率（Ω · m）从小到大排列为银、铜、金、铝、钨、铁、铂、锰铜。可以看出，其中银的导电性能最好，但比较贵，且质地柔软易断；铜是导体的最优材料，导电性能很好，价格适中，质地能满足需要，且不会生锈；金属于贵金属，用作普通导体，价格太昂贵，常用于制作手饰；铝易断和氧化，也不理想；钨就是白炽灯光中的发光体，吹一口气就断了，不能用作导体；铁很容易生锈，早期被使用过，现在一般都不用了；铂和锰铜很少，所以也很少用。综合起来，使用最多的导体就是铜。

（2）二极管。常见的二极管如图 3.18 所示。

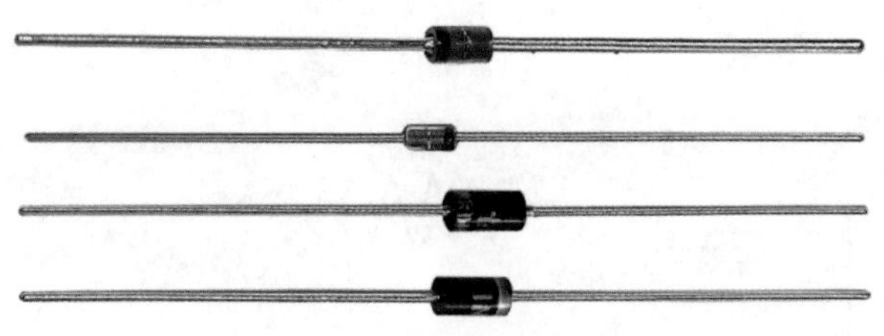

图 3.18　常见的二极管

二极管的单向导电性可以用单向水阀来形象地描述。当电流从正极流向负极时，单向阀导通；交换单向阀方向，此时的正极电流试图流向负极时，由于单向阀关闭了，所以电流不能流向负极。

图 3.19 是一个二极管正向导通的电路原理图。二极管在电路中的作用是单向导通性，当开关按下时，电流从电源的 2 号端口（正极）出发，依次经过开关、电阻、发光二极管，再回到电源负极，此时发光二极管亮起。

图 3.20 是一个二极管反向截止的电路原理图。当按下开关时，电流从电源的 2 号端口（正极）出发，到左侧的发光二极管时，由于该发光二极管方向不对，电流不能被导通到发光二极管的另一侧，因此，此电路中发光二极管不会亮起。

（3）发光二极管。常见的发光二极管如图 3.21 所示。发光二极管是一种特殊的二极管，当电流流过时会发光；发光二极管的引脚分为长脚和短脚，长脚连接正极，短脚连接负极。只有在正确连接时，发光二极管才会亮起。

发光二极管耗电量很小，亮度很高，且寿命很长，所以，现代很多照明灯具都采用了这种发光二极管作为发光体。

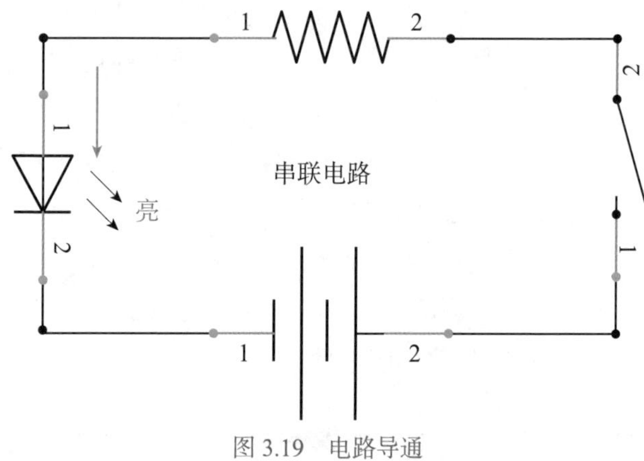

图 3.19　电路导通

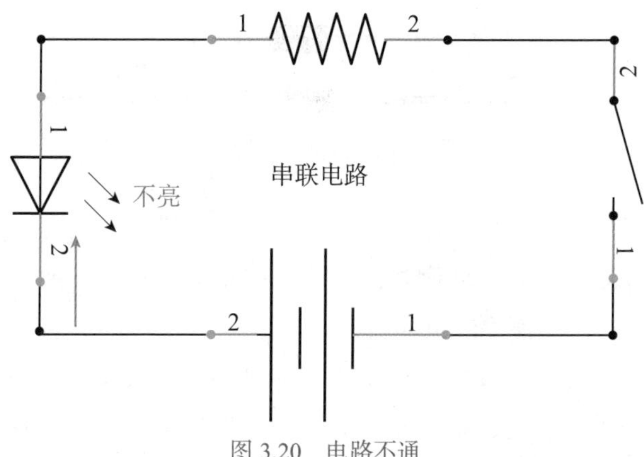

图 3.20　电路不通

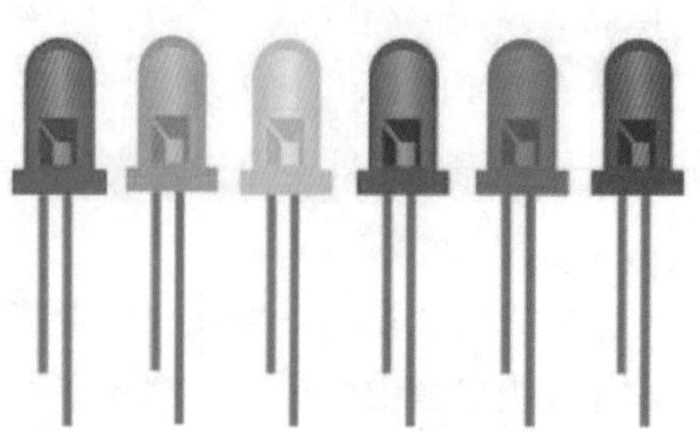

图 3.21　常见的发光二极管

4. 测量电阻

万用表的欧姆档有7个档位，分别是200Ω、2kΩ、20kΩ、200kΩ、2MΩ、20MΩ、200MΩ。图3.22演示了用万用表测量电阻的方法，将万用表切换到200MΩ档，将万用表的黑色表笔贴在电阻一端，将红色表笔贴在电阻的另一端，观察万用表的显示，如果显示为1，表示超出范围，逐步调小档位，再观察显示，直到准确测量出该电阻的值。

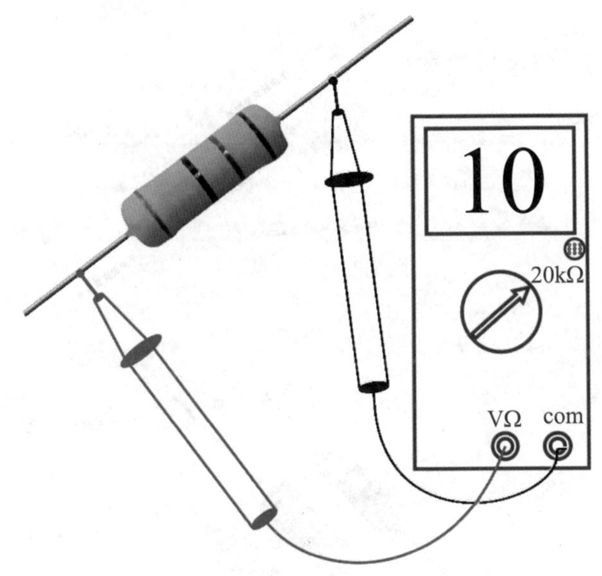

图3.22　万用表测量电阻（仅作为演示测量方法，显示的值不准确）

常见的电阻分为固定电阻器和可变电阻器两大类。图3.23是一些常见的固定电阻器。也就是说，固定电阻器的电阻值是固定不变的，我们可根据使用环境和电阻值范围，来选择不同的电阻。

图3.23　固定电阻器

碳膜电阻如图3.24所示。

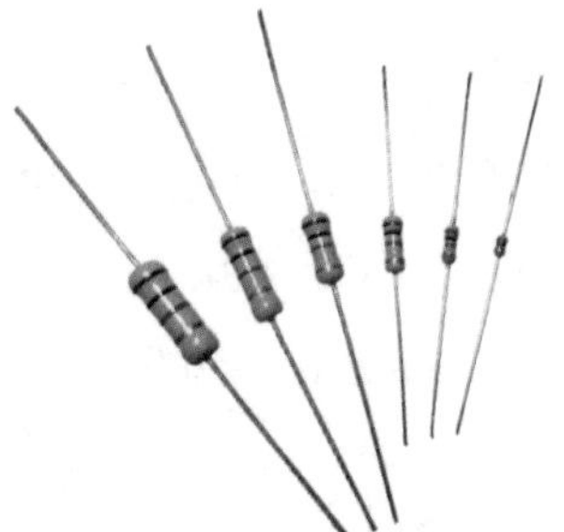

图 3.24 碳膜电阻

金属膜电阻如图 3.25 所示。

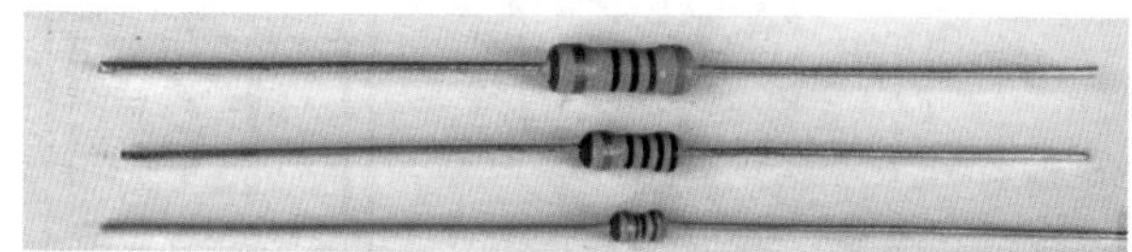

图 3.25 金属膜电阻

线绕电阻如图 3.26 所示。

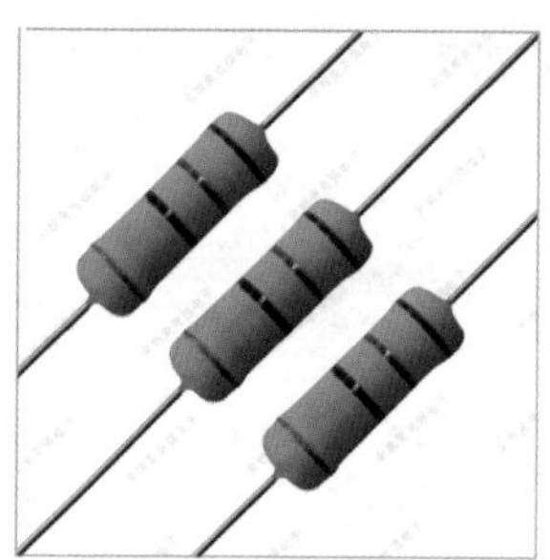

图 3.26 线绕电阻

熔断电阻如图 3.27 所示。

图 3.27 熔断电阻

水泥电阻如图 3.28 所示。

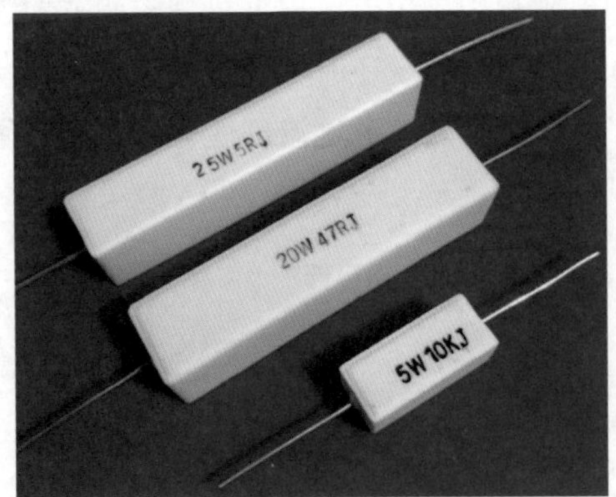

图 3.28　水泥电阻

排阻如图 3.29 所示。

图 3.29　排阻

贴片电阻如图 3.30 所示。

图 3.30　贴片电阻

可变电阻器的分类如图 3.31 所示，这些电阻器的电阻值是可变化的，将这类电阻值可以变化的电阻称为电位器。根据机械控制方式，又细分为旋转电位器、直滑式电位器和微调电位器。还有三种是敏感电阻器，其包括：电阻值随着环境光线变化的光敏电阻、随着环境温度变化的热敏电阻、随着承受的压力变化的压敏电阻。

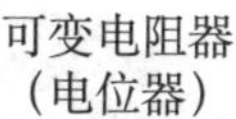

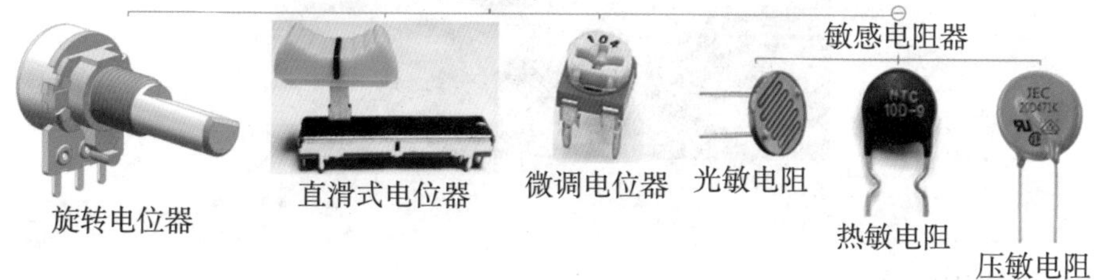

图 3.31　可变电阻器

旋转电位器（可变电阻器）如图 3.32 所示。

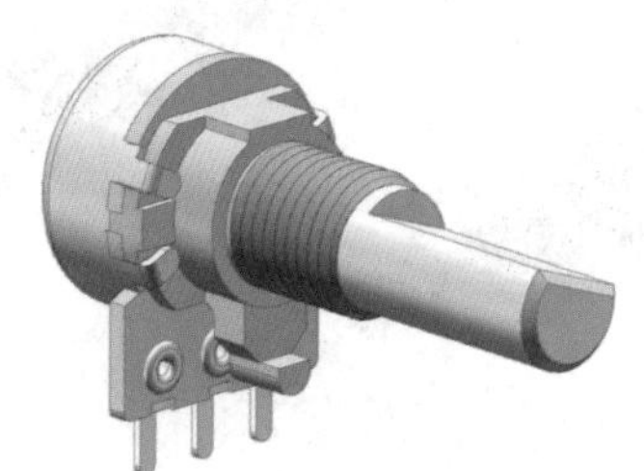

图 3.32　旋转电位器

直滑式电位器（可变电阻器）如图 3.33 所示。

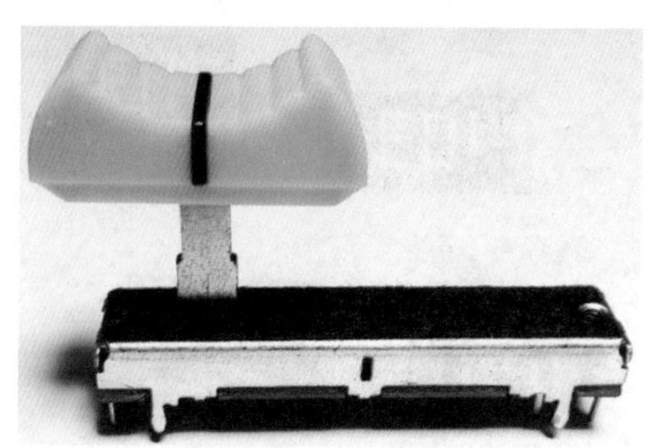

图 3.33　直滑式电位器

微调电位器（可变电阻器）如图 3.34 所示。

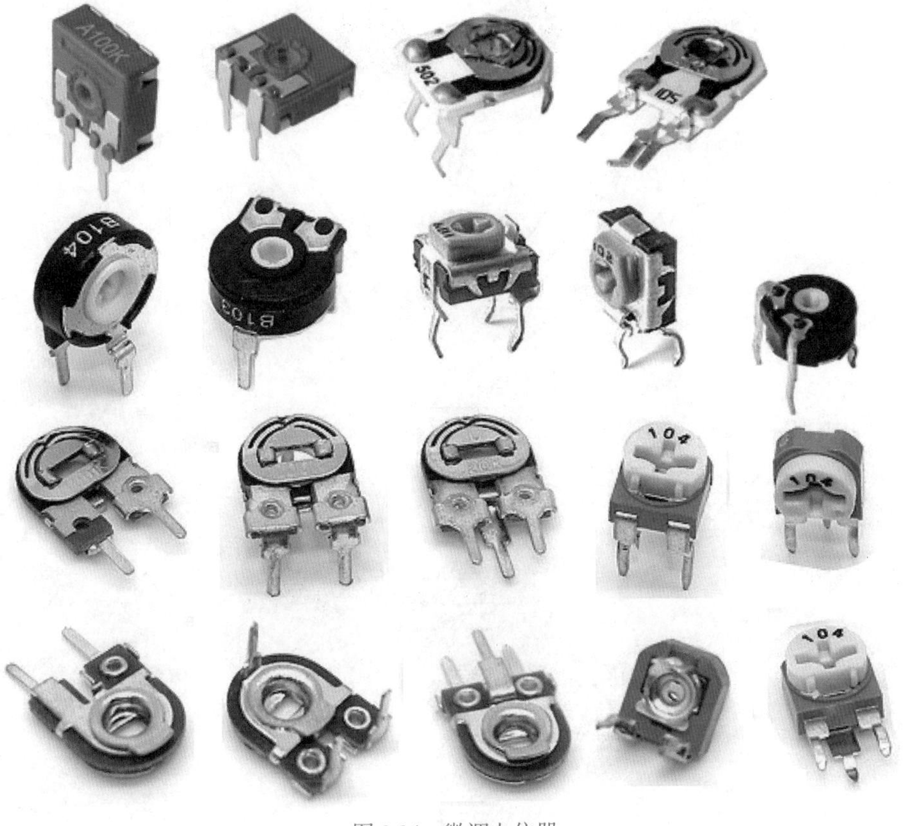

图 3.34　微调电位器

光敏电阻（敏感电阻器）如图 3.35 所示。

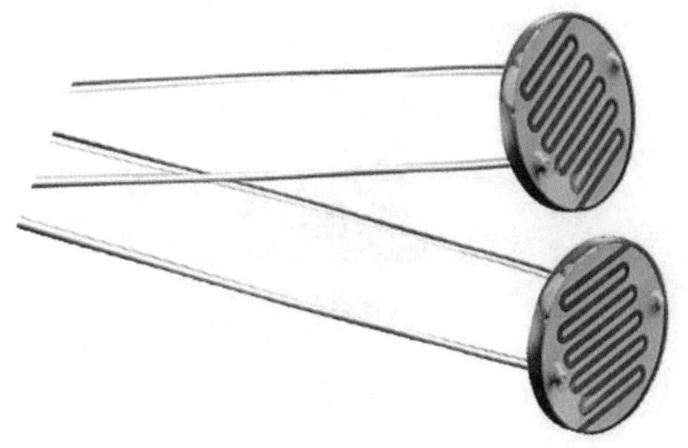

图 3.35　光敏电阻

热敏电阻（敏感电阻器）如图 3.36 所示。

图 3.36　热敏电阻

压敏电阻（敏感电阻器）如图 3.37 所示。

图 3.37　压敏电阻

3.2 开　　关

电子世界的三大要素为电压、电流和电阻，要实现对电子元件的控制，最常见的元件就是开关了，开关类元件分类如图 3.38 所示。

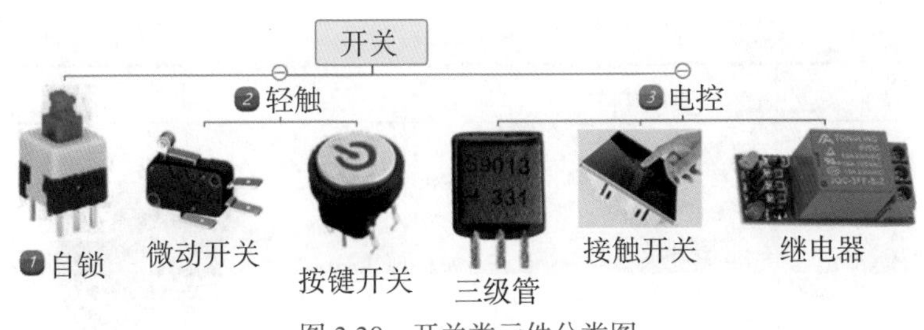

图 3.38　开关类元件分类图

开关分为很多种，第一类是自锁类开关，具体用法是：按动按钮，开关被按下，此时电路导通；再次按动按钮，开关弹起，电路断开。

第二类是轻触开关，当轻触开关按下不放时，电路导通；当松开开关时，电路断开。因为这类开关只需要轻轻一碰，就可以传递碰撞信号，所以称为轻触开关。轻触开关又细分成微动开关和按键开关。微动开关常用于碰撞检测等对灵敏度要求很高的地方。按键开关常用作电器控制信号，如电梯按钮、电视机按键等。按键开关的灵敏度相比微动开关要差一些。

第三类是电控开关，这类开关的导通和断开不是人为的直接操作，而是通过电平控制的。常见的是 S9013 三极管、继电器和触摸开关。

详细的开关类电子元件如表 3.3 所示。

表 3.3　开关类电子元件一览表

控制方式	分　类	外　形
自锁开关	六脚开关	
	1208 开关	

续表

控制方式	分　类	外　形
自锁开关	船型开关	
轻触开关	微动开关	
	按键	
电控开关	三极管（S9013、tip120）	
	触摸开关	
	继电器	

典型的自锁开关是船型开关，外形如图 3.39 所示，按下减号“–”一侧，开关断开；按下圆圈“○”一侧，开关导通。船型开关常用于电器设备的电源总开关，如电视机、3D 打印机、台灯等。

图 3.39　船型自锁开关

典型的轻触开关，是电梯里的带灯轻触开关，轻轻一按，即可告诉电梯控制系统，你想到达的楼层。同样还有电视机的按键、门铃按键等。

与轻触开关功能相同的还有以下两种按键：常见遥控板上的按键，它也是一种轻触开关，但遥控板往往是定制的，不能通用；计算机键盘上用的按键，也是一种轻触开关，键盘上的开关由上下两片薄膜组成，按下时导通，因此又称为薄膜开关。

图 3.40 是三极管 S9103 作为开关的电路原理图，该电路原理是当开关 S1 弹起时，电流从电源正极出发经过 10kΩ 电阻，到达三极管的 3 号引脚，等待通过三极管，此时，发光二极管没有亮，因为电流没有通过三极管，三极管是

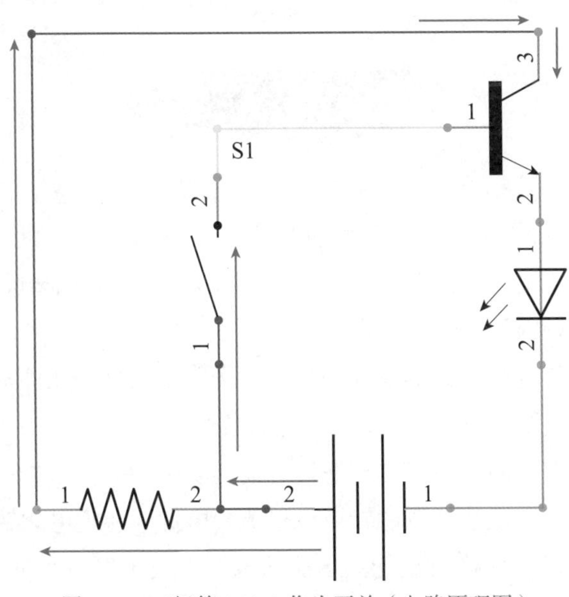

图 3.40　三极管 S9013 作为开关（电路原理图）

断开的；当按下 S1 开关时，电流从电源正极出发经过开关，导通到三极管的 1 号引脚，这时三极管导通，电流从三极管的 3 号引脚端，通过三极管，到达发光二极管的正极，最后流经发光二极管，到达电源负极，此时，发光二极管亮起。由此可见，在此电路中，三极管所起到的就是开关作用，实物如图 3.41 所示。

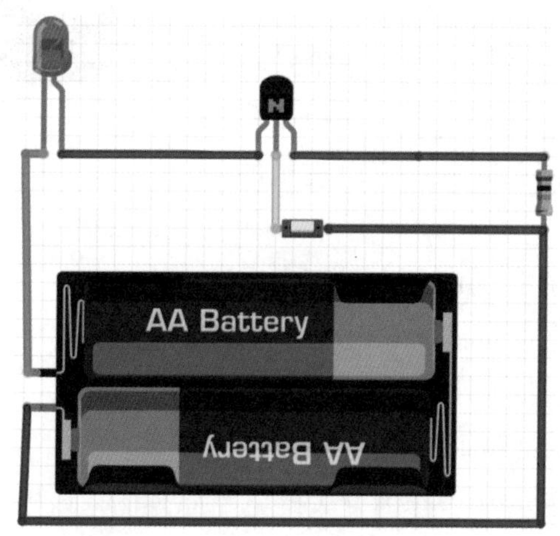

图 3.41　三极管 S9013 作为开关（实物图）

3.3 负　载

在电路中，如果没有负载，而直接把电源两极相连，此连接称为短路，如图 3.42 所示。当电源短路时，导线会瞬间发热，直到电池电量耗尽，造成电源损坏，或者导线因为发热而熔断。

负载是指连接在电路中的电源两端的电子元件，这些元件把电能转换成其他形式的能。在电路要消耗电能的元件称为负载。

常用的负载有电阻、引擎和灯泡等可消耗功率的元件。如：电动机能把电能转换成机械能，电阻能把电能转换成热能，电灯泡能把电能转换成热能和光能，扬声器能把电能转换成声能。电流从电源正极出发，经过马达等负载时，驱动电动机转动，再流向负极，这样，电能转化成了动能；电流从电源正极出

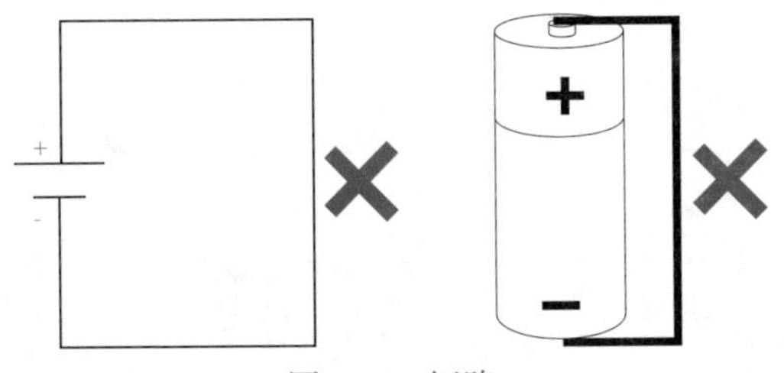

图 3.42　短路

发，经过电烤炉等负载时，驱动电阻元件发热，再流向负极，这样，电能转化成了热能；电流从电源正极出发，经过 LED 等负载时，驱动发光二极管发光，再流向负极，这样，电能转化成了光能……电动机、电阻、电灯泡、扬声器等都叫作负载。图 3.43 展示了一些常见的负载。

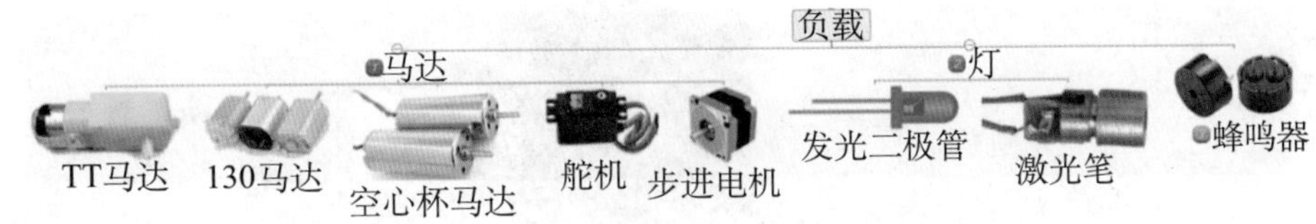

图 3.43　常见负载一览表

晶体三极管对于前面的信号源来说，也可以看作是负载。对负载最基本的要求是阻抗匹配和所能承受的功率。

通信设备也是负载，如光传输设备、交换设备、微波设备、核心网设备、通信基站等。

负载分类：感性负载，如电动机、变压器；阻性负载，如白炽灯、电炉。

常见的负载类电子元件如表 3.4 所示。

表 3.4　负载类电子元件一览表

元件类别	元件名称	外　形	用　途
马达	TT 马达		玩具小车、DIY 作品
	130 马达		电动玩具、水泵、仪器等

续表

元件类别	元件名称	外　形	用　途
马达	空心杯马达		小型航模
	舵机		航模、人型机器人等
	步进电机		3D 打印机、雕刻机、自动生产线等
灯	LED 发光二极管	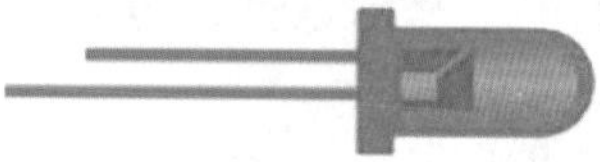	信号指示
	5V 激光笔		激光指示器、工业信号、测距等
发声设备	蜂鸣器		报警器、闹钟等
	喇叭		音箱

3.4 串联、并联

1. 串联

串联（Series Connection）是连接电路元件的基本方式之一。将电路元件（如电阻、电容、电感、用电器等）逐个顺次首尾相连接，这样串联起来组成的电路叫串联电路，如图 3.44 所示。

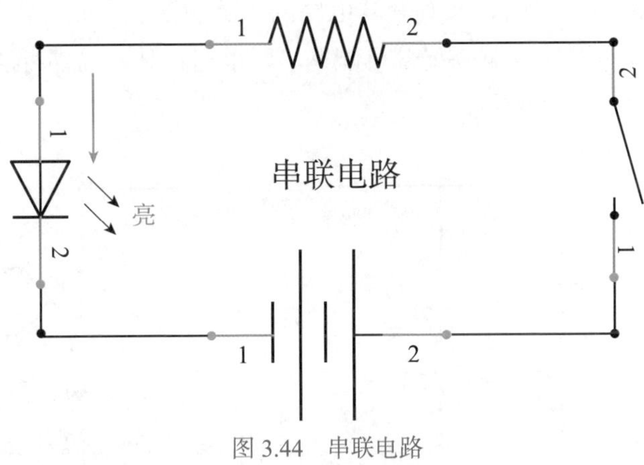

图 3.44　串联电路

串联电路的主要特点：串联电路中通过各电子元件的电流都相等，电路中每个元件两端的电压之和等于总电压。

2. 并联

将电子元件首首相接，同时尾尾也相连的连接方式，称为并联。用并联方式组成的电路，称为并联电路。图 3.45 是一个并联电路，它是将三颗发光二极管的正极连接在一起、负极连接在一起，这种连接方式就是并联。

并联电路的主要特点：并联电路中电子元件两端的电压相等，通过每个电子元件的电流之和等于总电流。

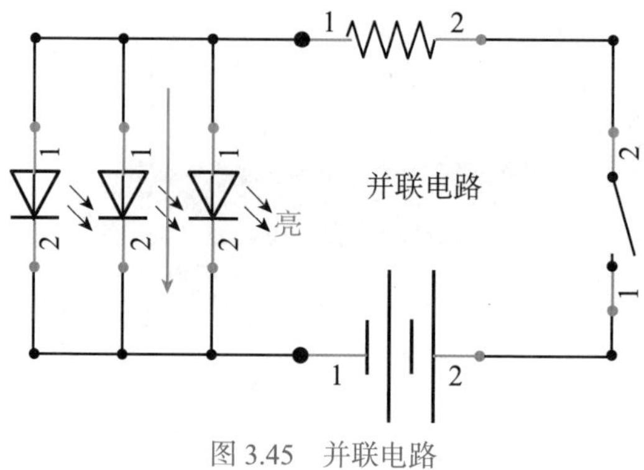

图 3.45　并联电路

3. 混联电路

电路中既有串联电路，又有并联电路的，就叫混联电路。常见的电路多为混联电路，混联电路中的某一局部可能是串联电路，某一局部可能是并联电路，如图 3.46 所示。

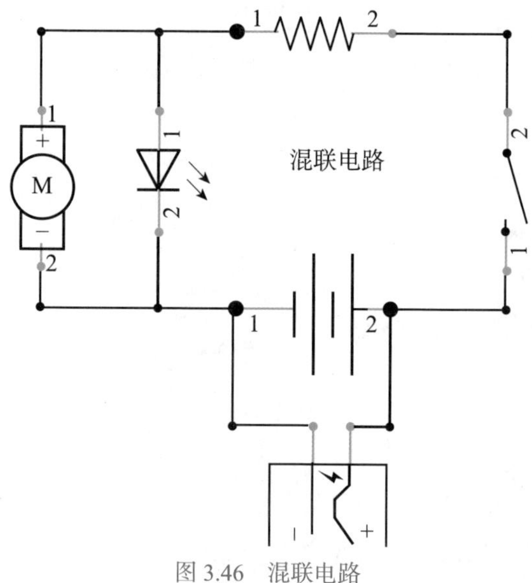

图 3.46　混联电路

第 4 章 常用工具和材料

磨刀不误砍柴工。电子制作需要使用的工具很多，但并不是全部都需要。可根据自己的情况，灵活处理。有些工具也可以使用其他工具代替。本章将介绍一些常用工具和材料的外形、名称和作用，以帮助大家找到适合的工具和材料。

本章学习目标

- 了解安全预防知识（电、扬尘、高温、利器、火、通风）
- 了解常用工具外形、名称和作用

本章将要介绍的，是在日常开展创客活动中，常常需要使用的工具和材料。很多工具和材料可能大家早已熟知，本章只是简单介绍每种工具的使用方法和作用，具体的应用需要根据大家自己的爱好等情况自由选择。工具和材料都涉及使用者的经济能力，所有工具和材料并非必须配置，请大家量力而行。

1. 安全知识

在开展所有创客活动前，需要重点强调的是安全第一。为此，请大家在动手之前务必做到以下工作。

（1）将电源插座垂直放置或高于自己的工作台面，如图 4.1 所示。

图 4.1　插座垂直放置

（2）在进行有扬尘的操作时，必须戴上护目镜，如图 4.2 所示。

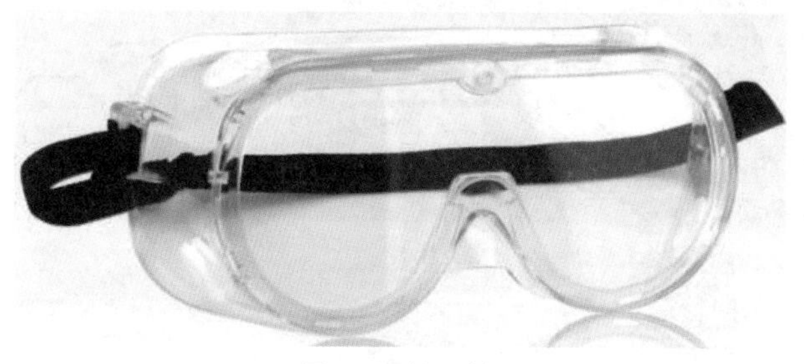

图 4.2　护目镜

（3）所使用的电源必须安装有漏电开关（见图 4.3），并可靠接地。现在的家庭装修中，都已安装好这一类的漏电开关。

图 4.3　漏电开关

（4）注意高温。

对周边的高温工具或者材料必须随时保持高度警惕。会产生高温的是电烙铁、电热胶枪和锂电池。

其中，第一个会产生高温的工具是如图 4.4 所示的电烙铁，高温时可达到 230° 左右，很容易烫伤肌肉。融化的焊锡丝，温度也达到 170° 左右。要特别注意，在操作电烙铁时，双脚一定要分开，不要放在电烙铁的正下方，防止焊锡丝融化后，滴落到腿上，烫坏衣服或烫伤肌肉。

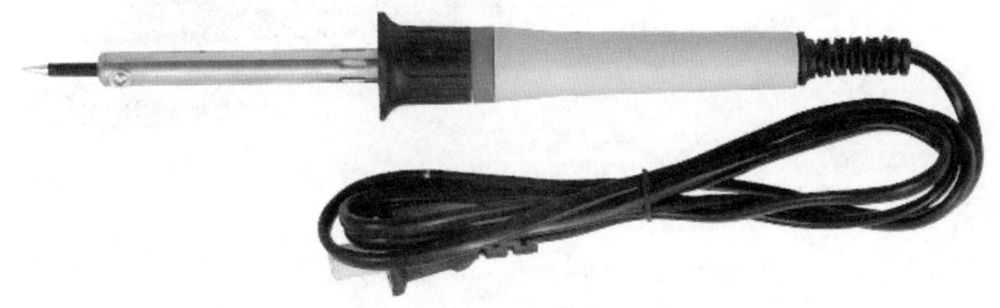

图 4.4　电烙铁

第二个会产生高温的工具是如图 4.5 所示的电热胶枪，电热胶枪要配合胶条使用。工作温度约 60°，比电烙铁温度低一些。但比较讨厌的是，如果不小心热胶被粘到手上后，不论你怎么甩都不能甩掉，只能等到冷却后，强行祛除。

图 4.5　电热胶枪

第三个会产生高温的是锂电池，锂电池还容易爆炸，要特别注意合理使用。锂电池提供的电流比一般碱性电池要强很多，当不小心将锂电池短路时，锂电池将迅速升温，直到电量耗尽或正负极断开。当迅速升温到一定的程度，就容易发生爆炸。另外，对锂电池充电时，如果正负极连接错误，也容易发生爆炸。所以，在使用锂电池时要特别注意。

（5）注意锋利的物品。

常见的锋利物品包括：美工刀（见图 4.6）、刻刀、拨线钳、斜口钳、如意钳、电烙铁头、剪刀头等。

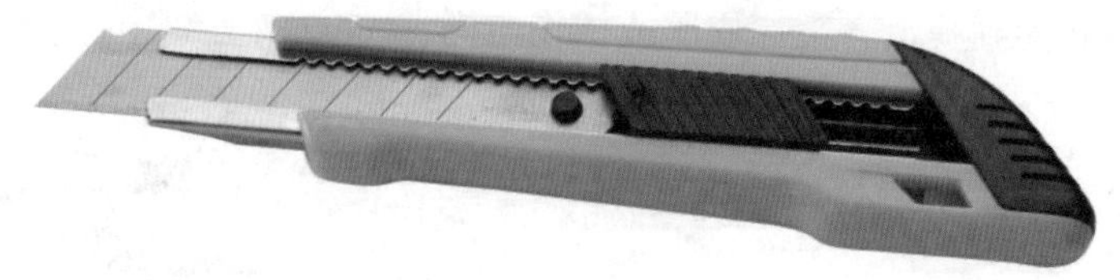

图 4.6　美工刀

安全使用要点：放置时切口端应远离自己的身体，使用时，身体远离锋利物品的用力方向。

（6）通风良好。

开展科技制作活动，还需要确保教室通风良好。电烙铁工作时产生的烟雾对人体有害，激光切割机切割亚克力板等材料时，会产生一些烟雾。因此，激光切割机工作时，必须安装专用通风管道，同时要确保室内通风良好。

2. 常用工具

常用工具如表 4.1 所示。

表 4.1 常用工具

工具名称	图 片	功 能
拨线钳		可完成拨线、剪断、折弯、夹住导线等操作，可很轻松地将各种导线的外皮去除掉
导线		
电烙铁		用于焊接。通电后，烙铁头温度达 200° 以上，放入焊锡丝，待焊锡丝熔化后，将导线与各连接点连接在一起

续表

工具名称	图　　片	功　　能
胶枪	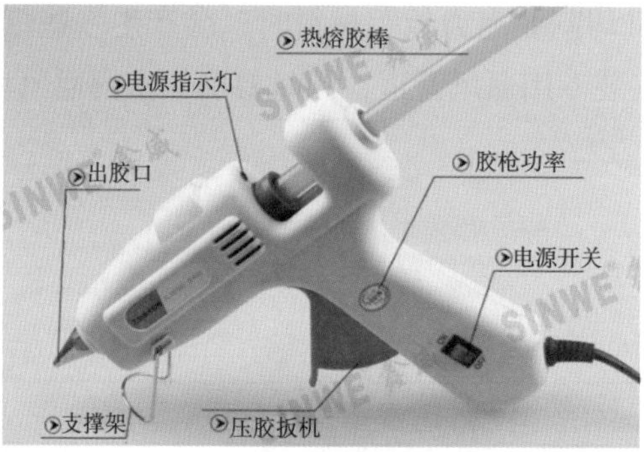热熔胶棒 电源指示灯 出胶口 胶枪功率 电源开关 支撑架 压胶扳机	用于粘接。通电后，加热固体胶棒，压下压胶扳机后，挤出胶水，黏合木头、塑料、金属等材料
美工刀	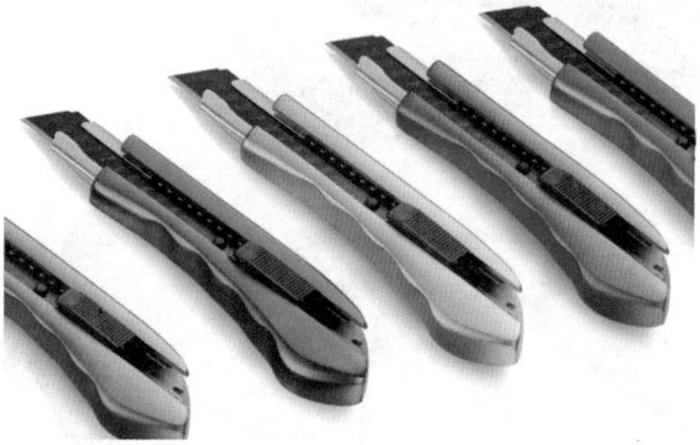	用于切割。可切割纸张、毛皮、布、PVC板、薄木板、塑料板等，当刀片不锋利时，可将其折断一截，再向前推动滑块，将获得良好的切割效果。刀片用完后可很方便地更换。刀片非常锋利，使用时一定要小心
钢尺或角尺	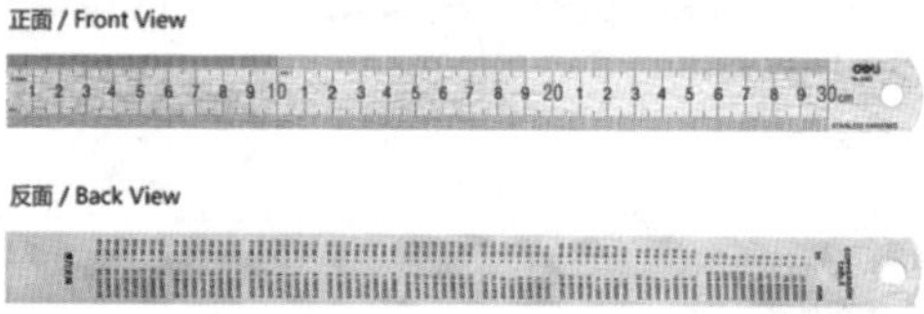正面 / Front View 反面 / Back View	用于测量与作图，可测量长度和辅助美工刀切割等
游标卡尺	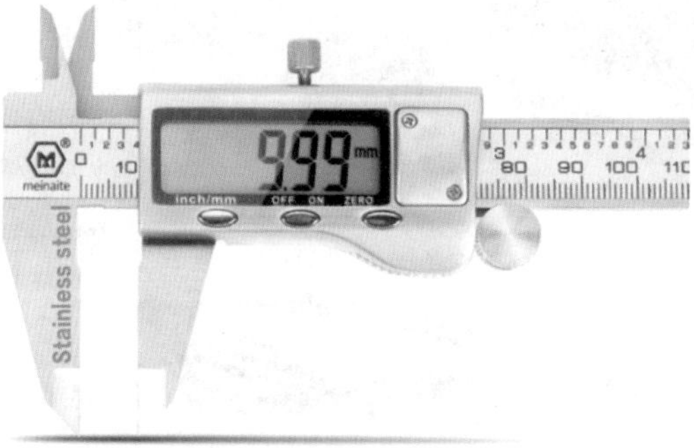meinaite 9.99 mm inch/mm OFF ON ZERO Stainless steel	其精度能达到0.01mm，可卡住物体外侧测量宽度，也可从管材内部卡住测量内径，还可以伸出尾柱测量深度

续表

工具名称	图　　片	功　　能
如意钳	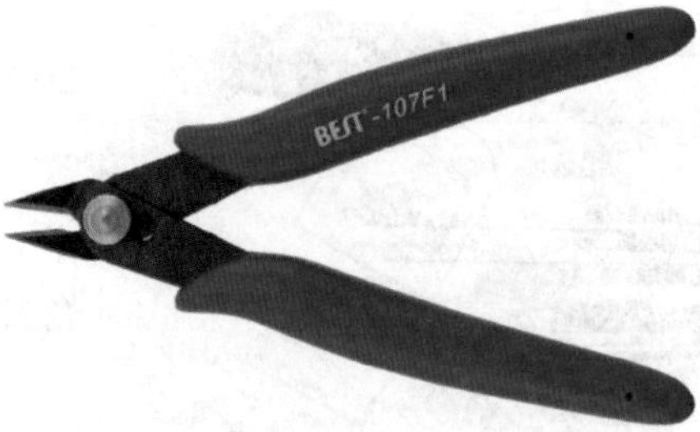	用于夹取和剪断，可夹取小物体
尖嘴钳	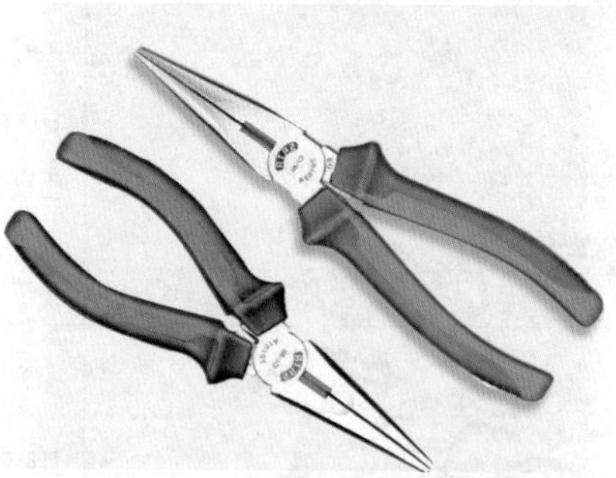	用于夹住物体，可剪断铁丝、折弯铁丝等，也用于夹取狭小空间内的物体
斜口钳	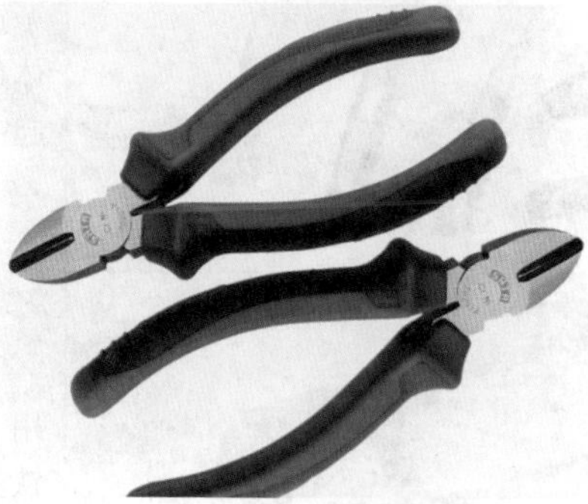	用于贴着表面剪断物体，以确保表面整洁
一字改刀	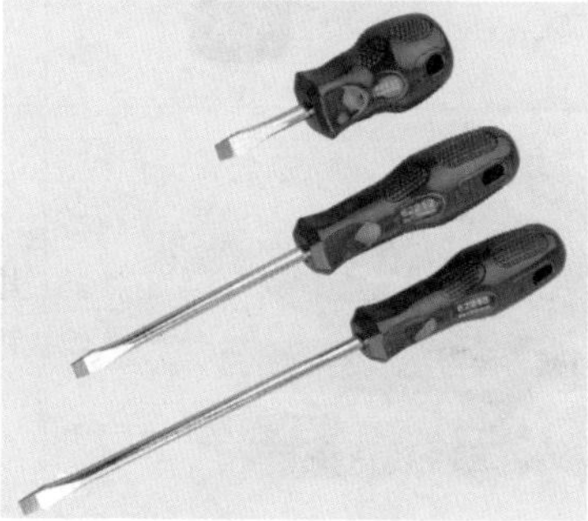	用于拧紧螺丝或者松开螺丝，可撬起物体、用铁丝捆绑物体时拧紧铁丝等

续表

工具名称	图　片	功　能
十字改刀		用于拧紧螺丝或者松开螺丝、拧紧铁丝等
内六角	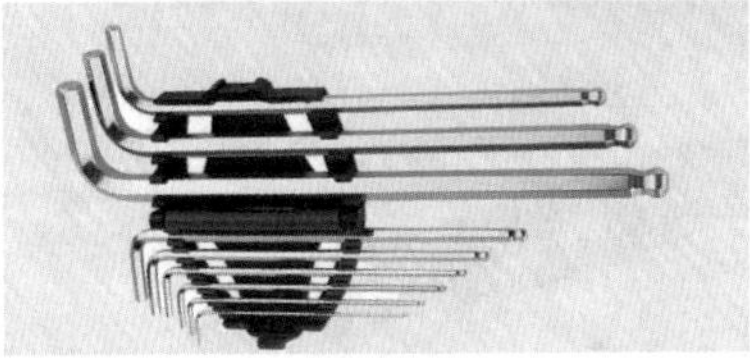	用于拧紧或者松开内六角螺丝
活动搬手	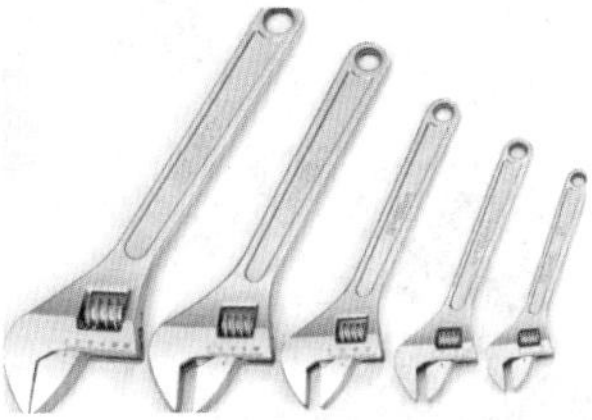	用于夹住螺帽将螺丝拧紧
羊角锤	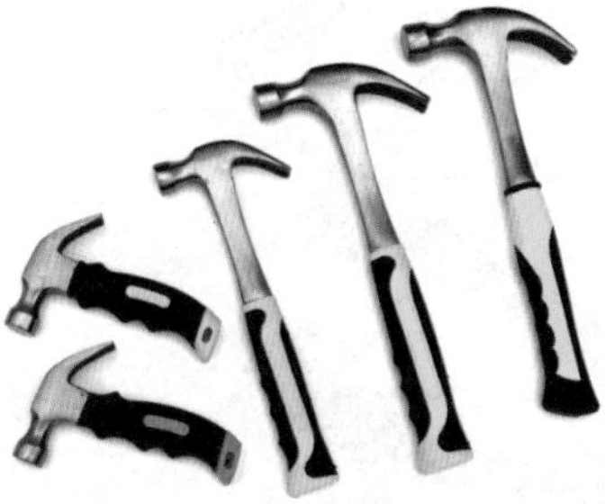	用于敲击钉子，可将钉子钉入木头内、可将物体敲碎，或从物体内拨起钉子等
手锯	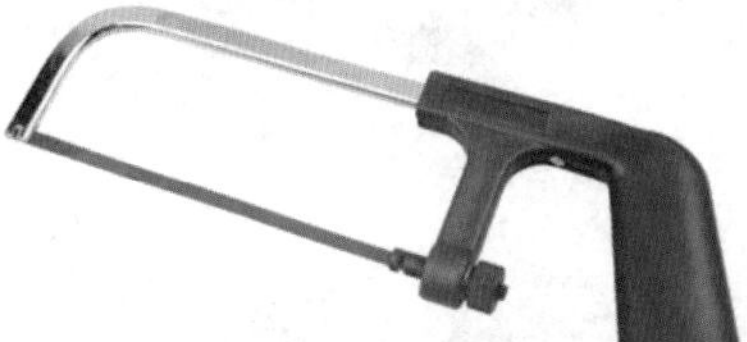	用于锯开或锯断钢丝、铁丝、木头、塑料等
老虎钳	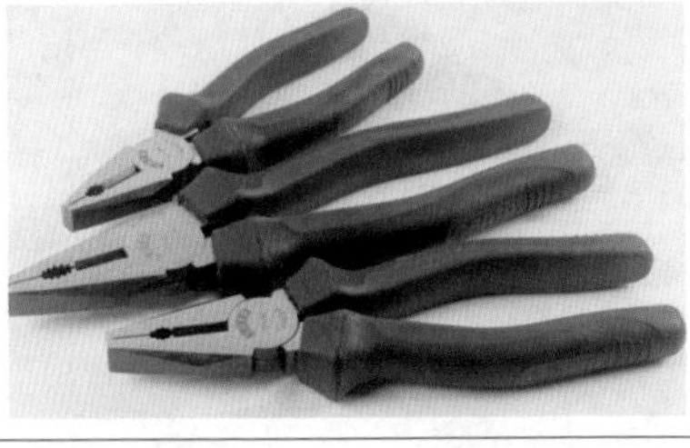	用于夹紧物体、拧断或钳断物体

续表

工具名称	图　片	功　能
镊子		用于拾取电子元器件
烙铁吸烟仪		用于吸走焊接电路板时产生的烟雾
焊接支架	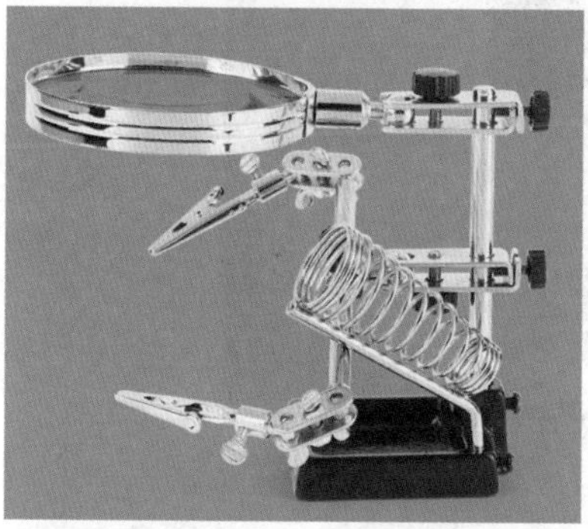	用于辅助电路板焊接，将电路板夹住，更方便观察和焊接电路板
剪刀	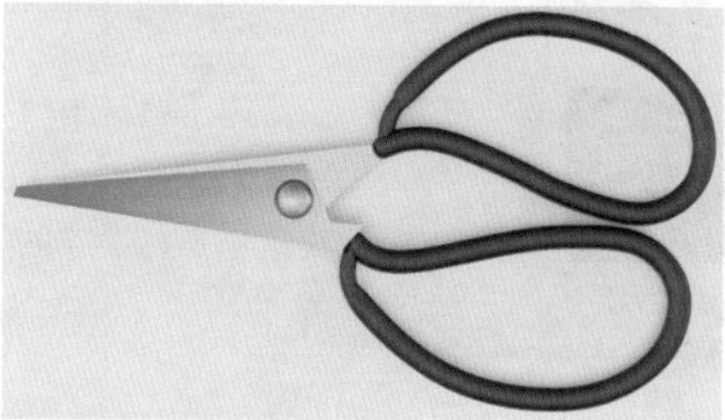	用于裁剪纸、布等软质材料

续表

工具名称	图　片	功　能
护目镜	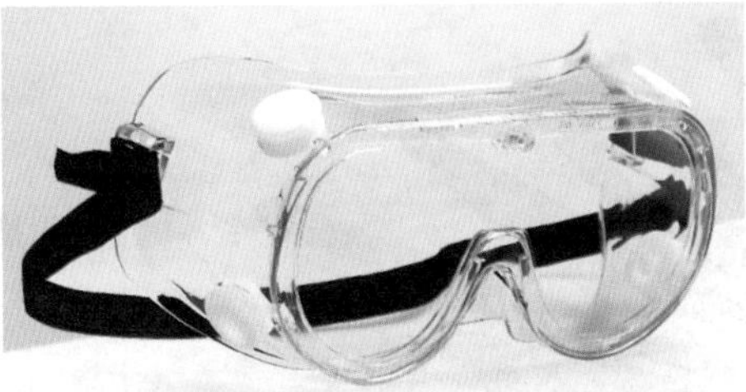	用于手工制作时，戴上护目镜，可以保护眼睛，避免杂质飞入眼睛
数字万用表	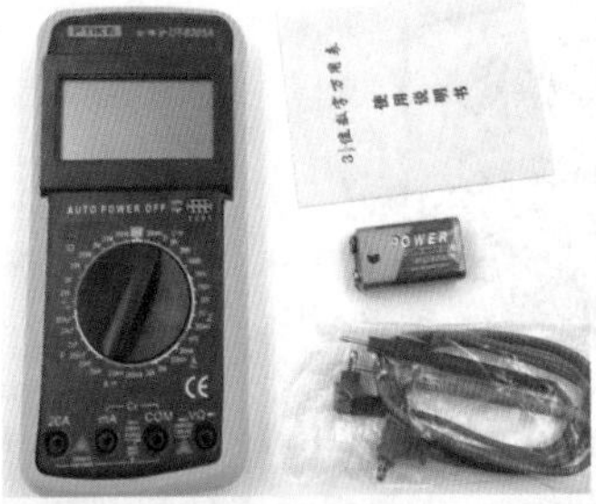	用于检查电阻、电容的值，并可以检查短路或者断路等现象
数控电源		用于可调节输出连接电子设备需要的电压和电流，方便为电子产品供电
示波器	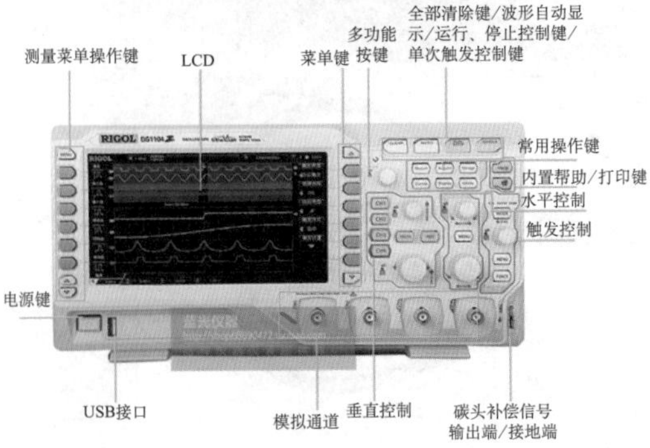	用于检测电子元件输出电压及电流的波形，以判断电路运行状况

续表

工具名称	图　　片	功　　能
3D 打印机	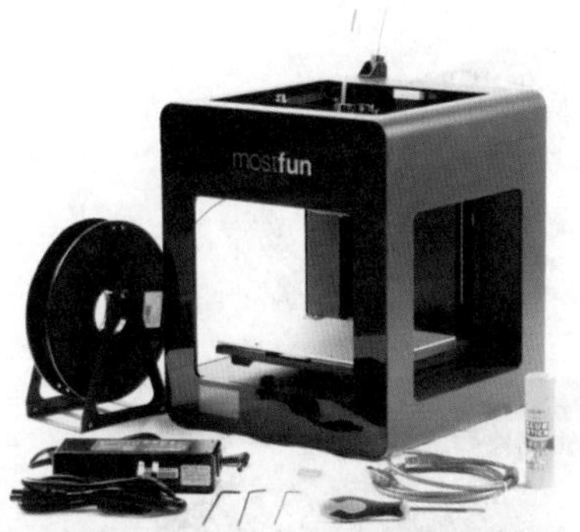	用于制作产品结构或者产品的外壳及其他设计
激光切割机	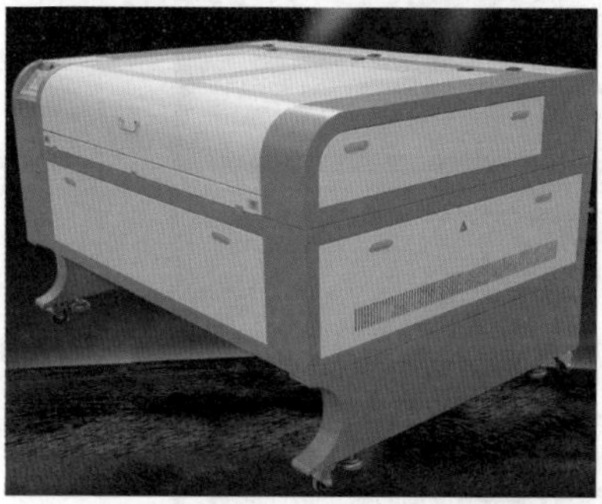	用于切割木板或者亚克力板，用于制作产品结构、外壳等

3. 常用材料

常用材料如表 4.2 所示。

表 4.2　常用材料

材料名称	图　　片	说　　明
导线	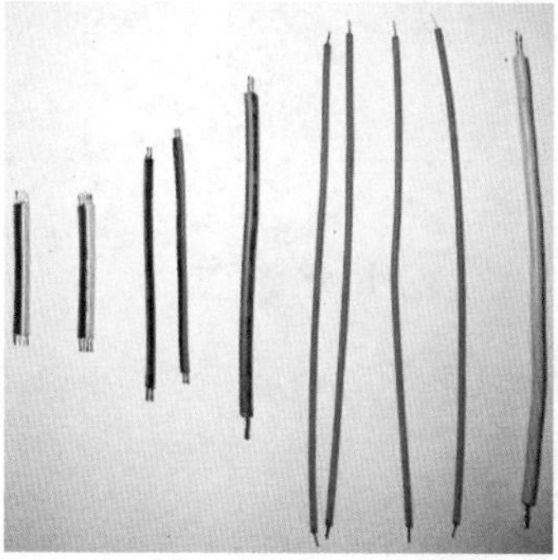	用于连接电路、负载

续表

材料名称	图片	说明
电工胶带 / 绝缘胶布		用于绝缘、隔离
热熔胶条	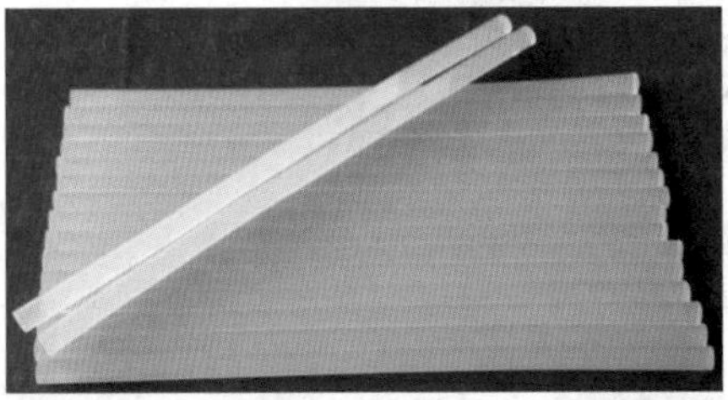	用于胶枪粘接
雪弗板		用于底板、结构板
卡纸		用于固定元件底板
焊锡丝		用于电烙铁焊接时使用

续表

材料名称	图　　片	说　　明
焊锡膏	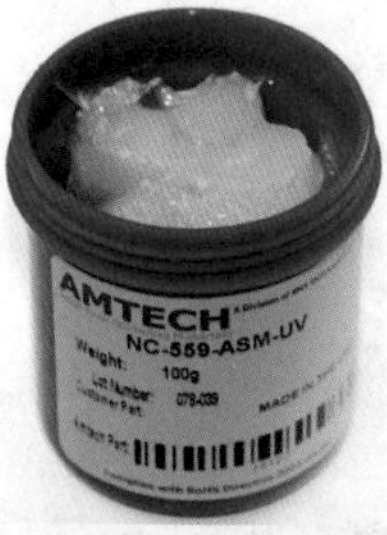	用于帮助快速焊接元件
棉线		用于绑扎、连接
透明胶	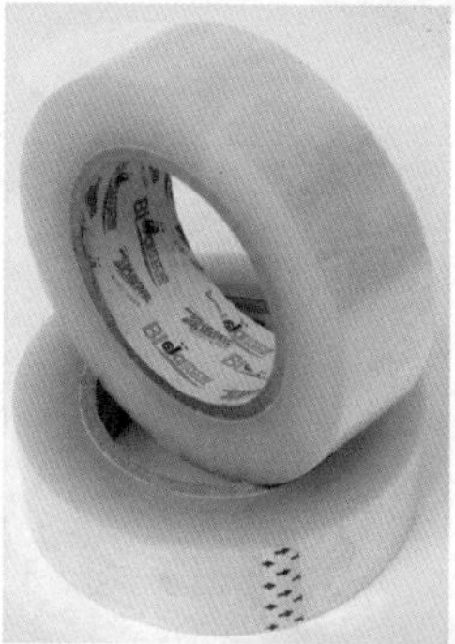	用于黏合、防水
热缩管	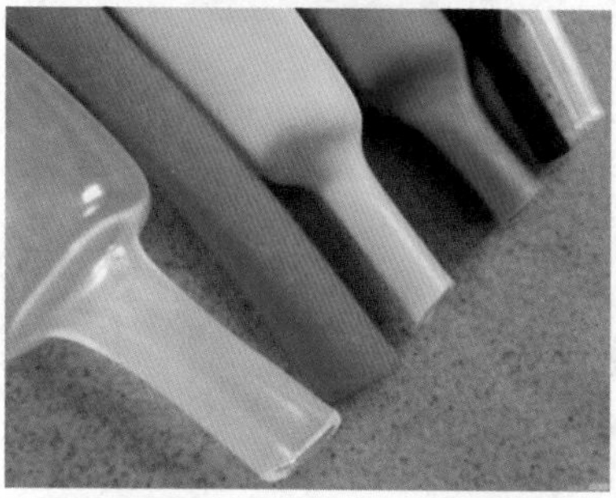	用于加热收缩，热缩管有绝缘防腐等特点，多用于线路的保护

续表

材料名称	图　　片	说　　明
捆扎带	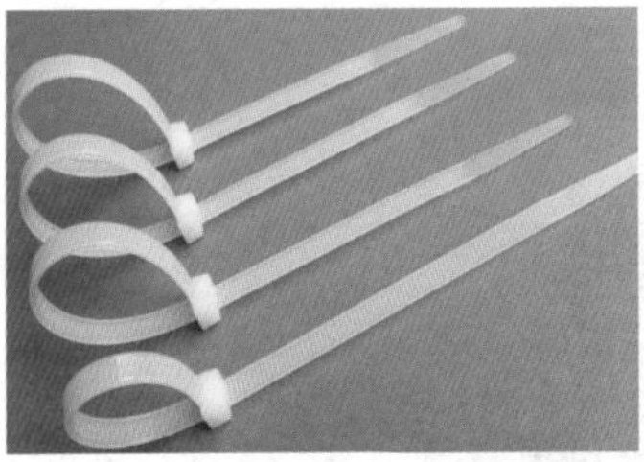	用于固定各种器件，具有强大的捆绑力
电路飞线		用于搭配洞洞板，将元器件通过电路飞线焊接连接成特定功能的电路
杜邦线		用于电子元器件之间的连接，更多用于电子模块之间的连接
面包板	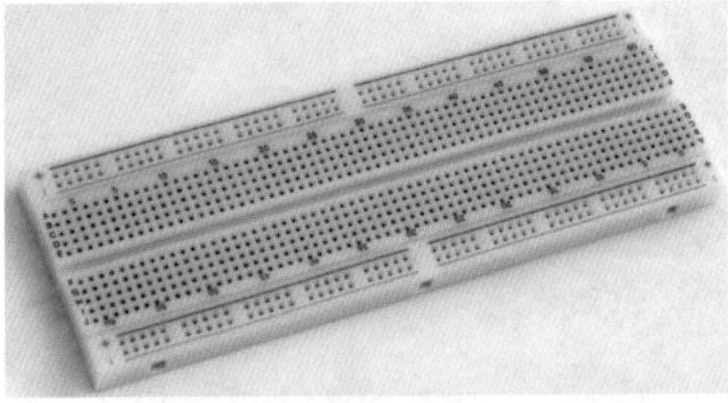	用于使用面包线在面板上搭建电路
洞洞板	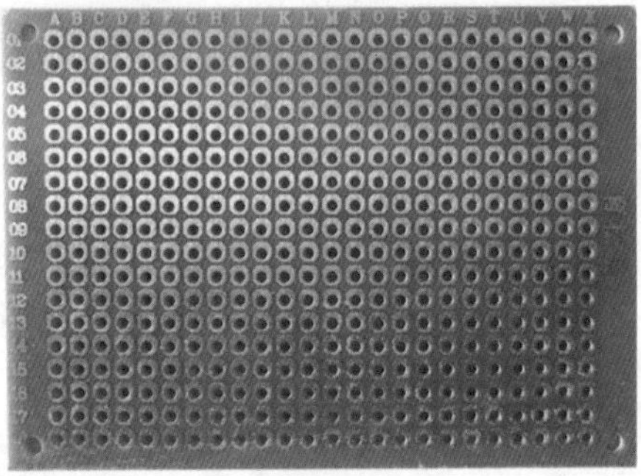	用于电子元器件通过洞洞板焊接，组成具有特定功能的电路

续表

材料名称	图　片	说　明
椴木板		用于激光切割，制作成结构件、保护外壳、广告木板等
亚克力板		用于激光切割，制作成结构件、保护外壳、广告木板等
PLA3D 打印耗材		用于 3D 打印机，制作成结构件、保护外壳、艺术作品等

第 5 章

反应速度测试仪（按键传感器）

从本章起，每一章都将设计制作一个不同的项目，包括硬件设计制作、软件设计制作和相关资料等。本章将设计制作的反应速度测试仪，是一个测试 10 秒内按键次数的项目。

- 硬件：掌握套装按键传感器和电子元件 DIY 按键传感器的使用
- 软件：按键传感器的按下和弹起的识别

运行效果图

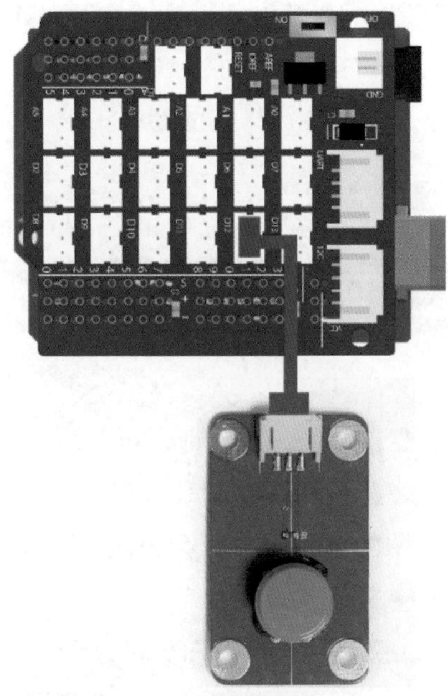

套装硬件连接图

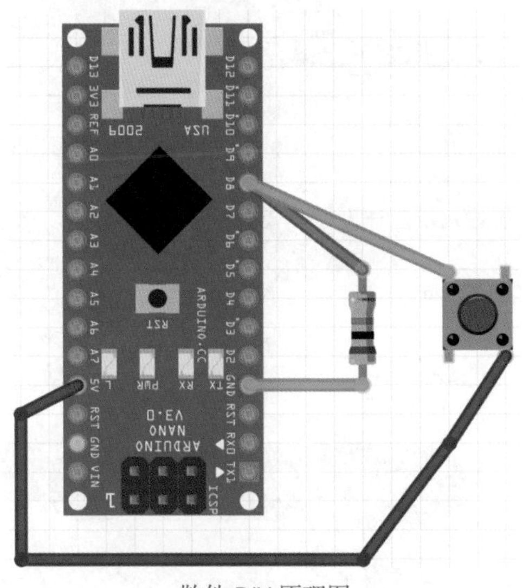

散件 DIY 原理图

反应速度是指人体对各种信号刺激（声、光、触等）快速应答的能力。人们通常通过测定人对信号刺激，做出反应所需的时间来评定反应能力。这里，我们通过自制传感器，来记录 10 秒内，手指按键的次数，再计算平均每次按键的时间，用在这个单位时间内按键次数的数据，来评定反应时间。你的反应速度有多快呢？快制作一个反应速度测试仪测定一下吧。

5.1 项目分析和制作硬件

制作任何项目，都需要先进行一番设计，再逐步制作硬件，编写测试程序，并合在一起进行综合测试，再进行程序优化和迭代升级。可见，如果最初的设计考虑得十分周到了，后期的制作效率就会很高。这项设计基本功是需要经过多个实例慢慢积累制作经验的。

图 5.1 是反应速度测试仪项目分析导图。可以看到，制作反应速度测试仪，需要掌握反应速度测试仪的原理、硬件组成和软件作用。硬件和软件同时工作，共同组成反应速度测试仪。

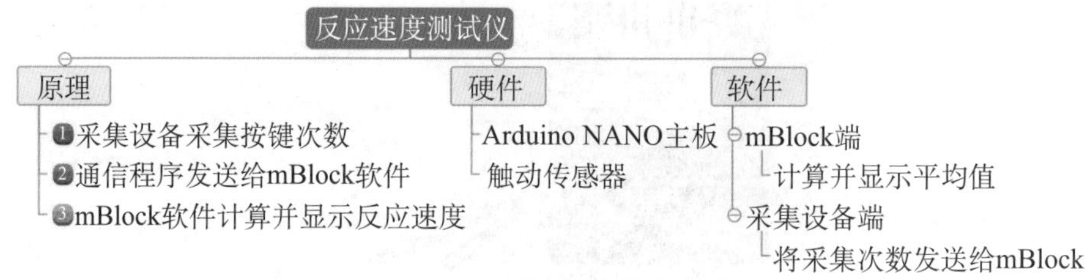

图 5.1 反应速度测试仪项目分析

5.2 制作硬件

重要声明：

本着开源精神和教育目的，在本书中所涉及的硬件分为两大类，第一类是开源硬件厂家开发的套件，这类套件品牌很多，作者不能逐一测试，这里统一称为套装硬件。但能确定的是，只要是基于 Arduino 核心的套件，理论上都能正常使用，除非开源硬件厂家刻意做了一些不通用的设计，这是作者不能控制的因素，还请大家谅解。但大部分套装硬件厂家为了便于使用，都会设计方便接线的接插件，这样，可大大提高课堂上使用套装硬件进行创作的效率。第二类是用电子元件 DIY 的作品，也就是玩家购买电子元件，自己手工 DIY，这是作者最为倡导的方式。但这种方式需要一定的动手能力和相关知识。所以本书在编写中，首先安排用套装硬件进行制作，在完成项目以后，鼓励玩家再用电子元件 DIY，以完成更多创意作品设计。

5.2.1 套装硬件

套装硬件是厂家统一设计和生产的，主板和传感器之间设计了统一风格的连接方式，便于连接和使用。本章需要选用一个按键传感器，将占用 Arduino 板的数字端口 8，设计表如表 5.1 所示。

表 5.1 套装硬件设计表

硬件名称	端口占用	控制对象	角色动作
按键传感器	数字端口 8	Dinoaur1	当数字端口 8 按下又弹起后，变量“按键次数”增加 1

1. 材料清单

套装硬件制作的材料全部由厂家配套准备好，不需要大家准备，详细的材料清单如表 5.2 所示。

表 5.2 套装硬件制作材料清单

材料名称	图 片	数 量	用 途
Arduino UNO		1 张	侦测微动开关是否为按下的状态，实时发送给 mBlock 软件

续表

材料名称	图　　片	数　量	用　　途
Arduino 扩展板		1 张	侦测微动开关是否为按下的状态，实时发送给 mBlock 软件
按键传感器	 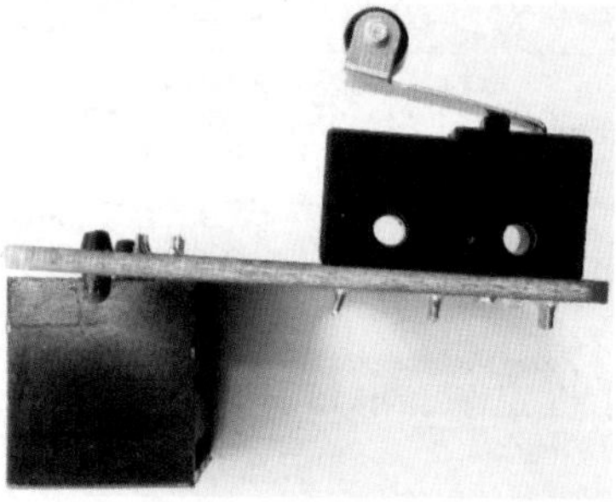	1 个	按键传感器，按下时为高，输出高电平；松开时为低，输出低电平
3P 连接线	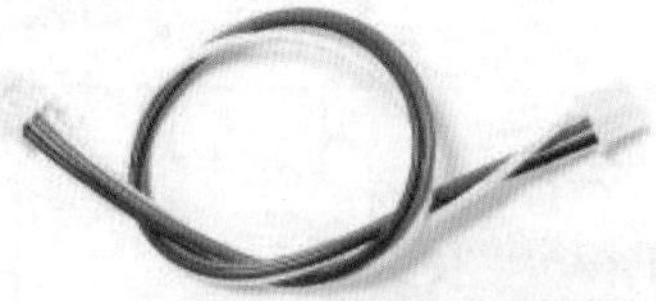	2 根	带防反接口的连接导线，防反接口的作用是，防止接错导线，导致烧坏主控板
USB 连接线		1 根	连接 Arduino UNO 主板和计算机

2. 套装硬件简介和连接

（1）Arduino UNO 主板。

图 5.2 是 Arduion UNO 主板实物图。Arduion UNO 主板整合了两路马达驱动，将部分数字端口和模拟端口做成了水晶头插座，以便于连接。经作者五年多的使用，这块主板是性能最稳定的一块。稳定性是电子产品最重要的指标，当然，略懂电子的朋友会很容易看出，这个稳定源自于扎实的用料，钽电容、全原装芯片和改进的 USB 通信芯片等。

图 5.2　Arduino UNO 主板

（2）触摸传感器。

图 5.3 和图 5.4 分别是触碰传感器的正面和侧面实物图。触摸传感器主要元件是一个微动开关，微动开关安装在一块 PCB 板上，PCB 板设计了两个兼容乐高积木的安装孔，便于用户将 PCB 板安装在乐高积木上。

图 5.3　触摸传感器正面

图 5.4　触摸传感器侧面

接插件采用了六芯水晶头设计，便于使用者快速、牢固地连接硬件。六芯水晶头与电话线一样，只有一侧有缺口，这样就有效避免了误插和错插。

（3）硬件连接。

反应速度测试仪项目，我们使用数字端口 8，用一根 3P 连接线，将触摸传感器和 Arduino 扩展板上的数字端口 8 连接在一起，用 USB 线将 Arduino UNO 板连接到计算机 USB 端口上，即完成套装硬件连接。

为了便于测试者测试，大家最好把触摸传感器固定在一个稳固的支架上，可用乐高积木完成，如图 5.5 所示。当然，这种固定方式仅作参考，鼓励大家使用身边现有材料，各显神通。目标只有一个，就是固定触摸传感器，方便测试者操作。

图 5.5　触摸传感器支架

5.2.2 散件 DIY

散件 DIY 需要有相当的动手能力，你准备好了吗？

需要重点强调的是，安全第一。为此，请你在动手之前务必做到以下几点。

（1）将电源插座垂直放置或高于自己的工作台面。

（2）在进行有扬尘的操作时，必须戴上护目镜。

（3）所使用的电源必须安装有漏电开关，并可靠接地。

图 5.6 显示了反应速度测试仪的电路原理图，从该图中可以看到，反应速度测试仪选用的端口是数字端口 D8。在一般情况下，我们先在选用的数字端口与 GND 之间，串联一颗 10kΩ 的电阻，这种用法称为拉低，也就是让 D8 端口空闲时，一直处于一个稳定的低电平状态。

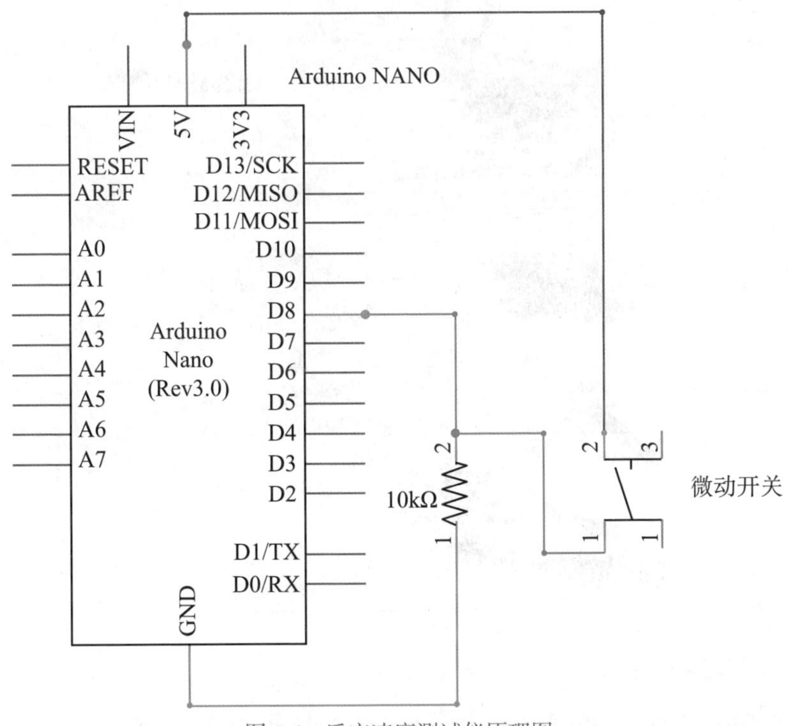

图 5.6　反应速度测试仪原理图

接下来，是在数字端口 D8 与 5V 电源之间，串联一个微动开关。当微动开关按下时，5V 电源经微动开关，导通到 D8，这时，数字端口 D8 为高电平；

当松开微动开关时，数字端口 D8 又恢复至低电平状态。

1. 材料清单

反应速度测试仪需要 Arduino NANO 主板、微动开关、10kΩ 电阻，以及导线若干，详细材料清单如表 5.3 所示。

表 5.3　反应速度测试仪材料清单

材料名称	图　片	数　量	用　途
Arduino NANO 主板		1 张	侦测微动开关是否为按下的状态，实时发送给 mBlock 软件
微动开关		1 个	检测用户的按下动作
10kΩ 电阻		1 颗	数字端口拉低
导线		若干	连接各引脚

2. 硬件连接基础

图 5.7 是反应速度测试仪原型设计图。从该图中可以看到，连接的引脚共 7 个，其中，连接到 Arduino NANO 主板上的线可使用带孔杜邦线（见图 5.8）。杜邦线分为两种：一种为插针的；另一种为带孔的。由于 Arduino NANO 上带有针脚，因此，接到 Arduino NANO 上需用带孔的杜邦线，如图 5.9 所示。

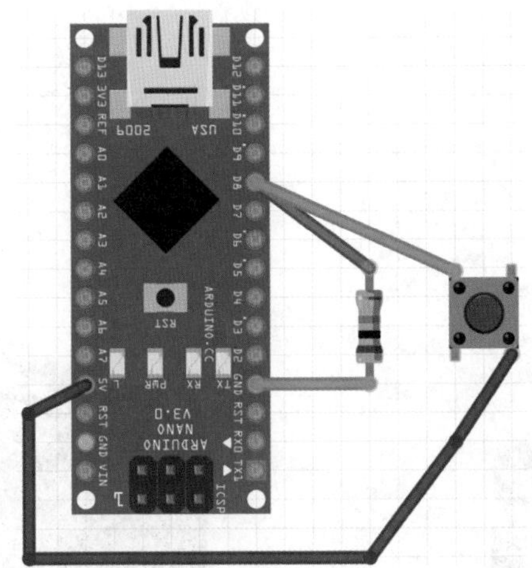

图 5.7　反应速度测试仪原型设计图

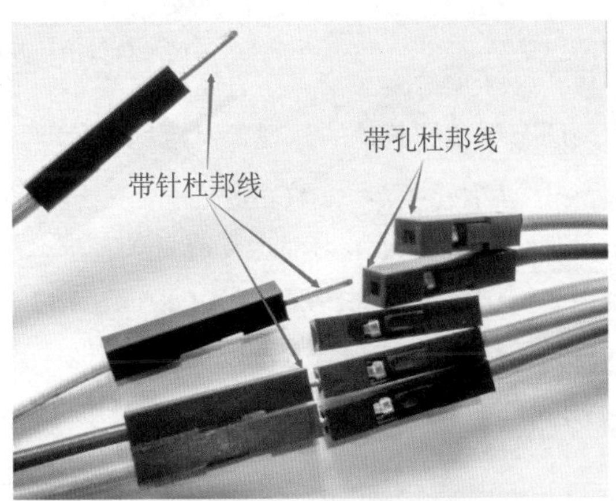

图 5.8　带孔 / 带针杜邦线

图 5.9　杜邦线接到 Arduino NANO 主板上

3. 微动开关测试

接下来说一说微动开关。微动开关和其他开关一样，作用都是开和关，状态都为通和断两种。图 5.10 和图 5.11 是两个外观不同的微动开关，它们的区别是上方的滚轮。

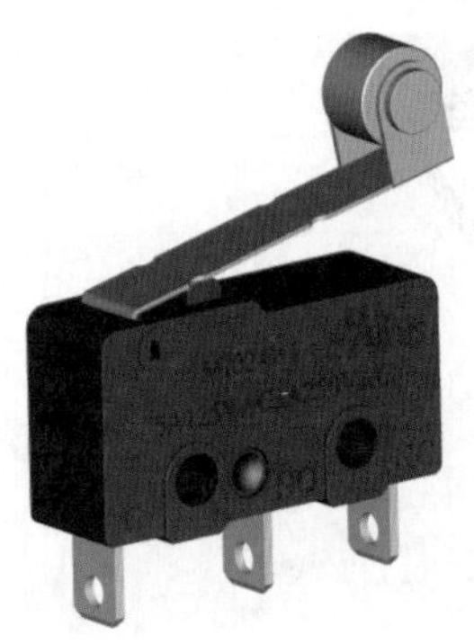

图 5.10　微动开关 1

图 5.11　微动开关 2

当然，微动开关还有更多的其他的外观，但常见的微动开关都有三个引脚，如图 5.12 所示。

前面提到不论是什么开关，其作用都是开或者关，那么为什么设计成三个引脚呢？我们用万用表测试一下导通情况就明白了。图 5.13 演示了用万用表测试微动开关的方法。按照该图中的测试方法，当把万用表档位拨动到测试二极管导通档时，用万用表的两支测试笔，分别接触到 1 号 COM 引脚和 3 号 NC

图 5.12　微动开关引脚

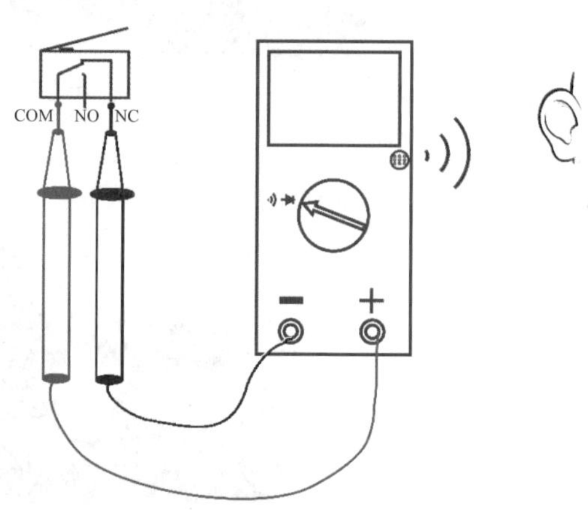

图 5.13　测试微动开关 1

引脚，我们马上就可以听到清脆的蜂鸣器声音，这说明在没按下微动开关时，1 脚和 3 脚是导通的。

下面我们测试 1 脚和 2 脚，当把万用表的两支测试笔分别接到微动开关的 1 脚和 2 脚上，这时，我们没有听到蜂鸣器声音测试方法如图 5.14 所示；当按下微动开关后，我们立即听到了蜂鸣器声音，测试方法如图 5.15 所示。

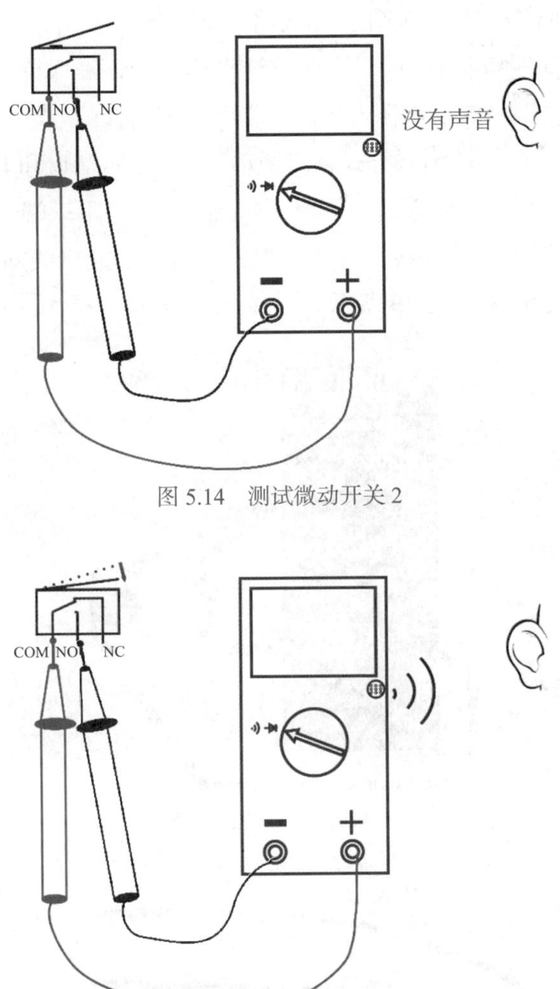

图 5.14　测试微动开关 2

图 5.15　测试微动开关 3

经过一番测试，我们可以了解到在这项任务中，我们只接微动开关的 1 脚和 2 脚即可。在图 5.7 中，我们使用了四脚按钮，它的作用与微动相同，只是按钮开关操作起来比较费力，微动开关要轻松很多。

在弄明白微动开关的连线引脚和与按钮开关的区别后，就可以按图 5.7 的方式连接好微动开关了。

4. 完成硬件连接

图 5.16 是硬件连接原理图。首先将 10kΩ 电阻的两端分别接在 Arduino NANO 板的 GND 端口和 D8 端口上，这样做的目的，是保持 D8 端口通常处于低电平状态。这样，10kΩ 电阻与 GND 端口、D8 端口形成一串，这样的连接方式称为串联。用同样的串联方式，将微动开关与 5V 端口和 D8 端口串联在一起。由图 5.16 中可见，D8 端口上同时要接到 10kΩ 电阻一端，和微动开关的 1 号脚。可使用两根带孔杜邦线，自制一根一分为二的连接线即可完成连接，具体制作方法如图 5.17 ～图 5.19 所示。

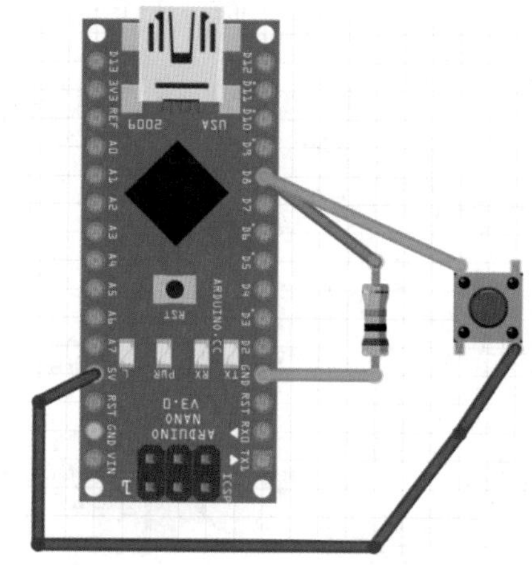

图 5.16　硬件连接原理

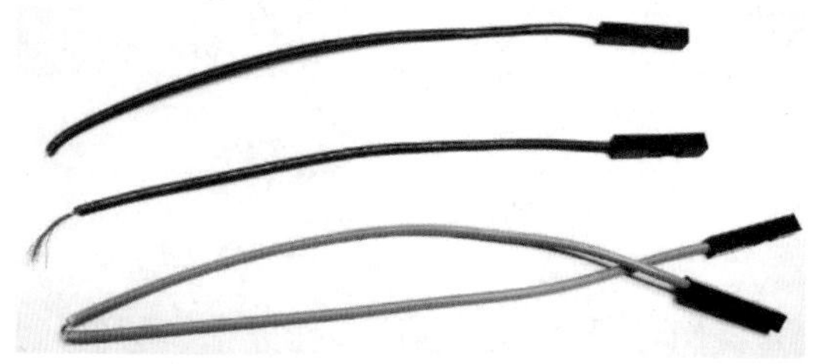

图 5.17　制作一分为二杜邦线 1

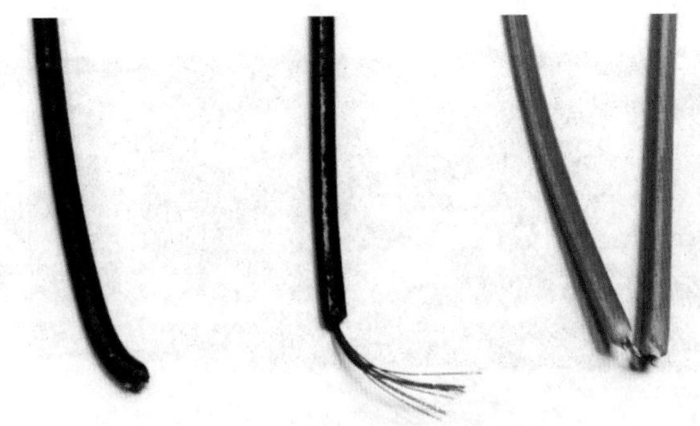

图 5.18　制作一分为二杜邦线 2

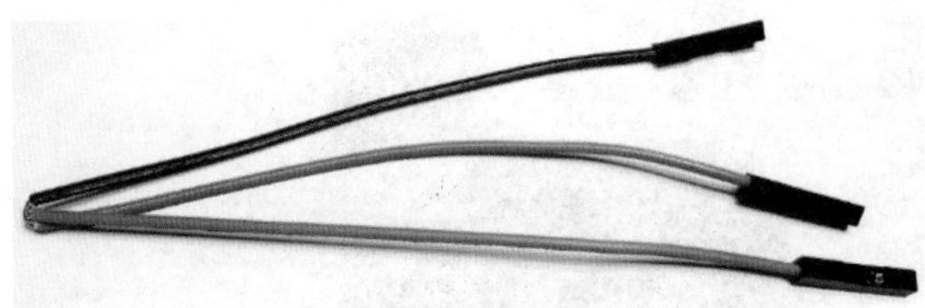

图 5.19　制作一分为二杜邦线 3

加工好一分二杜邦线后，就可以按照原理图连接好 10kΩ 电阻和微动开关了，完成后的效果如图 5.20 所示。

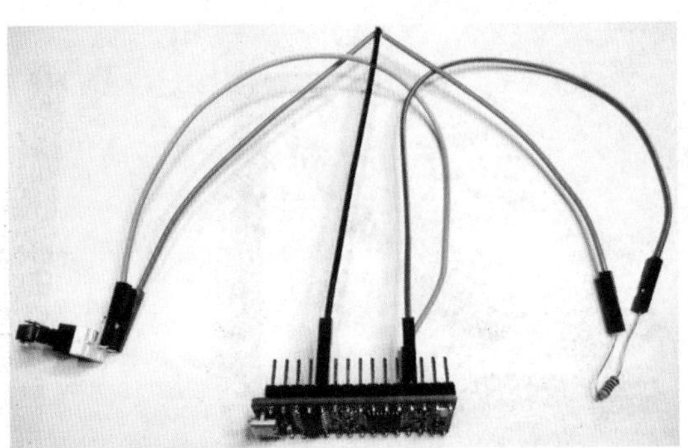

图 5.20　完成连线

这样连接好导线后，并不能直接用于测试反应速度，还需要用一块雪弗板进行黏合、稳固，完好后的效果如图 5.21 和图 5.22 所示（这两张图是连接到 D12 端口上的，与前面讲到的原理图不同）。这一步，大家可使用自己身边一切可使用的材料，目的就是把 Arduino NANO 板和微动开关固定起来。

图 5.21　反应速度测试板正面

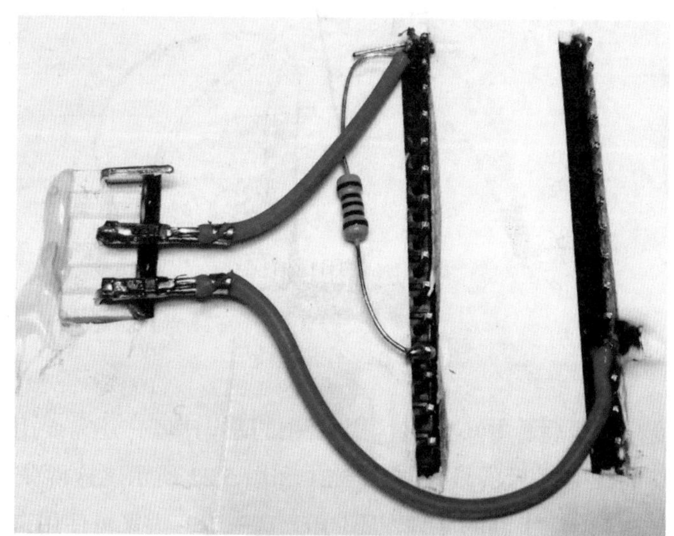

图 5.22　反应速度测试板背面

5.3 设计软件

设计好反应速度测试仪的硬件后，就可以用 USB 线连接上计算机，设计软件并开始测试了。

互动式作品使用的 Scratch 软件，是国内 Makeblock 公司开发的 mBlock 软件，下载地址为 http://www.mBlock.cc/zh-home/download/。这款软件是基于 Scratch 核心开发的，支持开源硬件的免费软件。

下载安装好后，我们就可以打开软件，开始编写程序了。mBlock 软件的主界面如图 5.23 所示。

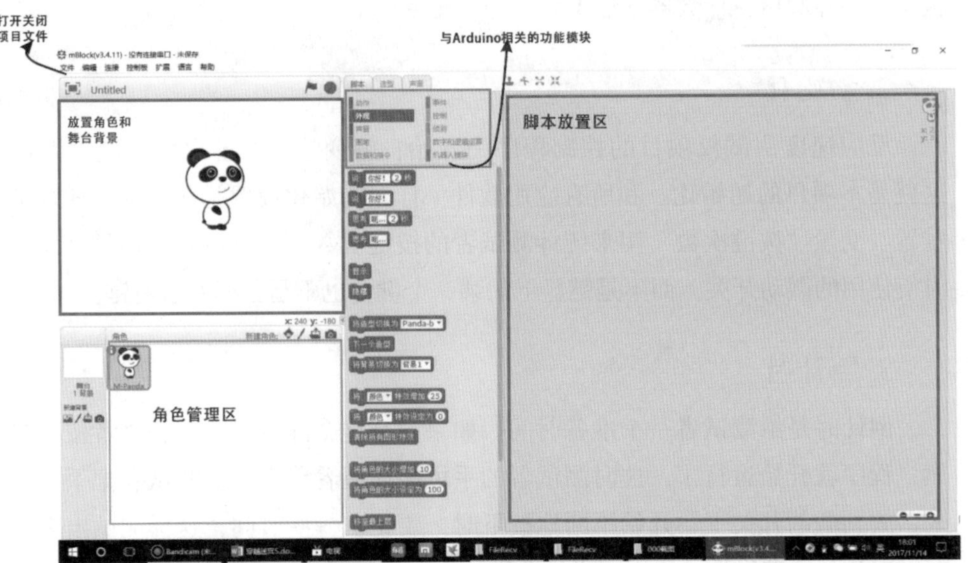

图 5.23　mBlock 软件主界面

1. 整体思路分析

图 5.24 描述了反应速度测试仪控制程序思路，反应速度测试仪项目是一个

标准的互动作品，也就是说，根据测试者操作外围硬件的情况，mBlock 软件做出相关的反应。

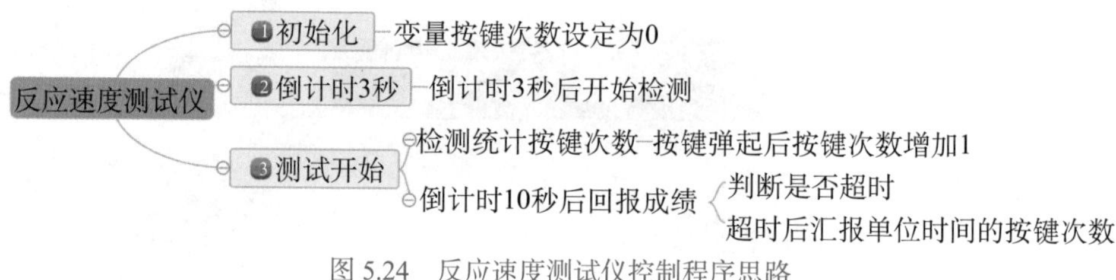

图 5.24　反应速度测试仪控制程序思路

第一步是初始化，将记录按键次数的变量“按键次数”设定为 0。

第二步是倒计时 3 秒，mBlock 将开始检测是否按下微动开关。

第三步将同时开启两项工作，这里通过广播“开始测试”，要开始的两项工作都用“当接收到‘开始测试’”作为开始事件，这样实现多种事件同时执行。同时执行之一，是判断是否超过测试时间；同时执行之二，是检测到微动开关被按下并弹起后，计数器增加 1。

2. 初始化

反应速度测试仪项目的控制程序一开始，将变量“按键次数”设置为 0，这就是本项目的初始化。和所有应用软件一样，初始化设置是相关的一些环境重置。变量“按键次数”用来统计测试者的按键次数，按键就是前面硬件制作时所使用的微动开关，而不是键盘上的某一个键，也不是鼠标左、右键。

3. 倒计时

倒计时是给测试者一个准备时间。如果没有这个准备时间，测试者按下绿旗，程序就开始运行了，这时测试者的手可能还握着鼠标，等测试者把手拿过来，放到微动开关上，开始不断地按下时，要花费一些时间，这样测试出来的按键次数是不准确的。所以，必须要设计一个倒计时。

4. 检测统计按键次数

倒计时 3、2、1 秒后，将“计时器”归零，mBlock 从零开始计时。这时，mBlock 开始检测测试者是否按下微动开关。当测试者按下微动开关后，变量

“按键次数”增加 1。这样一直重复检测，直到计时器设定的时间结束，停止检测。

5. 防“作弊”的程序设计

谈到检测端口的状态，很多读者很容易想到“如果”判断语句，我们把这种方式称为“如果式检测”，如图 5.25 所示。我们可仔细分析一下，重复检测：如果按下微动开关，变量“按键次数”增加 1；如果测试者一直按着不放，会出现什么情况呢？我们测试一下，发现变量“按键次数”瞬间增加很多，这显然不符合我们的设计要求。

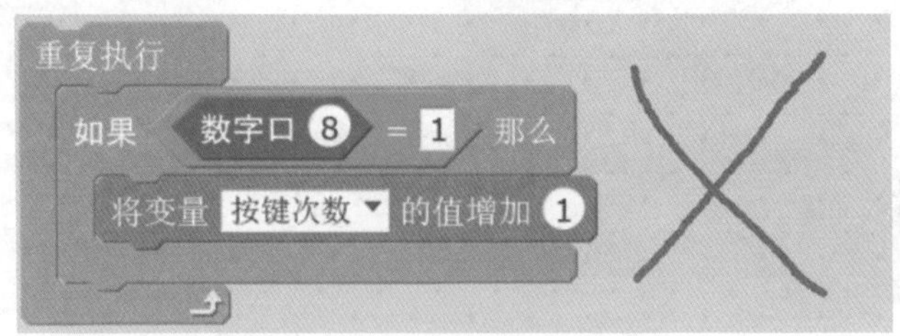

图 5.25　如果式检测

现在再来看图 5.26，“在数字口 8=1 之前一直等待”，意思就是程序一直在等待测试者按下微动开关，如果测试者不按下微动开关，程序就不会往下执行。测试者按下微动开关后，再继续往下执行。

接下来一条语句是“在数字口 8=0 之前一直等待”，意思是等待测试者按下微动开关后，再弹起来。微动开关弹起来之后，再将变量“按键次数”增加 1，完成计数。这种“按下——弹起——计数”的方式，有效防止了测试者一直按住这类“作弊”情况。

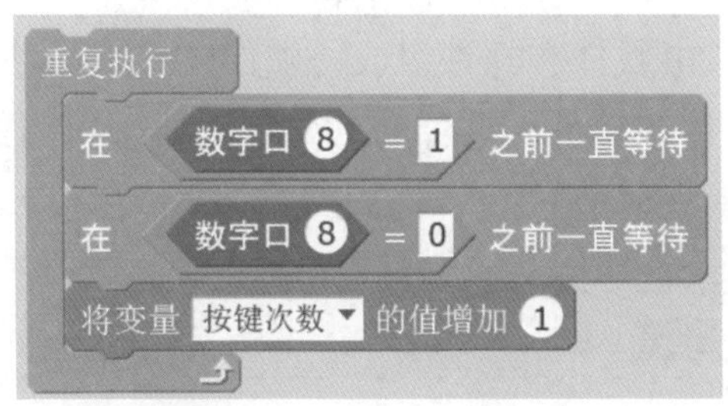

图 5.26　等待式检测

6. 检测到超时后，计算并汇报按键速度

图 5.27 是计时结束后计算并汇报按键速度设计。其中，测试开始后，两项功能将同时工作，一项功能是重复检测测试者是否按下微动开关；另一项功能是判断计时器是否超时。如果超时，立即计算单位时间的按键次数。例子中测试时间是 10 秒，所以用变量“按键次数”除以 10，将计算结果用“说”的方式汇报出来。最后“停止当前脚本”。

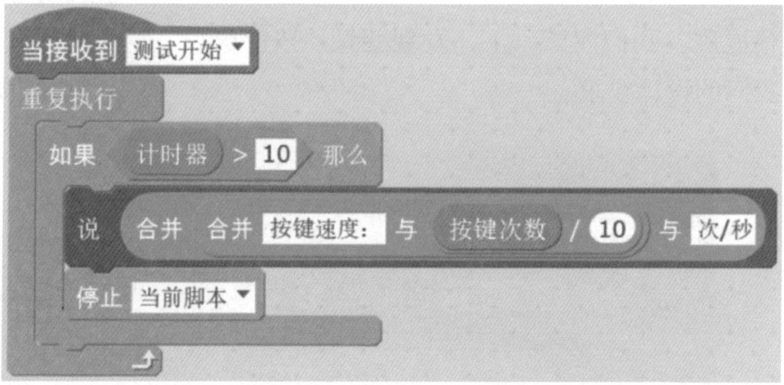

图 5.27　计时结束后计算并汇报按键速度

至此，程序设计完成。

5.4 优化迭代

任何项目设计和制作，都不可能一次性做到很完美，都需要不断完善升级，这一过程称为迭代。

反应速度测试仪由硬件和软件组成，硬件主要是微动开关和 Arduino 板，软件是 mBlock 端的控制软件。硬件和软件都需要进行测试，并不断地优化，以达到最满意的状态。

5.4.1 项目调试

制作好硬件，并设计好程序后，我们即可开始测试整个项目。

表 5.4 描述了反应速度测试仪调试内容。制作好硬件，设计好程序，即可进行对照表 5.4 中的调试内容，逐项开始测试。如遇到故障，参照该表内的改正建议进行改正，直到所有调试内容全部通过。

表 5.4　反应速度测试仪调试内容

调试内容	达标情况	改正建议
微动开关按下又弹起后，变量“按键次数”是否增加 1	完成 / 未完成	Arduino NANO 板未安装固件； Arduino NANO 板未连接； 微动开关接线不正确； Arduino NANO 板的数字端口 8 未串联 10kΩ 电阻到 GND 端口
长按微动开关，不会重复计数	完成 / 未完成	程序设计中，检测微动开关按下方式有误
10 秒后，是否结束统计	完成 / 未完成	判断程序未重复执行； 结束条件不为 10 秒
是否能正确计算单位时间按键次数	完成 / 未完成	按键总次数除以总时间

5.4.2　结构迭代

经过多次测试操作，发现在硬件安装方面还需要进行一些改进。

1. 接线可靠

手工 DIY 的作品，很容易出现的一个问题就是接线杂乱、易断、易接触不良等各种问题，在初步测试，确保基本功能完成后，就应该将所有接线进行加固处理，以确保作品稳定、可靠。

2. 稳固

反应速度测试仪在实际使用中，微动开关需要高频率地不断单击，所以需要将微动开关稳固地黏合在一块底板上，以确保测试者每一次单击都能轻松准确地完成。

3. 便于操作

反应速度测试仪只有一个交互元件，就是微动开关，单一的微动开关不是很好操作，后期改进时，可以将微动开关改为游戏机上广泛使用的圆形按钮，如图 5.28 所示。将这种按钮安装在木板或亚克力板上，这样测试者就可以很方便地高频率单击按钮。

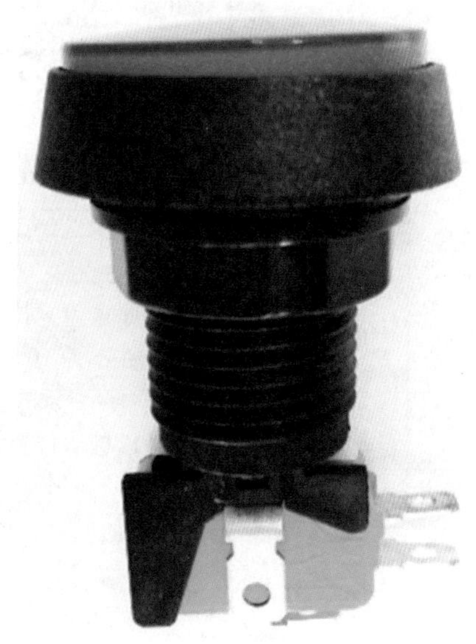

图 5.28　游戏机微动按钮

5.4.3　程序迭代

除了硬件方面的迭代之外，mBlock 端也可以根据需要进行一些优化。

1. 界面美化

界面设计又称 UI 设计，听起来似乎属于美工方面的工作，对于创客而言，尽可能将作品做得很美观，将为自己的作品添色不少。这种美既包括硬件作品的外观设计，也包括 mBlock 等软件的界面设计。

反应速度测试仪的 mBlock 端界面设计，可以在测试开始前做一些测试说明，也可以将角色外观设计成与项目相关的造型等。

2. 设计排行榜

每次参加测试后，都将成绩保存起来，这样，可以将这些成绩按照从高到低的排列方式，形成一个高手榜，新测试者也有机会不断刷新高手榜。

5.5 拓展应用

任务：制作防盗报警器

说明：将微动开关安装在进出房屋的必经之路上，当有人经过时，踩中微动开关，从而触发报警器，防盗报警器示意图如图 5.29 所示。你能根据这个示意图，设计和制作出整个防盗报警器吗？硬件设计表如表 5.5 所示。

图 5.29 防盗报警器示意图

表 5.5 硬件设计表

硬件名称	端口占用	控制对象	角色动作
微动开关	数字端口 ×	任意对象	当数字端口 × 等于 1 时，弹奏音符

5.6 相关资料

反应速度测试仪项目中用到的主要元件是微动开关，也可以用开关元件代替。

5.6.1 微动开关

以下是微动开关的相关资料，以作参考。

1. 微动开关外形

图 5.30 和图 5.31 是常见的微动开关外形图，图 5.30 的最右侧列，描述的是按下该微动开关所能承受的最大力量，结合外形选择适当的型号。

2. 微动开关接线方法

图 5.32 是不同类型微动开头的接线示意图，从图中可以看到，不同类型的微动开关，其接线方法略有不同，根据实际需要灵活选择。

5A(标准型铆钉接点)	针状按钮型	0.49N
		1.47N
	摆杆型	0.16N
		0.49N
	R形摆杆型	0.16N
		0.49N
	滚珠摆杆型	0.16N
		0.49N

图 5.30　微动开关外形 1

●针状按钮型
SS-01(-E、-F)
SS-5(-F)
SS-10

●摆杆型
SS-01GL(-E、-F)
SS-5GL(-F)
SS-10GL

●R形摆杆型
SS-01GL13(-E、-F)
SS-5GL13(-F)
SS-10GL13

●滚珠摆杆型
SS-01GL2(-E、-F)
SS-5GL2(-F)
SS-10GL2

图 5.31 微动开关外形 2

结构

■接触型号

●1c型（双投型）

●1b型（常闭型）

●1a型（常开型）

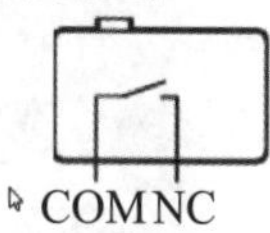

图 5.32 微动开关接线示意图

3. 微动开关结构

从图 5.33 中可以看出，微动开关看起来很小，实际上是非常复杂的。这是详细的内部结构图，读者了解一下即可，以便区别于普通按钮。

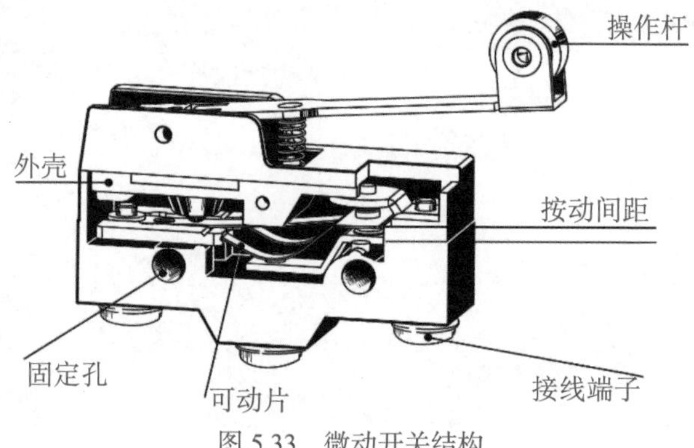

图 5.33 微动开关结构

5.6.2 游戏机按键

图 5.34 是游戏机上广泛使用的按键，这种按键是在微动开关的基础上，加装了一个便于按下的外壳，常见的有圆形的、方形的、三角形的和球形的。这样的游戏机按键更便于安装，只需要在亚克力板、木板或铁板上钻一个合适的孔，就可以牢牢地安装游戏机按键了，装好后的效果如图 5.35 所示。

图 5.34 游戏机按键外形

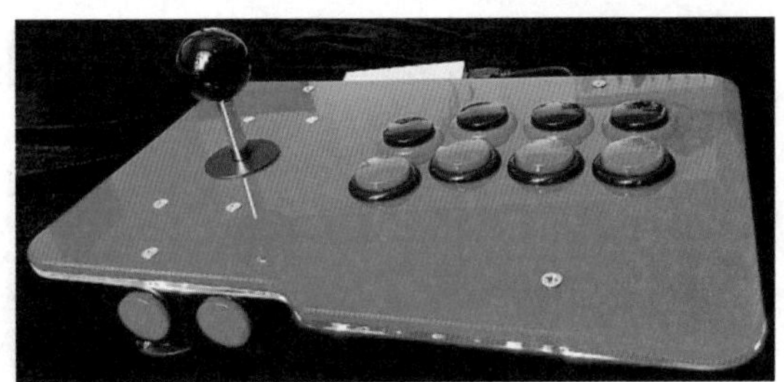
图 5.35 游戏机按键安装效果

第 6 章

按键赛马（按键传感器）

本章将使用两个按键分别控制两匹马的前进速度，在第 5 章的基础上，掌握两个按键传感器的制作和使用方法。

本章学习目标

- 硬件：两个按键传感器的制作
- 软件：两个按键传感器的识别

运行效果图

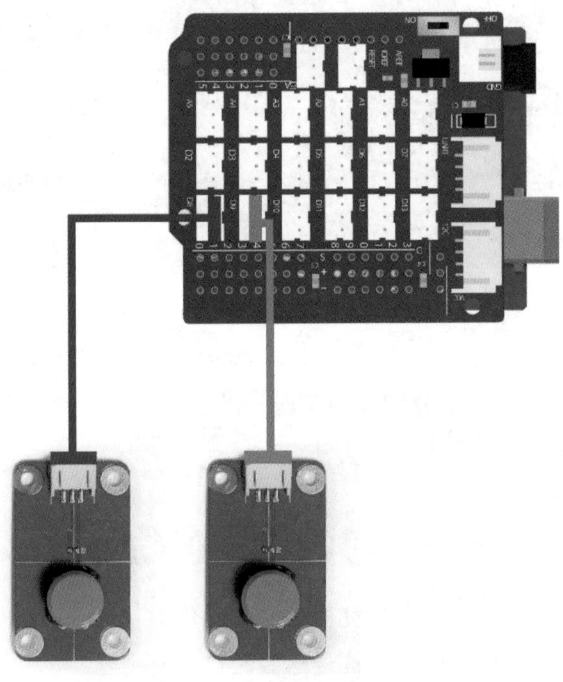

套装硬件连接图

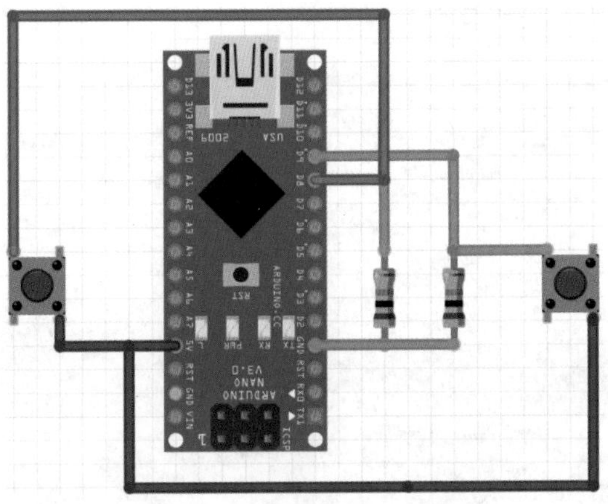

散件 DIY 原理图

在第 5 章中，我们学会了使用一个按键传感器，将一个传感器的按键次数，输入 mBlock 中。在本章中，我们将使用两个按键传感器来制作一款双人玩的游戏。

6.1 项目分析和制作硬件

按键赛马是一款双人操作的游戏，用两人按下按键传感器的次数来控制 mBlock 中两匹赛马的前进距离。两匹赛马都从左侧同时出发，当某一匹马先到达右侧边缘后，立即汇报从左到右所花的时间；另一匹马立即消失，程序停止，这一次测试结束。

图 6.1 显示了按键赛马分析导图。从该图中可以看到，按键赛马项目需要的硬件主要包括 Arduino NANO 主板一张，按键传感器两个。软件部分分为 Arduino NANO 端的固件程序，这是 mBlock 软件自带的，一般不用去研究它。它的作用是向 mBlock 发送各端口的实时电平状态，端口上连接了传感器，那么这时发送到 mBlock 端的，就是对应传感器的状态。

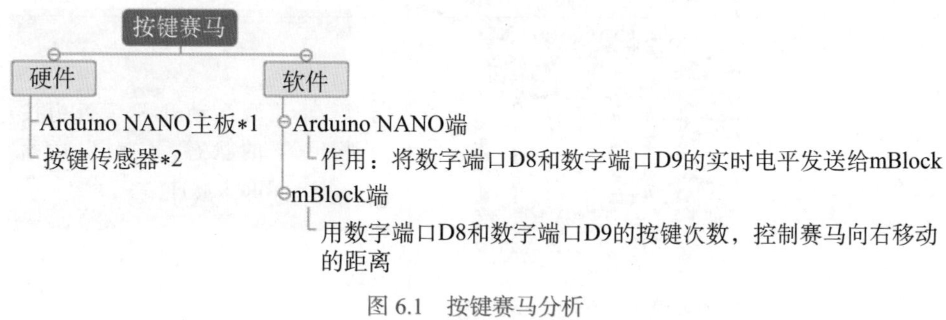

图 6.1　按键赛马分析

6.2 制作硬件

按键赛马的硬件将用以下两种方式进行：第一种是使用套装硬件进行设计，帮助大家快速完成作品的硬件制作；第二种方式是使用电子元件，进行手工 DIY，这种方式更能加深对硬件的理解，便于制作出更大或更多形式的互动作品。

6.2.1 套装硬件制作按键赛马

使用套装硬件制作按键赛马项目，则需要 Arduino UNO 板、Arduino 扩展板、按键传感器、3P 连接线和 USB 连接线，其详细的材料清单和各种材料用途如表 6.1 所示。

表 6.1 按键赛马材料清单

材料名称	图　片	数　量	用　途
Arduino UNO		1 张	主控器用于写入程序接收外界信息或者控制连接在它上面的设备
Arduino 扩展板		1 张	侦测微动开关是否为按下的状态，实时发送给 mBlock 软件
按键传感器	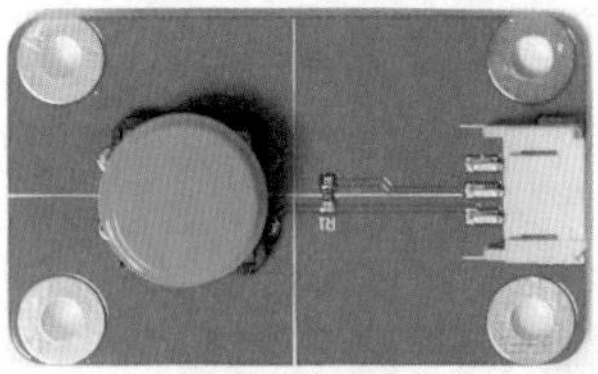	2 个	按键传感器，按下时为高，输出高电平；松开时为低，输出低电平
3P 连接线	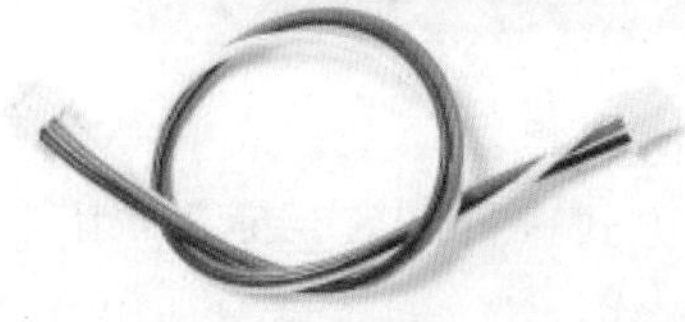	2 根	带防反接口的连接导线，防反接口的作用是，防止接错导线，导致烧坏主控板

续表

材料名称	图　片	数　量	用　途
USB 连接线		1 根	连接 Arduino UNO 主板和计算机

准备好表 6.1 中所有材料清单后，就可以开始连接导线了。图 6.2 显示了按键赛马的硬件连接。可以看到，该图中用一根 3P 导线，一端连接到 Arduino 板上的 D8 端口；另一端连接到按键传感器。这样就连接好一个按键传感器了。用同样的方法连接好 D9 端口和另一个按键传感器。

最后，将这两个按键传感器固定在一根乐高积木或者硬木板上，以防止按动按键时，传感器到处移动。

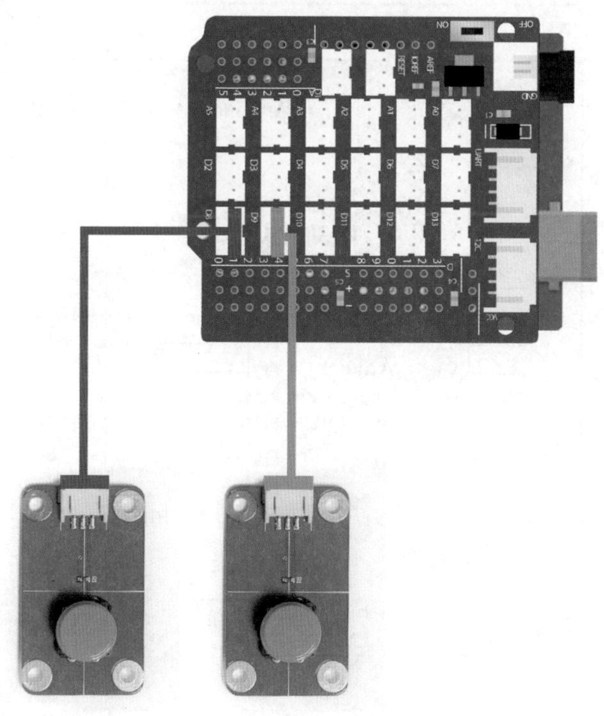

图 6.2　按键赛马硬件连接

6.2.2 散件 DIY 按键赛马手柄

按键赛马手柄的原理图如图 6.3 所示，Arduino NANO 板的数字端口 D8 和数字端口 D9 上，分别串联一颗 10kΩ 的电阻，连接到 Arduino NANO 板的 GND 端口上，这样的效果是让 Arduino NANO 板的数字端口 D8 和数字端口 D9 空闲时，都处于低电平状态，这就是常说的端口拉低。端口拉低在后面的章节还要介绍。

接下来，左边安装一个按键开关，串联到 Arduino NANO 板的 5V 端口上。这样，当左边的按键开关按下时，Arduino NANO 板上的 5V，导通到 Arduino NANO 板上的数字端口 D8，此时，D8 端口处于高电平状态。当左边的按键弹起时，Arduino NANO 板上的端口 D8 又回到低电平状态。

用同样的方法，在右侧安装一个按键开关，连接 Arduino NANO 板的数字端口 D9 上，Fruitzing 软件设计好的按键赛马手柄原型如图 6.4 所示。

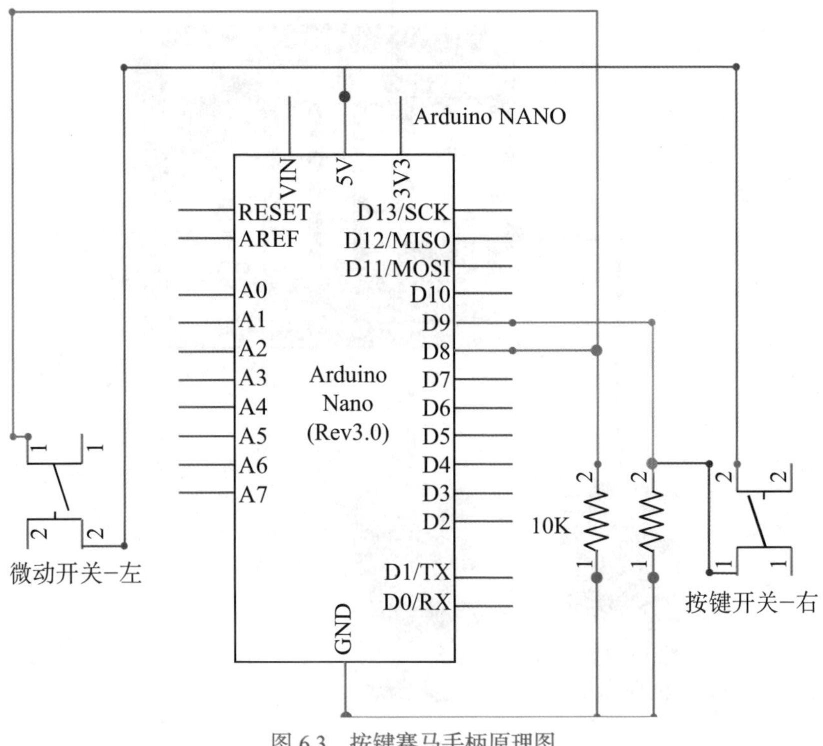

图 6.3 按键赛马手柄原理图

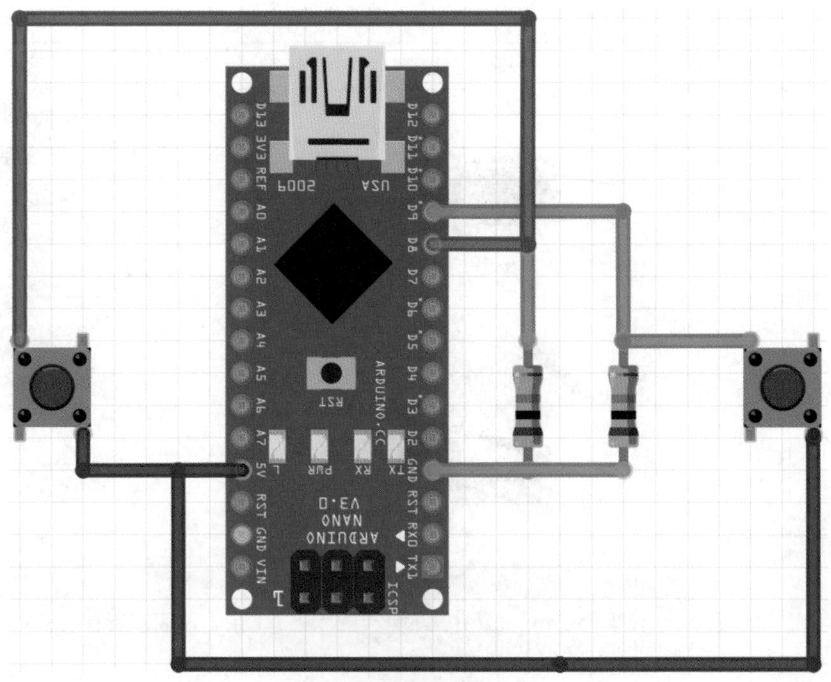

图 6.4　按键赛马手柄原型图

1. 准备材料

掌握了按键赛马的原理后，下面开始按照如表 6.2 所示的材料清单，准备材料。

表 6.2　按键赛马材料清单

序　号	材料名称	图　　片	数　量	用　　途
1	Arduino NANO 板		1 张	侦测微动开关是否按下的状态，实时发送给 mBlock 软件
2	按键开关		2 个	检测用户的按下动作

续表

序　号	材料名称	图　　片	数　量	用　　途
3	10kΩ 电阻		2 颗	数字端口拉低，也就是在微动开关弹起时，连接微动开关的数字端口连接到端口 GND 上
4	导线		若干	连接各引脚
5	底板		1 张	固定所有电子元件

2. 加工底板

按键赛马项目由两人操作，操作板设计得稍微长一些，切割好一张 20cm × 8cm 的雪弗板。其中，左侧和右侧各开一个孔，用于安装按键开关；正中间切两个槽，用于安装 Arduino NANO 板，结果如图 6.5 和图 6.6 所示。

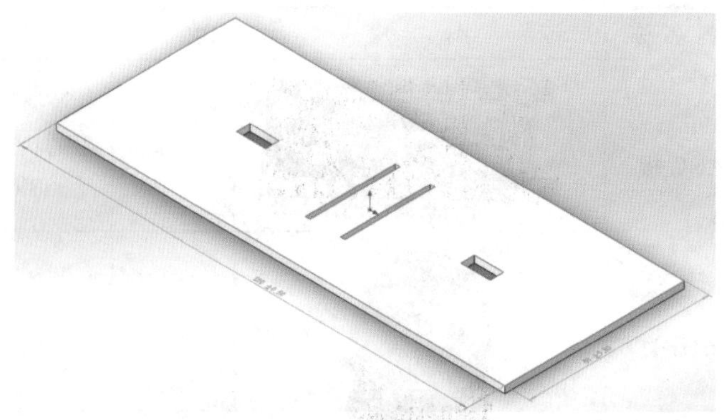

图 6.5　按键赛马底板 – 侧视图

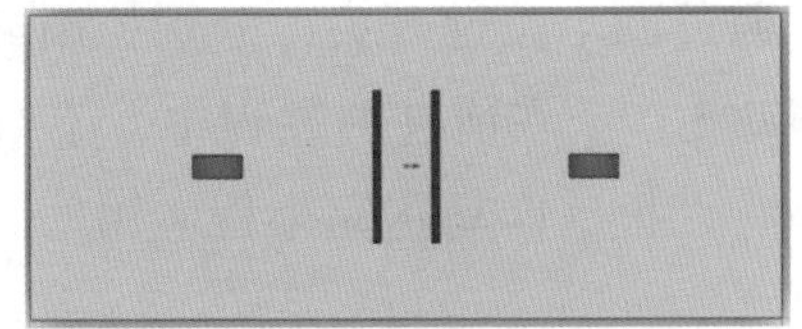

图 6.6　按键赛马底板－正视图

3. 安装 Arduino NANO 板和按键开关

图 6.7 显示了按键赛马安装完成的效果图。根据该图，其安装过程如下所示。

图 6.7　按键赛马完成

（1）将 Arduino NANO 主板安装到底板上方，并在上端和下端空白处，分别涂上热熔胶，将 Arduino NANO 主板黏合到底板上。

（2）将按键开关安装在底板左侧上，翘板向上，用热熔胶枪将微动开关黏合到底板上，确保可以可靠按动。用同样的方法，安装右侧的按键开关。

6.3 设计软件

制作好了手柄，就可以开始设计软件了。

1. 整体思路分析

这是一款双人赛马游戏，两人各自控制一匹马，分别是黄马和红马，两匹马从同一起跑线出发，通过两个按键开关，分别控制红、黄这两匹马向前移动，每按下一次向前移动 5 步。在前进的过程中，不断检测是否碰到右侧边缘。当一匹马碰到边缘，汇报这匹马跑完全程所用的时间，完整思维导图如图 6.8 所示。

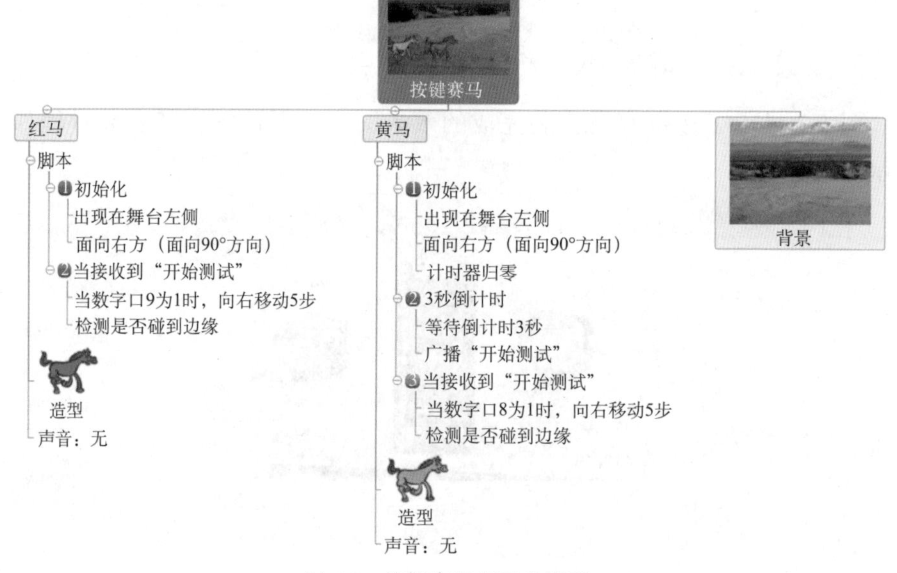

图 6.8　按键赛马项目分析图

按键赛马项目按对象分析脚本如表 6.3 所示。

表 6.3　按键赛马项目思路分析表

角　色	脚　　本	
	自 然 语 言	Scratch 模块
黄马	（1）倒计时 3 秒 （2）按键控制向右运动 （3）发布命令：游戏开始 （4）先碰到边缘黄马获胜，并汇报用时；反之黄马失败并隐藏	当 被点击 显示 移到 x: -190 y: -80 面向 90 方向 说 3 1 秒 说 2 1 秒 说 1 1 秒 广播 开始测试 计时器归零 当接收到 红马先到 隐藏 当接收到 开始测试 重复执行 在 数字口 8 = 1 之前一直等待 将x坐标增加 5 如果 碰到 边缘 ? 那么 广播 黄马先到 说 计时器 10 秒

续表

角　色	脚　　本	
	自 然 语 言	Scratch 模块
红马	（1）按键控制向右运动 （2）先碰到边缘红马获胜，并汇报用时；反之红马失败并隐藏	当 被点击 显示 移到 x: -190 y: -80 面向 90 方向 当接收到 黄马先到 隐藏 当接收到 开始测试 重复执行 在 数字口 9 = 1 之前一直等待 将x坐标增加 5 如果 碰到 边缘 ? 那么 广播 红马先到 说 计时器 10 秒

2. 关键动作说明

（1）初始化。

在游戏开始前需要对两个角色进行初始化设置。首先是位置初始化，为了保证游戏的公平性，需要给两个角色设置相同起点。由于是向右移动，这个起点当然要靠左侧，如 x：-190，y：-80。其次方向初始化，为了避免游戏方向发生偏差，需要将两个角色的方向均设置为向右。为了读数准确，在每一次游戏重新开始时都需要将计时器归零。

（2）倒计时 3 秒。

单击绿旗，游戏的所有脚本都开始运行。这时，玩家的手刚离开鼠标，所以需要设计等待 3 秒，给玩家一点准备时间，3 秒后广播“开始测试”的指令，游戏正式开始。

（3）公平性设计。

同一起点：当接收到“开始测试”广播后，红马和黄马都移动到坐标（-190, -80）。

同时：当接收到“开始测试”广播后，按键才能控制红马和黄马向右移动。

同样的进度：当接收到“开始测试”广播后，每按一次左侧按键，黄马向右移动 5 步；每按一次右侧按键，红马向右移动 5 步。

3. 设计黄马脚本

（1）黄马初始化。

测试开始前需要对黄马进行初始化设置，包括位置初始化和方向初始化。当绿旗被单击时黄马回到初始位置，面向 90° 方向。同时，将计时器的初始值归零，重新计时。

（2）黄马倒计时。

倒计时是给测试者一个准备时间。如果没有这个准备时间，测试者按下绿旗程序就开始运行了，这时，测试者的手可能还握着鼠标，等测试者把手拿过来放到按键开关上，开始不断地按下时，要花费一些时间，这样测试出来的按键次数是不准确的。为了保证测试的公平、公正，所以必须要设计一个倒计时。另外，一个 mBlock 程序中，只需要设置一个倒计时，同时控制黄马和红马的运动，因此，在搭建脚本时，无须再对红马添加倒计时脚本，完整脚本如图 6.9 所示。

图 6.9　黄马初始化脚本设计

（3）黄马开始测试。

倒计时 3 秒后，将“计时器”归零，mBlock 从零开始计时，这时，mBlock 开始检测测试者是否按下按键开关。当测试者按下按键开关后，黄马向右移动

5个单位。这样一直重复检测，直到黄马碰到边缘，停止计时并显示计时器时间，此时红马隐藏，测试结束并判定控制黄马的测试者反应速度较快，完整脚本如图6.10所示。

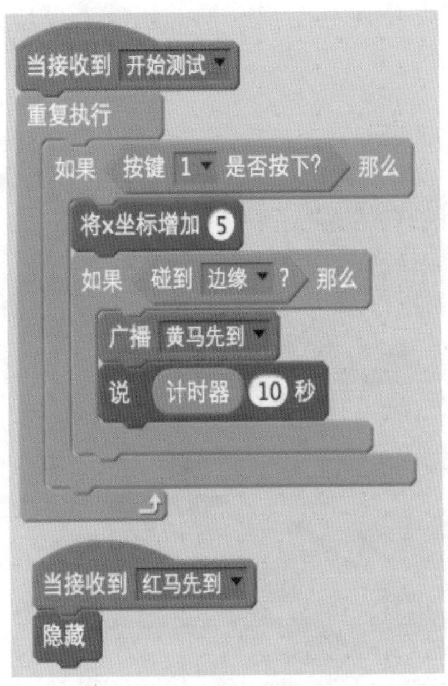

图6.10 黄马脚本

4. 设计红马脚本

（1）红马初始化。

测试开始前需要对红马进行初始化设置，包括位置初始化和方向初始化。当绿旗被单击时红马回到初始位置，面向90°方向，如图6.11所示。

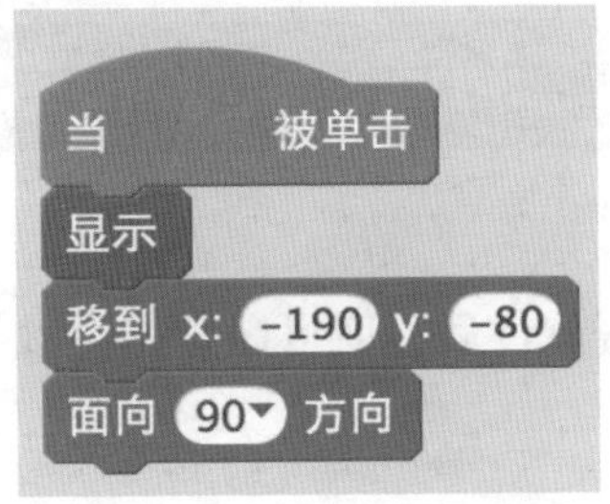

图6.11 红马初始化脚本

（2）**红马开始测试。**

当接收到“开始测试”后，测试者通过按下微动开关，红马向右移动 5 个单位。这样一直重复检测，直到红马碰到边缘，停止计时并显示计时器时间，此时黄马隐藏，测试结束并判定控制红马的测试者反应速度较快，完整脚本如图 6.12 所示。

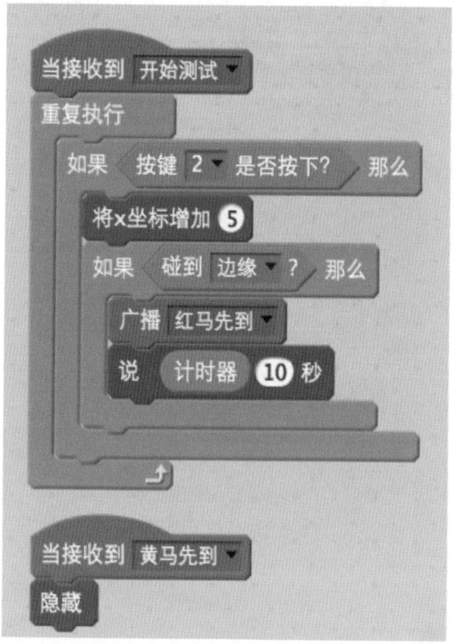

```
当接收到 开始测试
重复执行
  如果 按键 2 是否按下? 那么
    将x坐标增加 5
    如果 碰到 边缘 ? 那么
      广播 红马先到
      说 计时器 10 秒

当接收到 黄马先到
隐藏
```

图 6.12　红马脚本

至此，程序设计完成。

6.4　测试、优化和迭代

在制作好手柄和设计好软件后，就可以开始测试按键赛马项目了。

1. 测试按键赛马项目

制作好按键赛马项目的硬件和软件后，就可以连接到计算机上开始测试了。根据如表 6.4 所示的测试项目，逐项测试，直到全部测试通过。

表 6.4　按键赛马测试表

测 试 项 目	完 成 情 况	改 进 建 议
单击绿旗后，两匹马都回到起点，并面向右侧	□完成　□未完成	调整 mBlock 端马匹的初始化程序
左侧 / 右侧微动开关按动一次后，mBlock 端的一匹马前进 10 步	□完成　□未完成	Arduino NANO 主板未连接； Arduino NANO 主板未安装固件； 按键端口设置错误
马到达舞台右侧边缘后，报告使用时间	□完成　□未完成	—
马到达舞台右侧边缘后，另一匹马消失	□完成　□未完成	检查“是否碰到边缘”模块

2. 硬件结构优化

- 安装一块触动板，增大触动面积。
- 制作一个长方体的盒子，将所有硬件安装到盒子内，增加可靠性。

3. 软件设计优化

绘制出马匹前进轨迹。

6.5 拓展应用

任务：制作猴子爬杆比赛。

控制方式：每只猴子由一个按键传感器控制，多人一起玩，看谁按键速度快，谁的猴子就将爬升得越快。

按键赛马项目涉及的相关硬件的相关资料，请参照第 5 章反应速度测试仪的 5.6 节相关资料。

第 7 章

抽奖机（触摸传感器）

按键传感器需要一定的力度才能触发按键。本章使用的触摸传感器，只需要用手指轻轻触摸一下，即可触发开关。

本章学习目标

- 硬件：掌握套装触摸传感器的使用
- 软件：触摸传感器的识别和使用

运行效果图

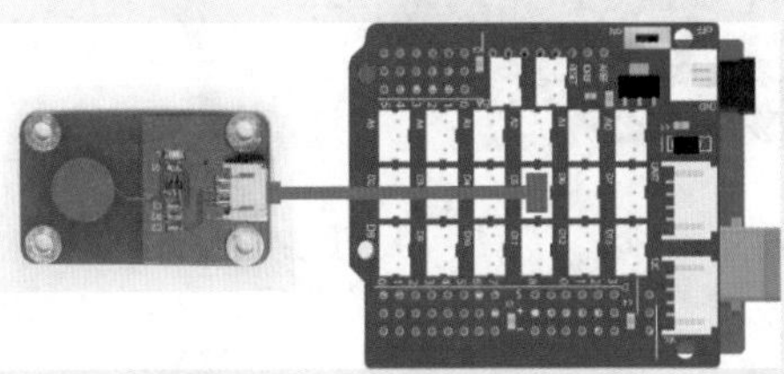

套装硬件连接图

可能你参加过无数次的抽奖，公园里的转糖果、超市广场的抽纪念品、淘宝购物成功后的抽奖……这些抽奖中，转糖果的最简单，也最公平，不容易受人为控制；超市广场的抽奖纪念品，存在受人为控制的可能；淘宝购物上的虚拟抽奖，由程序控制，公平性堪忧。

本章，我们使用 mBlock 来制作一台绝对公平的抽奖机。

7.1 项目分析和制作硬件

抽奖机有以下两种玩法：第一种是在线抽奖，具体方案是将 Arduino NANO 板连接到计算机上，触摸传感器连接到 Arduino NANO 板上，玩家触摸一次触摸传感器，mBlock 软件端抽奖一次；第二种玩法是离线抽奖，具体方案是将控制程序下载到 Arduino NANO 板中，将 Arduino NANO 板连接上触摸传感器和空心杯电机，由电机带动指针，实现抽奖，离线抽奖机连接图如图 7.1 所示。

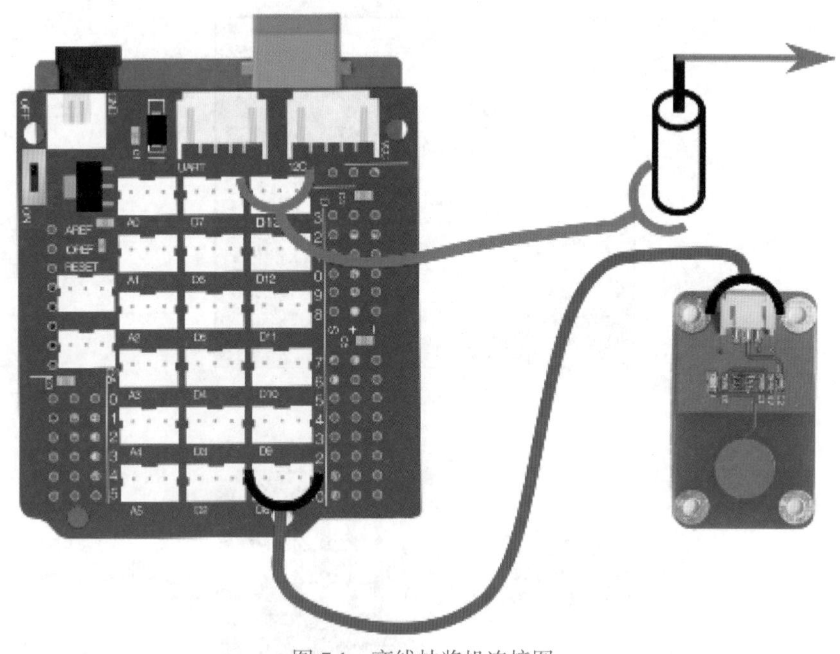

图 7.1　离线抽奖机连接图

7.2 套装硬件制作抽奖机手柄

抽奖机手柄要用到触摸传感器，而触摸传感器不能进行 DIY，所以只能使用套装硬件来制作。当然，抽奖机项目也可以使用按键开关来代替触摸传感器，有兴趣的读者可以自行尝试。

1. 连接方法

用套装硬件制作抽奖机手柄需要的材料如表 7.1 所示，套装硬件制作的材料全部由厂家配套准备好，不需要大家准备。

表 7.1　套装硬件制作抽奖机手柄材料清单

材料名称	图　片	数　量	用　途
Arduino UNO		1 张	主控器用于写入程序接收外界信息或者控制连接在它上面的设备
Arduino 扩展板		1 张	侦测微动开关是否按下的状态，实时发送给 mBlock 软件

续表

材料名称	图　片	数　量	用　途
触摸传感器		1个	将集成电容触摸检测IC，输出相应电平变化值，以及添加连接线接插座，方便与扩展板进行连接并与主板进行通信
3P 连接线		1根	带防反接口的连接导线，防反接口的作用是，防止接错导线，导致烧坏主控板
USB 连接线		1根	连接 Arduino UNO 主板和计算机

图 7.2 显示了抽奖机手柄连接图。可以看到，该图中用一根 3P 的连接线，将触摸传感器连接到扩展板的数字端口 D5 上，这样就完成套装硬件的连接了。

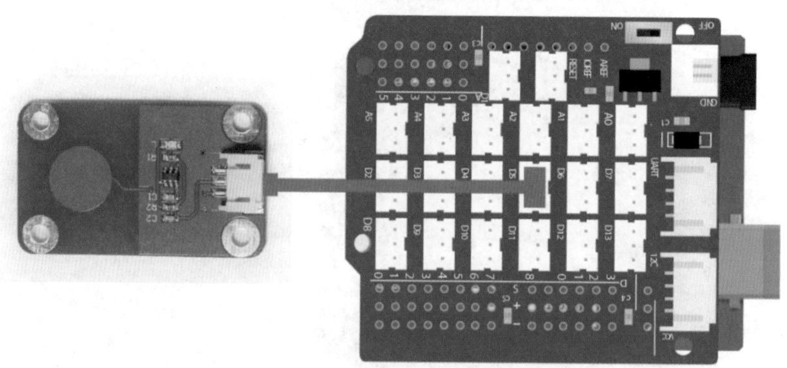

图 7.2　抽奖机手柄连接图

2. 工作原理

触摸传感器是一种电容式传感器。任何两个导电的物体之间都存在着感应电容。图 7.3 是一个触摸传感器。它的工作原理是在 PCB 电路板上，设计一个直径约 1cm 的圆形焊盘，该焊盘与大地可构成一个感应电容，在周围环境不变的情况下，该感应电容值是固定不变的；当手指触摸按键时，会使总感应电容值增加，进而被电容式触摸传感器模块上的芯片检测到总感应电容值的变化后，将输出一个电压变化的信号。

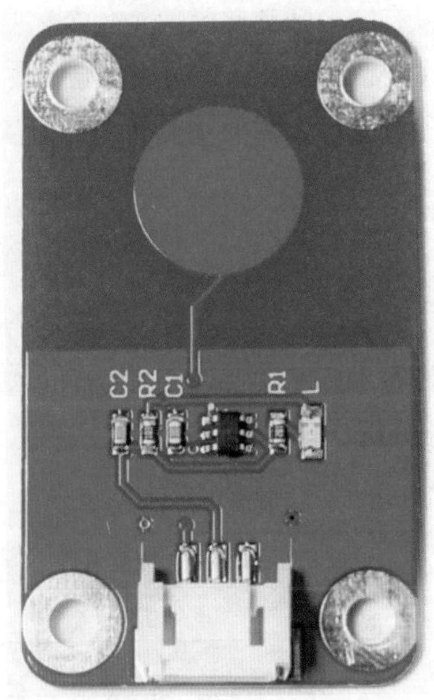

图 7.3　触摸传感器

使用电容式触摸传感器，除了直接触摸圆形区域外，在圆形区域正上方，即使隔着一定厚度的塑料、玻璃等材料，也可以检测到。

触摸传感器的技术参数如下所示。

主要芯片：专业的触控芯片 TTP223。

工作电压：DC 2.5 ～ 5.5V。

工作电流：3mA。

感应距离：0 ～ 3.5mm。

非自锁模式：当触摸时为高电平，松开时为低电平，有触摸就保持状态输出。

输出：TTL 高 / 低电平信号。

工作温度：-20℃ ～ +50℃。

引脚定义：S 为信号输出，+ 为 VCC，- 为 GND。

7.3 设计软件

这是一项抽奖活动，有魔术师和奖品两个角色，其中魔术师的魔法棒指中的物体为本次抽奖活动的奖品。单击绿旗游戏开始，按下空格键奖品开始转动，为了提高游戏的娱乐性和可玩性，需要将旋转角度设置为随机数，注：该角度为 60*（在 1 ～ 6 随机选一个数）。

7.3.1 按角色思路分析

抽奖机的主要角色是魔术师和奖品，下面结合如表 7.2 所示的分析表，分别对这两个角色进行思路分析。

表 7.2 抽奖机按角色分析表

背 景	添加一个抽奖背景		
角色		脚 本	
		自 然 语 言	Scratch 模块
	魔法师	（1）绿旗开始 （2）方向向右 （3）左下角一个固定位置 （4）显示时在舞台最上层	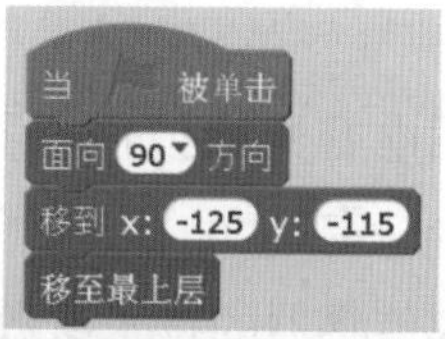 当 被单击 面向 90 方向 移到 x: -125 y: -115 移至最上层
	奖品	（1）很多个奖品拼成环状 （2）按下空格开始转动然后停止，每次转动的角度是随机确定的	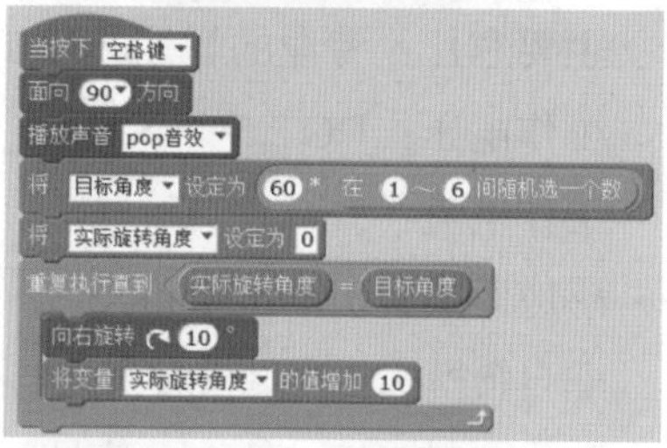 当按下 空格键 面向 90 方向 播放声音 pop音效 将 目标角度 设定为 60 * 在 1 ～ 6 间随机选一个数 将 实际旋转角度 设定为 0 重复执行直到 实际旋转角度 = 目标角度 向右旋转 10 ° 将变量 实际旋转角度 的值增加 10

魔术师：单击绿旗后，对魔术师进行初始化设置。首先是位置初始化，即在左下角某个位置，如 x：-125，y：-115。其次是方向初始化，魔术师手中的魔术棒所指的对象为本次抽奖的中奖作品，因此，需要将魔术师的方向设置为向右，即面向 90° 方向。最后，为了保证魔术师在每次游戏开始后都能出现在舞台上，需要将其移至最上层。

奖品：需要将多个物品添加到同一个角色，组成一个环形的角色并命名为“奖品”。按下空格后环形奖品开始旋转，旋转的角度是随机的，并设置游戏提示音。另外，需要设置两个变量来控制奖品的旋转，即实际旋转角度和目标角度，其中，目标角度是 60*（在 1 ～ 6 随机选一个数），是一个变量，实际旋转角度在等于目标角度之前重复执行“向右旋转 10° 并将变量值增加 10”，因此，实际旋转角度随着目标角度的变化而改变，直到二者相等，最终停止旋转并确定抽中的奖品。

7.3.2 魔术师设计

在 Scratch 软件中的默认角色小猫在该作品中是不需要的，因此，首先需要将小猫请出舞台，然后添加新角色，并将其重命名为“魔术师”，最后对该角色添加脚本。

1. 添加角色

制作该 Scratch 作品前，首先需要添加一个角色，并将其命名为魔术师。在角色列表区，单击角色左上角的图标“1”，在打开的属性页，修改角色名称，具体方法如图 7.4 所示。

2. 脚本搭建

魔术师的脚本搭建分为绿旗开始、初始化设置和改变叠放层次三个部分。单击绿旗抽奖开始，然后设置魔术师的初始方向和初始位置，并将其移至最上层，如图 7.5 所示。

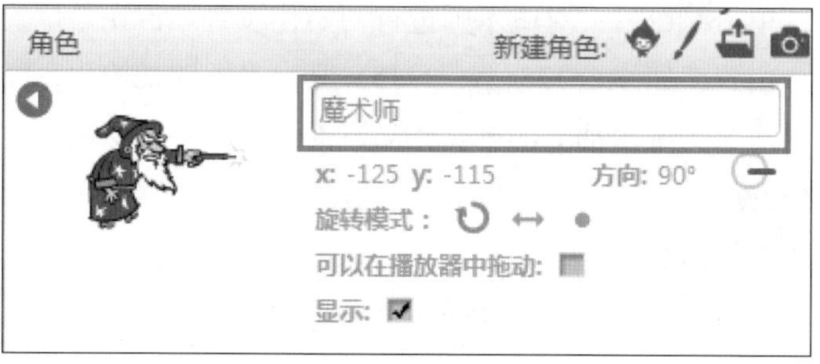

图 7.4　角色重命名

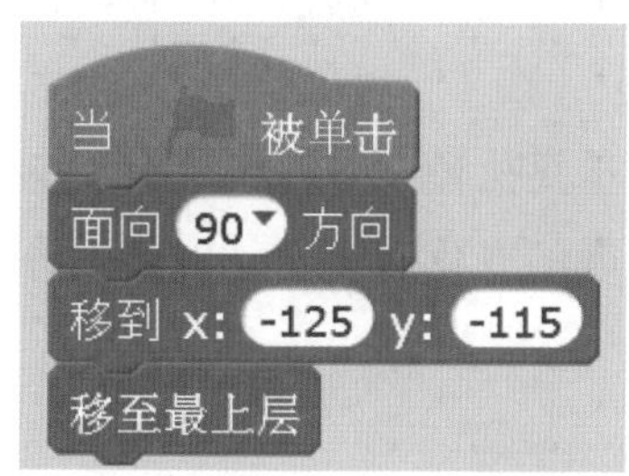

图 7.5　魔术师脚本设计

3. 奖品设计

奖品角色与常见的角色不同，原因是这一个角色由 5 ～ 7 个物品构成并形成环状结构，因此，角色“奖品”设计需要分为添加角色和脚本搭建两个模块。

4. 添加角色

奖品角色是一个由多个物品组成的环状角色，这个角色在角色库中无法找到，运用绘制新角色进行角色添加，很难做到美观，因此，这里需要使用添加角色的第三种方法，即“从本地文件中上传角色”，方法如图 7.6 所示。

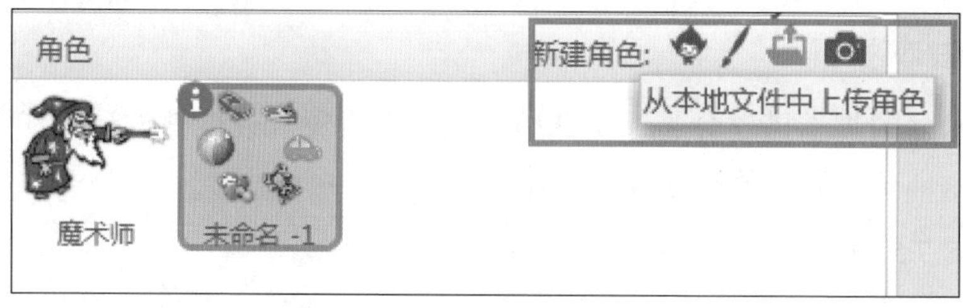

图 7.6　从本地文件中上传角色

找到角色存放的位置打开即可，如果新添加的角色不够美观、清晰，则需要重新选择或运用其他软件处理后再使用。

5. 脚本搭建

奖品的脚本搭建分为方向初始化、提示音设置和旋转角度设置三个部分，其中，旋转角度的设置是最关键的。

6. 方向初始化

单击空格键开始抽奖，游戏开始时需要对奖品进行方向初始化，即设定为面向 90° 方向。

7. 设置提示音

在搭建脚本时添加“播放声音 pop 音效”是为了给抽奖者一个提示，提醒抽奖者抽奖活动已经开始，并关注抽奖结果。具体音效设置可根据需求进行调整，如图 7.7 所示。

图 7.7　魔术师初始化及提示音脚本设计

8. 旋转角度设置

旋转角度的设置是角色“奖品”脚本搭建的关键步骤。它是通过“实际旋转角度”和“目标角度”两个变量间的变化关系控制旋转的角度，具体设置如图 7.8 所示。

图 7.8　新建变量

首先，在脚本“数据和指令”模块下新建两个变量，并分别命名为“实际旋转角度”和“目标角度”。

其次，分别对变量“目标角度”和“实际旋转角度”赋值。目标旋转角度的值为 60、120、180、240、300、360 中的任意一个数，实际旋转角度的值设定为 0，在 Scratch 中用“数字与逻辑运算”模块下“60*（在 1 ～ 6 间随机选一个数）”表示，如图 7.9 所示。

图 7.9　变量赋值

最后，进行逻辑判断，如图 7.10 所示。游戏开始后，角色“奖品”开始向右旋转 10°，每转 10°，变量“实际旋转角度”的值增加 10，并重复执行，直到实际旋转角度与目标角度相等，角色“奖品”停止旋转，魔术师所指的物品为本次抽奖的奖品。

图 7.10　逻辑判断

至此，程序设计完成。

7.4　测试、优化和迭代

根据如表 7.3 所示的测试项目，逐项测试，以确保每一项功能完全正常。

表 7.3 抽奖机测试表

序 号	测试对象	调试内容	完成情况	改正建议
1	触摸开关	按下一次，抽奖机开始转动	完成 / 未完成	mBlock 未连接 Arduino NANO 板；Arduino NANO 板未安装固件；电位器连接到 Arduino NANO 板上的端口与 mBlock 上调用的端口不一致
2	Scratch 脚本	奖品随机转动	完成 / 未完成	检查奖品的相应脚本
3	Scratch 脚本	奖品每次停留在魔法师的手指处	完成 / 未完成	检查奖品旋转角度的相应脚本

优化途径如下所示。

（1）更多的奖品，抽奖机演示作品中，只设置了 6 种奖品。而实际生活中，可能有 8 种奖品、10 种奖品……这时，又怎么设计控制程序呢？

（2）遮住奖品转盘，只留一个抽中的小窗口，用来提示抽中的奖品。

7.5 拓展应用

任务：制作展品防盗器，如图 7.11 所示。

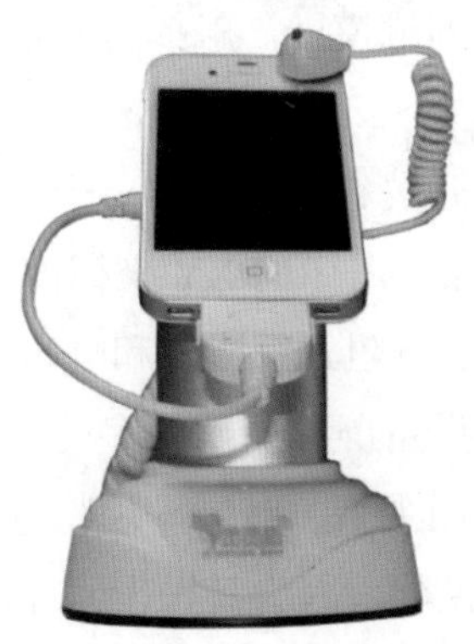

图 7.11 展品防盗器

感应方式：手指触摸

报警方式：嘀嘀声报警

7.6 相关资料

图 7.12 是生活中常见的触摸开关，这种开关被用来控制电灯。从如图 7.13 所示的背面图中可以看出，这个开关适用电压为 250V，最大支持控制 500W 的电器。接线方法如图 7.14 所示，要特别注意火线 L 不能接错；否则将烧坏触摸开关。

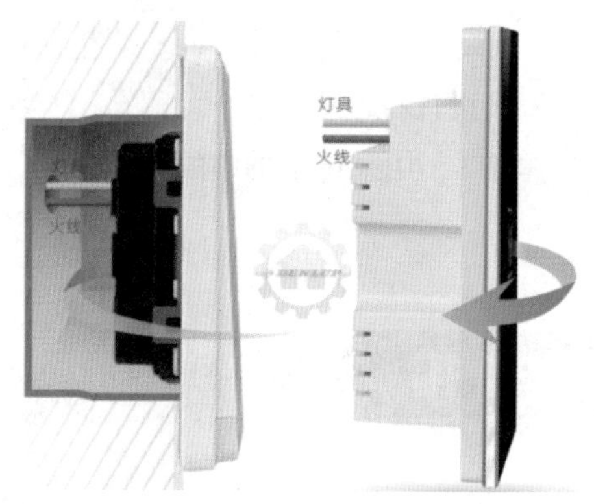

图 7.12　家用触摸开关

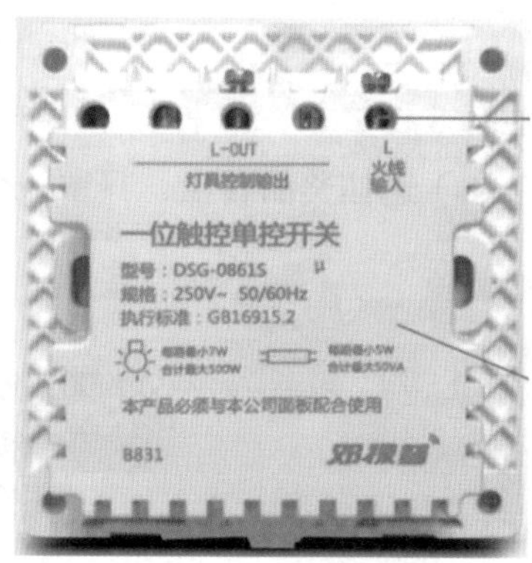

图 7.13　家用触摸开关背面

说到触摸，很容易联想到触摸屏。触摸传感器的原理与触摸屏的原理是有区别的。

触摸传感器相当于一个开关，只会输出一个开关状态的信号，而触摸屏输出的是一个按下的位置相对于屏幕中的 XY 坐标值。

常见的触摸屏分为两种：电阻式触摸屏和电容式触摸屏。

早期在手机屏幕、工业设备屏幕使用较多的是电阻式触摸屏，使用压力使屏幕各层发生接触。需要使用手指、触笔等硬物进行操作。后来电容触摸屏的出现，逐渐代替了电阻式触摸屏，因为其操作原理是电容感应，而非外力按压，保证了屏幕的寿命和控制的精准度。

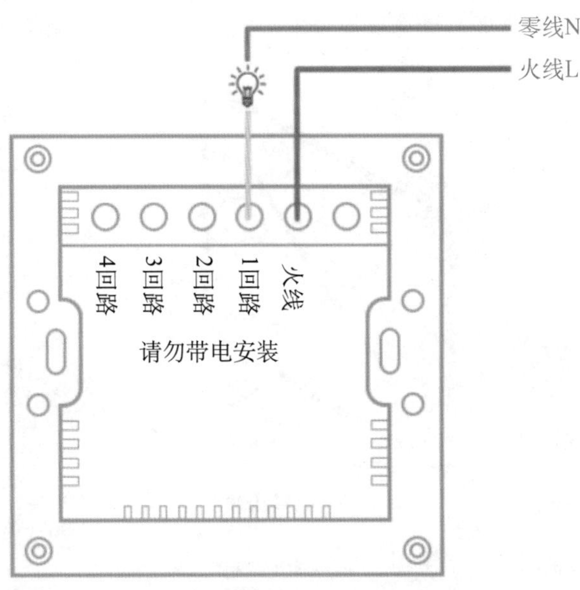

图 7.14　家用触摸开关接线图

电阻式触摸屏大多是采用薄膜加玻璃的形式，如图 7.15 所示。其主要通过压力感应原理来实现对屏幕内容的操作和控制。

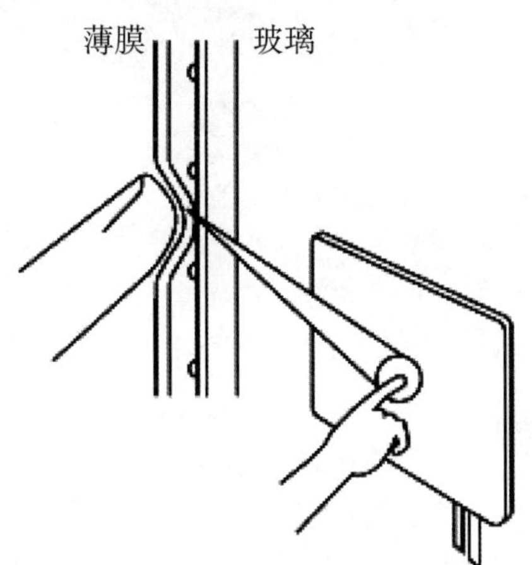

图 7.15　电阻式触摸屏原理图

电容式触摸屏原理与电阻式触摸屏不同，电容式触摸屏是利用人体的电流感应进行工作的，如图 7.16 所示。利用人体电流感应现象，在手指和屏幕之间形成一个电容，手指触摸时吸走一个微小电流，这个电流会导致触摸板上 4 个电极上发生电流流动，控制器通过计算这 4 个电流的比例就能算出触摸点的坐标。

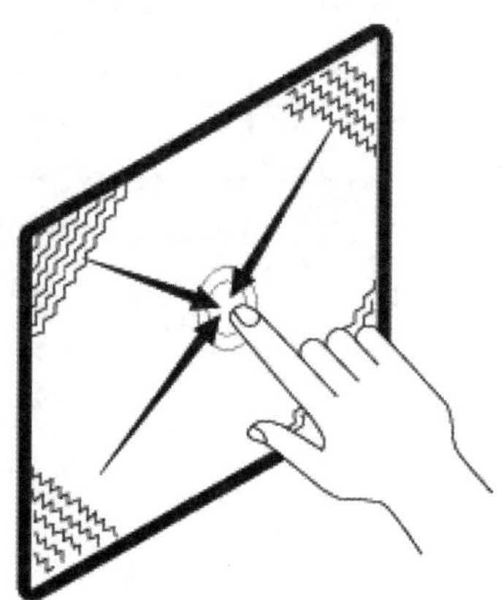

图 7.16　电容式触摸屏

第 8 章

投票器（按键传感器）

本章将使用 4 个按键传感器来制作一个投票器，该投票器被广泛应用于各种投票场景。

本章学习目标

- 硬件：掌握套装按键传感器和电子元件 DIY 按键传感器的使用
- 软件：按键传感器的识别

运行效果图

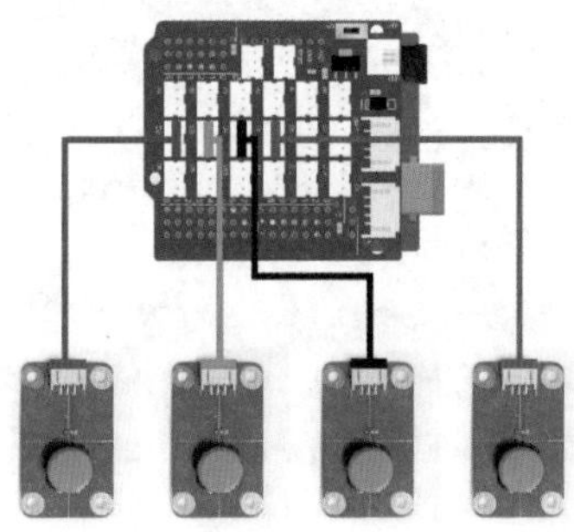

套装硬件连接图

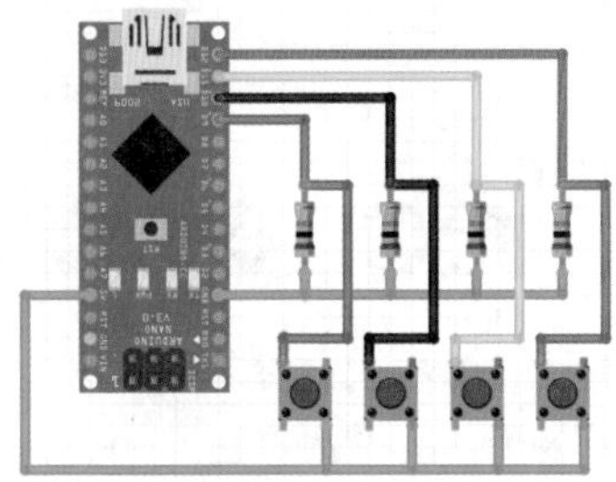

散件 DIY 原理图

投票器是用来投票的，广泛应用于课堂评价，会议表决等场合。使用时，计算机连接上 Arduino NANO 板和四个按键传感器，对应四组投票。每触摸一次记数器增加，动物在原位盖一个章后，角色向上移动一些，运行效果如图 8.1 所示。

图 8.1　投票器运行效果

8.1 项目分析和制作硬件

1. 按对象分析

图 8.2 是按对象分析投票器的导图。投票器共 5 个对象，首先是背景图片，选择一个适当的背景图片即可；然后是共 4 个角色，可以对 4 个对象进行投票，如 4 个小组、4 个考评对象等。根据需要，也可以增加考评对象，使用方法相同，只是增加相应的传感器和卡通角色而已。

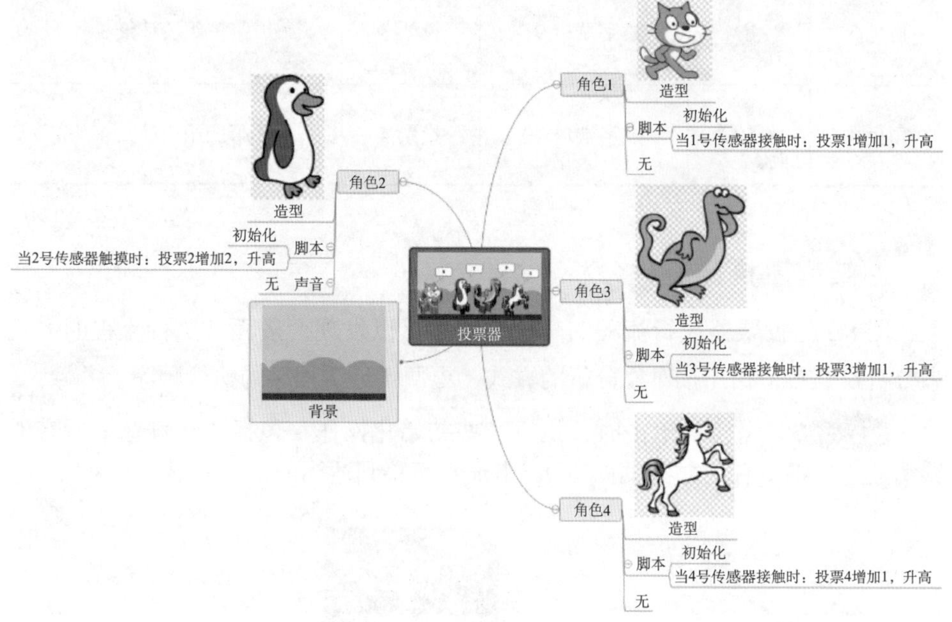

图 8.2 按对象分析投票器

表 8.1 是角色与变量对照表。每个角色代表一个考评对象，如角色 2，其造型选择一只小企鹅。

当 被单击 当绿旗被单击后，清除舞台上已有的绘图痕迹，将小企鹅的记数器——变量“投票 2”设置为 0，意思是从 0 开始记数。再将小企鹅移动到舞台下方适当的位置，便于与其他考评对象对齐，并确定显示出来。

当连接在数字端口 2 上的触摸传感器被触摸又松开时，在小企鹅当前位置盖上“图章”一次，留下痕迹，向上移动 3 步，将变量“投票 2”增加，完成记数，并将增加后的投票数显示出来，以便直观地观察每一组的投票情况。

表 8.1　角色与变量对照表

对　　象	造　型	传感器端口	变　　量	用　　途
角色 1		数字端口 7	投票 1	第一组 / 对象 1
角色 2		数字端口 8	投票 2	第二组 / 对象 2
角色 3		数字端口 9	投票 3	第三组 / 对象 3
角色 4		数字端口 10	投票 4	第四组 / 对象 4

2. 按程序执行流程分析

图 8.3 是投票器执行流程图。从该图中可以发现，按程序执行流程的方式来分析投票器，相比按对象分析的方式，更便于理清程序的执行顺序。

当　被单击 当绿旗被单击时，执行一些初始化操作，包括清除舞台上所有的绘图痕迹，将所有记数器设置为 0，卡通角色移到适当的位置并显示出来。

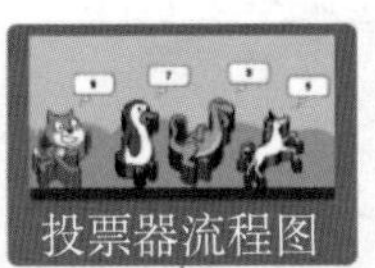

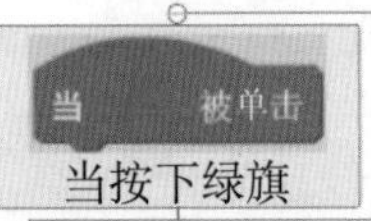

图 8.3　投票器执行流程图

当触摸传感器被触摸时（如连接数字端口 7 上的 1 号触摸传感器被触摸时），盖上图章，向上移动 3 步，用图的方式描述数据；将投票记数器增加 1，并立即显示出来，以增强对比。

8.2 制作硬件

投票器的传感器板可以使用套装硬件来制作，也可以使用电子元件进行手工 DIY。一般情况下，建议大家先用套装硬件来制作，先完成投票器项目的制作，理解 4 个按键传感器的编程方法。再使用电子元件进行手工 DIY，以扎实地理解按键传感器的原理，为制作更多按键传感器的作品和实现创新打下基础。

8.2.1 套装硬件制作

使用套装硬件制作投票器手柄，需要 Arduino UNO 板、Arduino 扩展板、按键传感器和 3P 连接线等，其详细的材料清单和各材料用途如表 8.2 所示。

表 8.2 投票器材料清单

材料名称	图 片	数 量	用途
Arduino UNO		1 张	主控器用于写入程序接收外界信息，或者控制连接在它上面的设备
Arduino 扩展板		1 张	侦测微动开关是否为按下的状态，实时发送给 mBlock 软件

续表

材料名称	图　片	数　量	用途
按键传感器		4个	按键传感器，按下时为高，输出高电平；松开时为低，输出低电平
3P连接线		4根	带防反接口的连接导线，防反接口的作用是，防止接错导线，导致烧坏主控板
USB连接线		1根	连接Arduino UNO主板和计算机

准备好材料后，就可以开始制作了。根据图8.4中的投票器连接图，将4个按键传感器分别连接到Arduino扩展板的D2端口、D3端口、D4端口和D5端口上，并将它们排成一排，以便于投票。

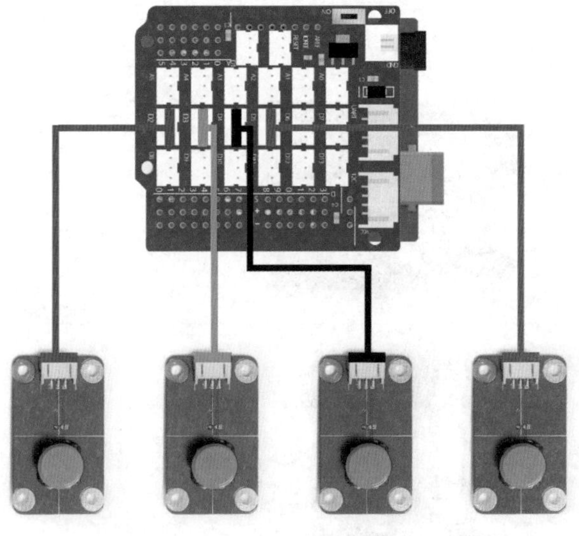

图8.4　投票器连接图

8.2.2 散件 DIY 投票器手柄

下面，我们开始用电子元件制作投票器手柄，准备材料如表 8.3 所示。

表 8.3 投票器手柄元件清单

元件名称	元件图片	数 量	用 途
Arduino NANO 板		1 张	侦测微动开关是否为按下的状态，实时发送给 mBlock 软件
按键开关		4 个	检测模拟端口 A0 的值，并实时发送给 mBlock 软件
电阻		4 颗	数字端口拉低，也就是在按键开关弹起时，连接按键开关的数字端口连接到 GND 端口上

投票器手柄需要用到 4 个按键开关，分别用于给 1 号、2 号、3 号和 4 号投票。一旦要用到按键，就要用到拉低电路，也就需要 4 颗 10kΩ 电阻。投票器手柄电路原理图如图 8.5 所示，先用 4 颗 10 kΩ 电阻，串联好 Arduino NANO 板上的 GND 端口和数字端口 D9、D10、D11 和 D12，这样就保证了这四个数字端口一直处于一个稳定的拉低状态。这就是常说的电路拉低。同时，在 Arduino NANO 板的 5V 端口与数字端口 D9 之间，串联一个按键开关。当这个按键开关按下时，电流从 Arduino NANO 板的 5V 端口，经过按键开关流向 Arduino NANO 板的数字端口 D9，此时，Arduino NANO 板的数字端口 D9 为高电平，发送到 mBlock 软件端的值为 1；当这个按键开关弹起时，连接在 Arduino NANO 板的数字端口 D9 上的拉低电路生效，为低电平，发送到 mBlock 软件端的值为 0。用这种高、低电平的变化，mBlock 软件端则识别出了用户是否按下按键。其他三个按键开关的原理与第一个完全相同。

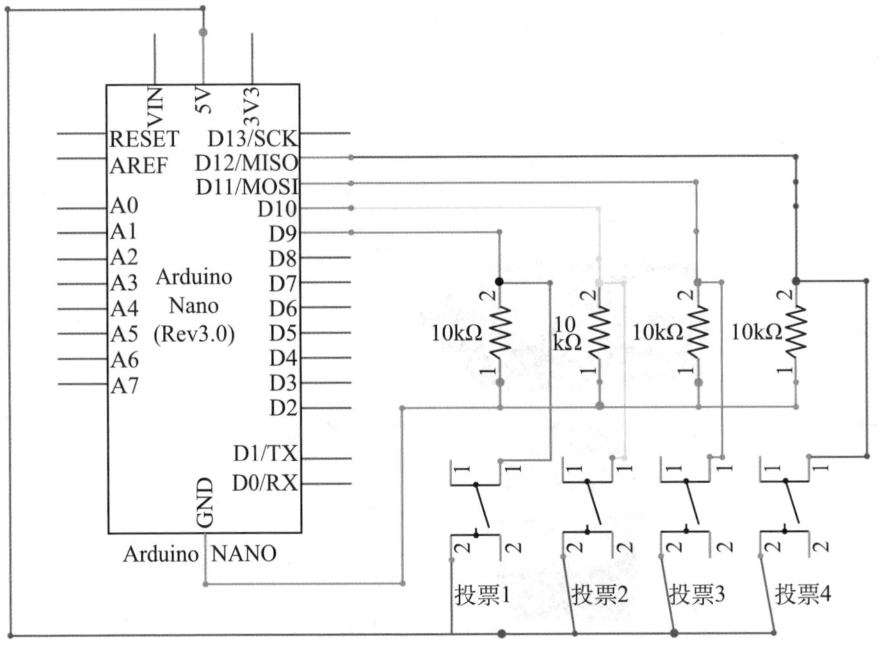

图 8.5　投票器手柄电路原理图

了解电路原理后，根据图 8.6 中的投票器手柄原型设计图，在 Fruitzing 软件中进行实物设计。按照实际使用的需要，将 4 个按键均匀地排列在下方一排，并注意调整好 4 个按键的距离，以方便投票。

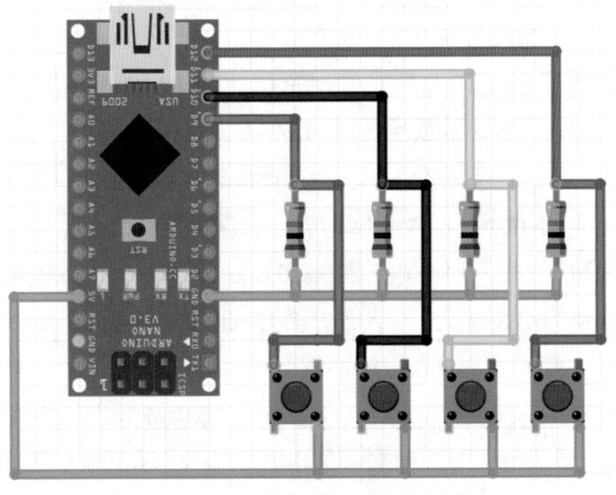

图 8.6　投票器手柄原型设计图

1. 规划和制作底板

根据图8.7中的元件的布置方式，将4个按键开关和一张Arduino NANO板，按照适当的布置方式都摆放在一张白色的PVC板上，以完成实物元件的摆放，这时，可确定所需要底板的准确大小，再用钢尺和美工刀切下需要的底板。

图8.7 制作投票器手柄1

根据图8.8中元件的画线方式，用铅笔在元件四周，画出元件的安装位置，为下一步开孔做准备。

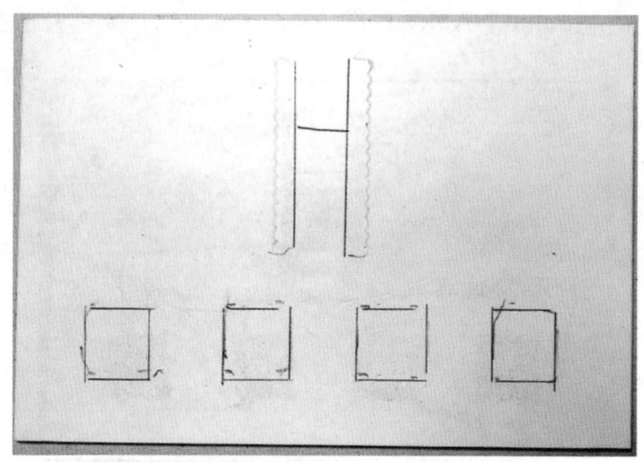

图8.8 制作投票器手柄2

根据图8.9中的元件的开孔方法，用钢尺和美工刀小心地沿线条切割，以完成每个元件的开孔。这种开孔操作，因个人手艺而异，可能存在一些误差，这种误差对整个手柄的运行并无影响。开好孔后，将电子元件插入开孔内，如果开孔小了，可进行再次修整，直到元件能完全安装进去为止。

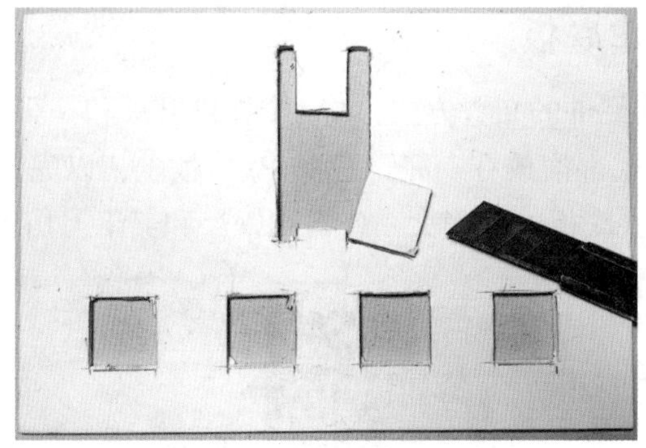

图 8.9　制作投票器手柄 3

2. 安装电子元件

根据图 8.10 中元件的安装及所绘制的连线图，首先，在开好孔的底板上，将元件逐个安装到相应的开孔内，并用热熔胶枪小心地黏合好电子元件。然后，参照图 8.5 中的电路原理图和图 8.6 中的原型设计图，在黏合好电子元件的底板背面，一对一地用铅笔画好连线图。根据走线的规范性，走线路线尽量水平和垂直。画好连线图，可有效提高接线的效率，并大大提高接线的正确率。

下面开始连接 Arduino NANO 板的 5V 引脚到 4 个按键开关的导线。

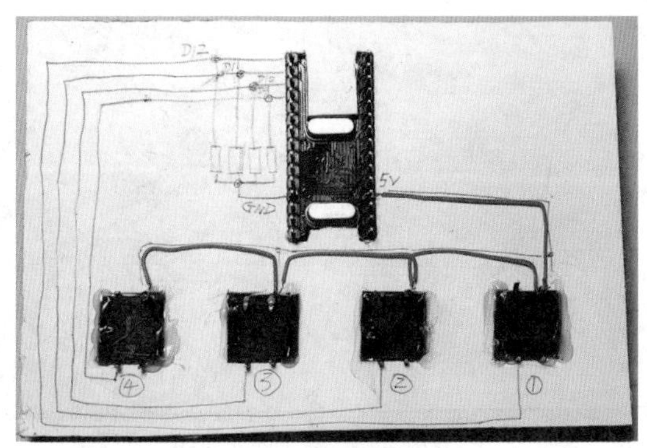

图 8.10　制作投票器手柄 4

连接好 5V 端引脚到 4 个按键开关的导线后，接下来根据图 8.11 中电阻的连接方式来连接 4 颗 10kΩ 电阻，将电阻分别连接到 Arduino NANO 板的数字端口 D9、D10、D11 和 D12。

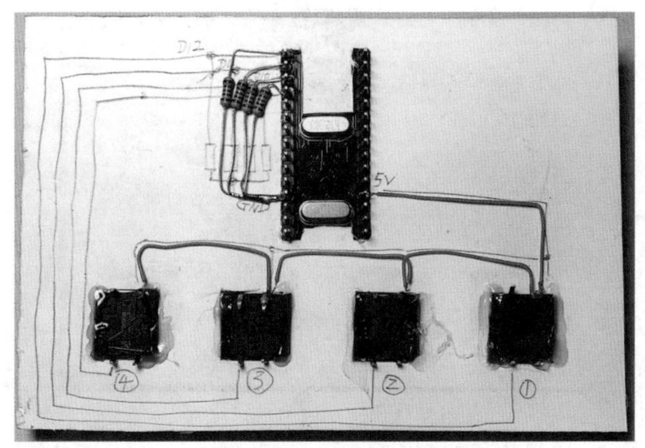

图 8.11　制作投票器手柄 5

根据图 8.12 中的元件连接方法，连接一号按键的另一端引脚，到 Arduino NANO 板的数字端口 D12；连接二号按键的另一端引脚，到 Arduino NANO 板的数字端口 D11；连接三号按键的另一端引脚，到 Arduino NANO 板的数字端口 D10；连接四号按键的另一端引脚，到 Arduino NANO 板的数字端口 D9。连接好所有的导线后，用电热胶枪将导线的关键位置黏合牢固，结果如图 8.12 所示。

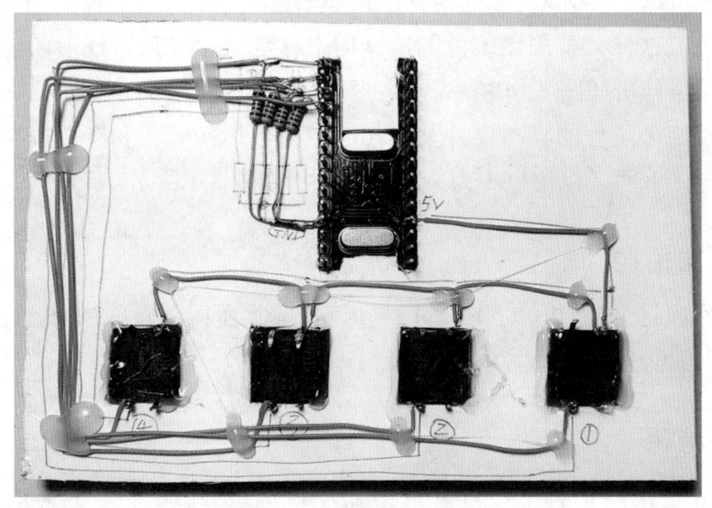

图 8.12　制作投票器手柄 6

最后，在 1、2、3、4 号按键上，安装好按键帽，就大功告成了，最终的结果如图 8.13 所示。

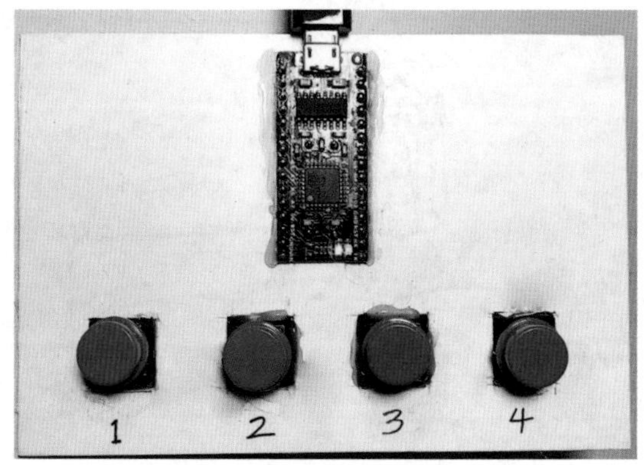

图 8.13　制作投票器手柄 7

8.3 设计软件

这是一项投票活动，通过按下手柄上相应的按键，完成对 4 个投票对象的投票操作。每按下一次数字键，该角色的得票数增加 1，y 坐标增加 3 并用图章复制该角色。这样，就用该角色的造型向上移动，形成角色柱形图。投票器软件部分的思路分析如图 8.14 所示。

投票器四个角色的脚本设计基本相同，都包括初始化和按下投票按键后投票这两部分。下面，以角色 1 为例，思路分析如表 8.4 所示。

1. 添加角色

投票器项目，设计了对 4 个对象进行投票，所以，从 mBlock 的角色库中添加 4 个不同的角色，如图 8.15 所示。

2. 初始化

图 8.16 是初始化脚本设计。投票器项目运行时，4 个角色应该进行初始化，初始化包括：将之前统计的效果图完全清除，可使用“清空”模块；将变量“投票 1”重新设定为 0，并移动舞台左下方适当位置；最后，一定要确定角色可以显示出来。

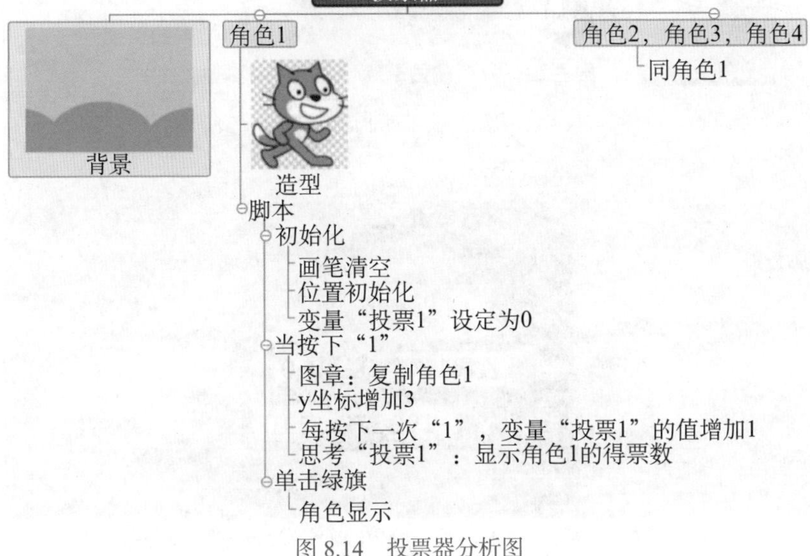

图 8.14　投票器分析图

表 8.4　投票器思路分析表

背　景			
角色	事　件	脚　本	
		自 然 语 言	Scratch 模块
	当单击绿旗	（1）绿旗开始 （2）画笔清空 （3）变量“投票 1”设定为 0 （4）移动到左下第一个位置 （5）显示出来	当 被单击 清空 将 投票1 设定为 0 移到 x: -190 y: -110 显示
	当按 1 号按键	每按一次按键，角色 1 复制一次，角色 1 的 y 坐标增加 3，变量“投票 1”的值增加 1，并显示得票数	当 被单击 重复执行 在 数字口 12 = 1 之前一直等待 图章 将y坐标增加 3 将变量 投票1 的值增加 1 思考 投票1 在 数字口 12 = 0 之前一直等待

图 8.15　添加角色

图 8.16　初始化脚本

3. 当按下按键后进行投票

图 8.17 是当按下按键后进行投票的设计。其中，投票器项目最重要的功能，就是按下按键开关后，mBlock 软件端完成计数和绘制柱形图等投票动作，这个动作需要重复进行。首先，在用户按下连接在 Arduino NANO 板相应数字端口上的按键开关前，程序会一直等待。当玩家按下按键开关后，用角色造型在 mBlock 舞台上盖下“图章”，完成柱形图绘制。再往上移动 3 步，并将变量“投票 1”增加 1，完成对投票的计数。使用“思考”模块，将此时变量“投票 1”的值显示出来。最后，在玩家弹起按键开关之前一直等待。这样就成功实现了玩家每按动一次按键，投票器只投一次票的设计。

4. 测试、优化和迭代

按照如表 8.5 所示的测试项目，逐项测试，直到全部测试通过。

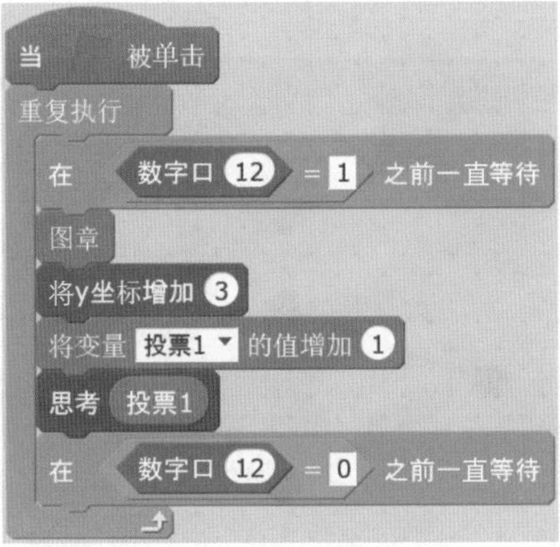

```
当 被单击
重复执行
    在 <数字口 (12) = 1> 之前一直等待
    图章
    将y坐标增加 (3)
    将变量 投票1 ▼ 的值增加 (1)
    思考 (投票1)
    在 <数字口 (12) = 0> 之前一直等待
```

图 8.17　按下按键后投票

表 8.5　投票器测试表

序　号	测试对象	调试内容	完成情况	改正建议
1	触摸开关	每按下一次按键，投票数是否增加 1	完成 / 未完成	mBlock 未连接 Arduino NANO 板；Arduino NANO 板未安装固件；电位器连接到 Arduino NANO 板上的端口与 mBlock 上调用的端口不一致
2	Scratch 脚本	角色是否复制和向上移动	完成 / 未完成	检查角色 1 的相应脚本

8.4　拓展应用

任务：制作四向雷达测评仪

说明：图 8.18 是四向雷达图。该图中的 1、2、3、4 分别代表右、下、左、上四个方向的运动，每触摸一次相应方向上的触摸传感器，该方向则向前前进

10 步，雷达图重新清除和绘制，以实现实时更新。

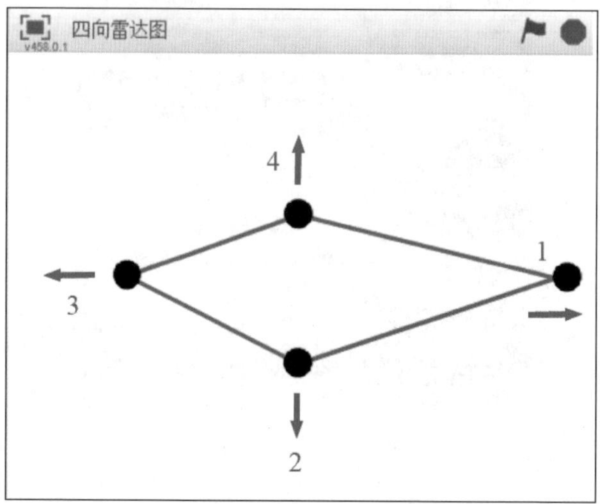

图 8.18 四向雷达测评仪

第 9 章

迷宫（旋转电位器）

本章将使用旋转电位器制作一个通过旋转来控制 Scratch 角色方向的传感器。这样来玩 Scratch 迷宫游戏，相比用键盘和鼠标来玩要好玩得多。

本章学习目标

- 硬件：掌握套装旋转电位器和电子元件 DIY 传感器的使用
- 软件：掌握旋转电位器值的读取和使用

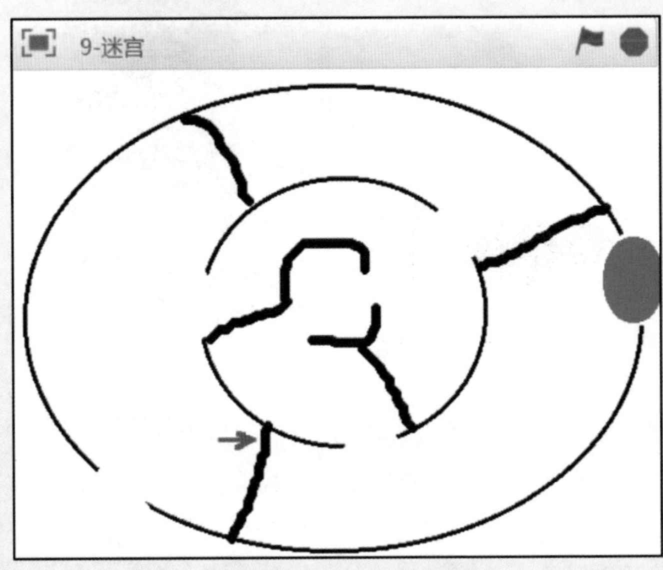

运行效果图

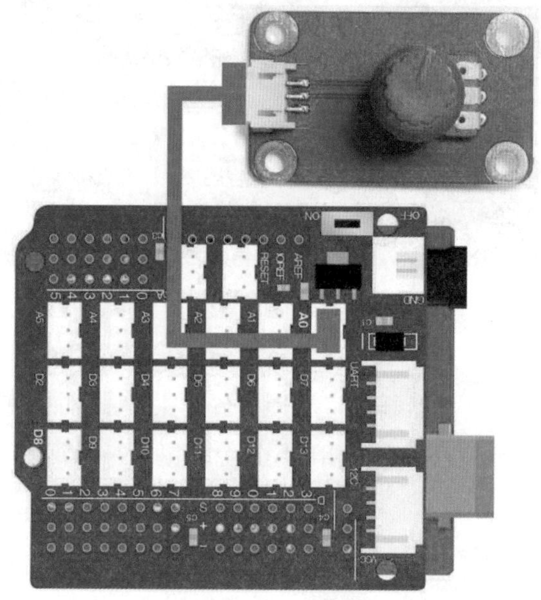

套装硬件连接图

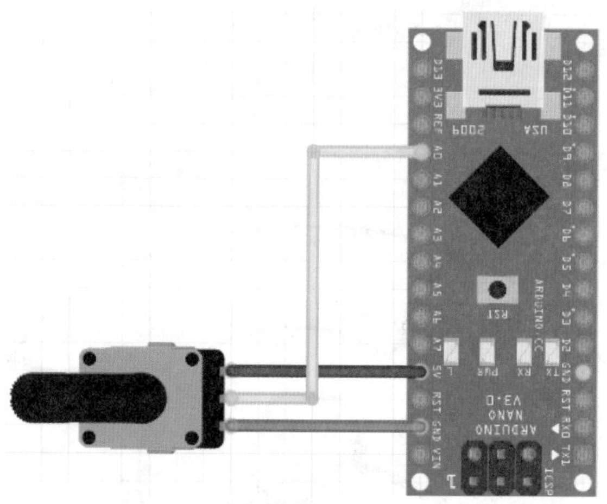

散件 DIY 原理图

迷宫游戏是典型的 Scratch 互动游戏，如图 9.1 所示。该游戏制作简单、互动性强，广受学生喜爱。常见的迷宫游戏的控制方式：用光标键控制或者用鼠标控制，本章制作的迷宫，将使用旋转电位器来制作，相比其他控制方式，玩家的操作体验感更好。

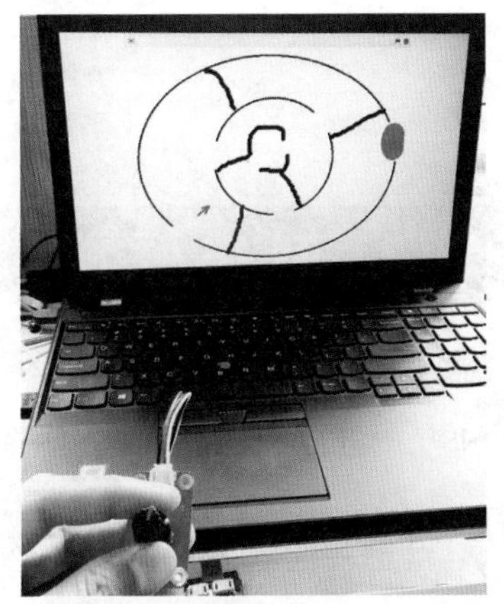

图 9.1　旋转电位器闯迷宫

9.1　项目分析和制作硬件

图 9.2 是迷宫项目分析导图。可以看到，迷宫项目的背景就是迷宫地图；闯迷宫的主角是一个箭头，箭头受旋转电位器控制。当电位器旋转时，屏幕上的箭头也随着转动。

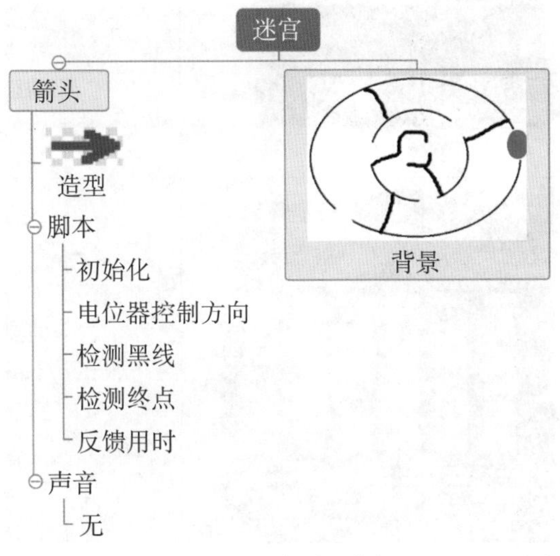

图 9.2　迷宫项目分析

9.2 制作硬件

制作硬件部分将用两种方式进行制作，一是使用套装硬件制作；二是使用电子元件的散件进行制作。

9.2.1 套装硬件制作迷宫

通常制作的迷宫游戏，我们使用鼠标来控制角色面向的方向。本章介绍的迷宫项目，将输入设备更换成旋转电位器，通过电位器的旋转来控制迷宫项目中的箭头角色面向的方向。所需要的材料清单如表 9.1 所示。

表 9.1 套装硬件清单

材料名称	图　片	数　量	用　途
Arduino UNO 板		1 张	Arduino UNO 板用于写入程序，接收外界信息或者控制连接在它上面的设备
Arduino 扩展板		1 张	侦测微动开关是否为按下的状态，并实时发送给 mBlock 软件

续表

材料名称	图　　片	数　量	用　　途
旋转电位器		1 块	将旋转电位器作为输入设备，获取它的值来控制箭头角色的方向
3P 连接线		1 根	带防反接口的连接导线，防反接口的作用是，防止接错导线而导致烧坏主控板
USB 连接线		1 根	连接 Arduino UNO 主板和计算机

连接方法如图 9.3 所示，对照连接图，用 3P 连接线将旋转电位器模块连接到 Arduino 扩展板的 A0 接口上，并将固件程序通过 USB 数据线下载到 Arduino UNO 板中。这样，套装硬件制作的迷宫传感器就制作完成了。

9.2.2　散件 DIY 迷宫

迷宫项目手柄的原理图如图 9.4 所示，本项目只需要一块旋转电位器和一张 Arduino NANO 板。

迷宫项目只使用一支旋转电位器，用来控制 mBlock 中箭头角色的方向。表 9.2 是迷宫项目元件清单，该表中罗列了迷宫项目必备的元件，包括 Arduino NANO 板一张、旋转电位器一支、杜邦线若干。

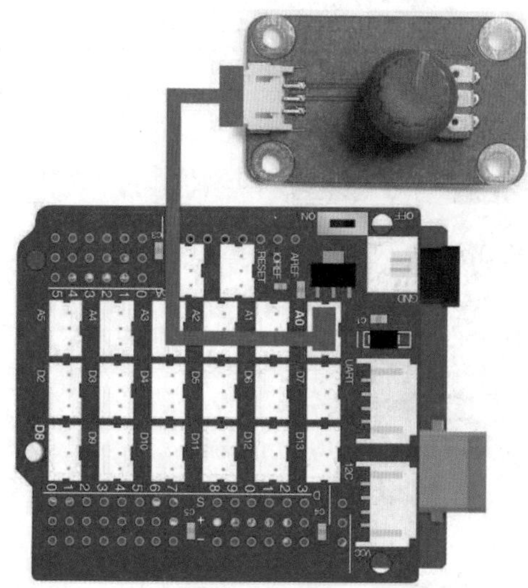
图 9.3　迷宫项目硬件连接图

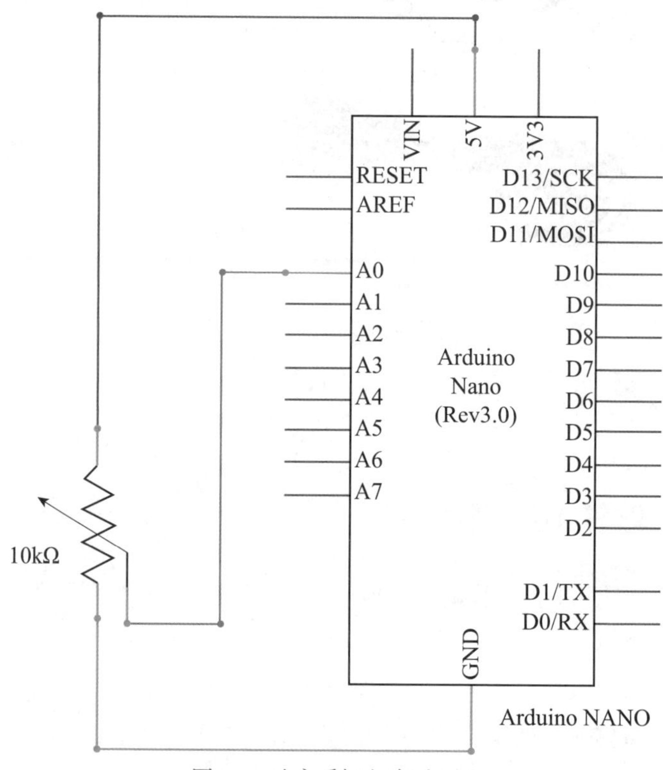

图 9.4　迷宫手柄电路原理图

表 9.2　迷宫项目元件清单

材料名称	图　片	数　量	用　途
Arduino NANO 板		1 张	侦测微动开关是否为按下的状态，实时发送给 mBlock 软件
旋转电位器		1 支	检测模拟端口 A0 的值，并实时发送给 mBlock 软件
导线		若干	连接各引脚

1. 连接旋转电位器到 Arduino NANO 板

旋转电位器是电位器的一种，常见的电位器如图 9.5 所示，每种电位器的使用方法和原理都相同，可根据不同的用途选择不同的型号和造型。本章要用电位器来控制 mBlock 中箭头的方向，所以选择了阻值为 10 kΩ 的、方便安装旋钮的电位器，形象地称它为旋转电位器。

图 9.5　电位器

旋转电位器实物如图 9.6 所示，共有三个接线脚。将电位器立在桌面上，接线脚朝下，用带孔的杜邦线，按照如图 9.7 和图 9.8 所示的连线方法连接好三根杜邦线。最后，用 USB 线连接 Arduino NANO 板到计算机上。

图 9.6　旋转电位器－带帽子

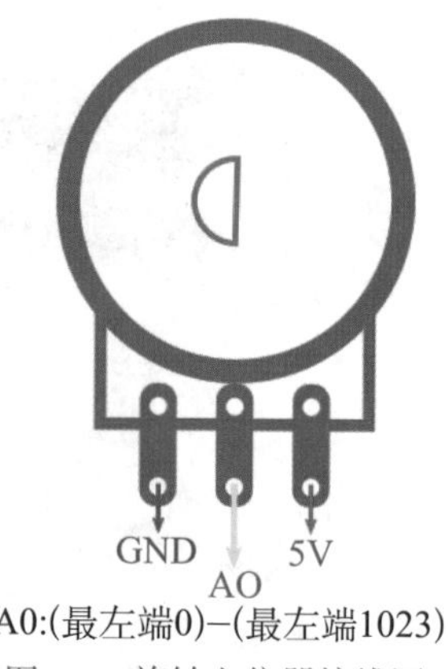

图 9.7　旋转电位器接线图

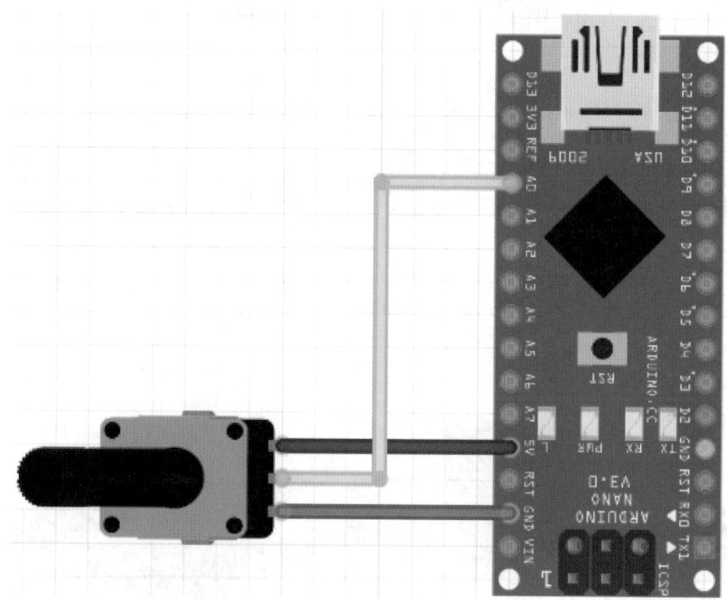

图 9.8　迷宫手柄原型设计图

2. 焊接导线

杜邦线连接到旋转电位器上是很容易脱落的。因此，建议去掉杜邦线外壳，将杜邦线焊接到旋转电位器上，这样就可确保万无一失，但不要在 Arduino

NANO 端口上焊接，除非这块 Arduino NANO 板不做他用。电位器与杜邦线的连接方法如图 9.9 所示。制作好的迷宫手柄如图 9.10 所示。

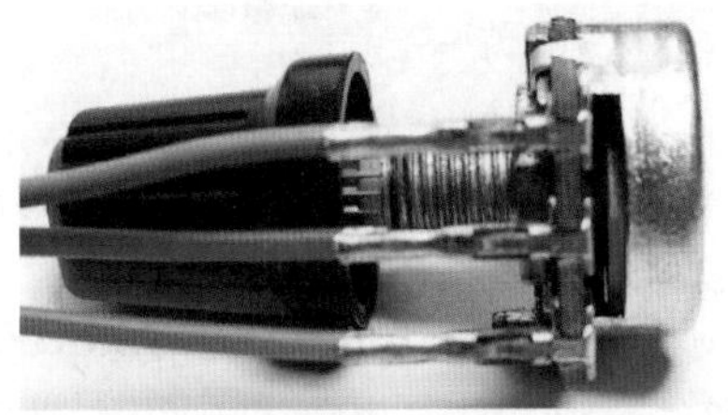

图 9.9　焊接杜邦线

图 9.10　迷宫手柄完成

最后，将 Arduino NANO 板连接到计算机上，就可以开始测试软件了。

9.3 设计软件

1. 整体分析

迷宫游戏是通过手柄控制角色“箭头”的运动方向，当碰到黑色线时，向后退 1 步；当“箭头”碰到红色线时，游戏停止并显示计时器时间。迷宫游戏的软件设计思路如图 9.11 所示。

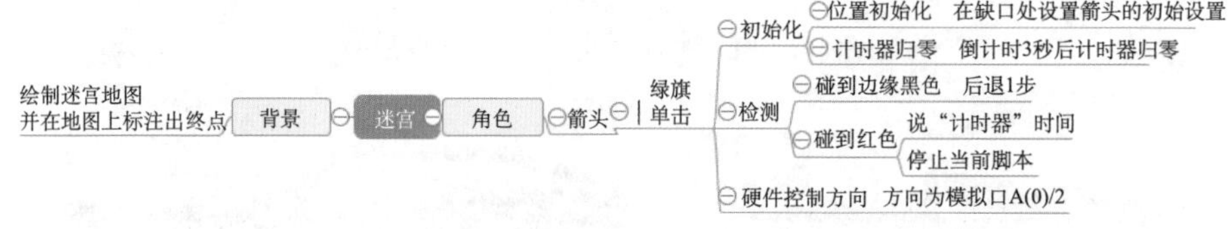

图 9.11　迷宫游戏软件思路分析图

在该游戏中，通过手柄控制箭头的运动方向，重复执行，在运动过程中不断检测箭头是否碰到黑色线，如果碰到黑色线，则后退 1 步，直到箭头碰到红色线游戏结束，停止当前脚本并显示“计时器”时间。其中需要注意的是，硬件连接的端口是模拟口 A0。

表 9.3 是迷宫项目箭头的设计思路分析表。

表 9.3　迷宫项目箭头的设计思路分析表

背　景	绘制迷宫背景，并用红色标注终点			
角色	名　称	事　件	脚　本	
			自 然 语 言	Scratch 模块
	箭头	单击绿旗	（1）位置初始化 （2）倒计时 3 秒后计时器归零 （3）重复检测，如果碰到黑色线，则后退 1 步，直到碰到红色线游戏结束 （4）方向由硬件手柄控制	如果 碰到颜色 ? 那么 移动 -1 步 如果 碰到颜色 ? 那么 说 计时器 停止 当前脚本 面向 模拟口 (A) 0 / 2 方向

2. 设计迷宫背景

“迷宫”游戏的背景需要自行绘制，可以结合自身特长绘制有特色的地图，具体方法如下所示。

（1）单击“新建背景”模块下选择第二项“绘制新背景”，如图 9.12 所示。

（2）打开右侧的绘图窗口，在右下角切换为“转换成位图编辑模式”，如图 9.13 所示。

图 9.12 绘制新背景

图 9.13 位图编辑模式

（3）运用适当的绘图工具绘制迷宫地图，并在地图上标注终点位置，绘制好的迷宫地图如图 9.14 所示。

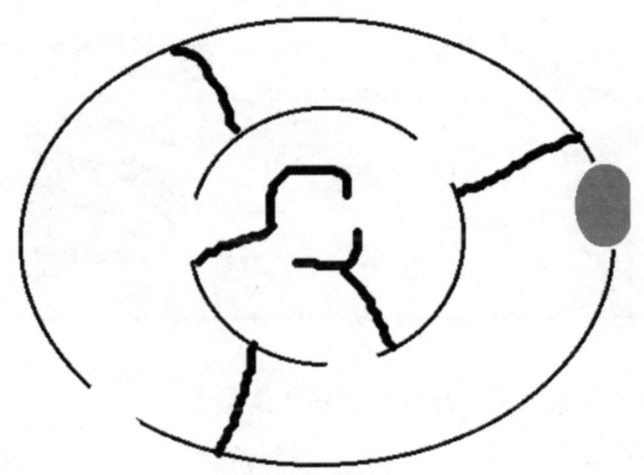

图 9.14 迷宫地图

3. 角色脚本搭建

箭头的运动方向需要通过手柄进行控制，硬件连接的端口为 Arduino 模拟端口 A0。箭头在前进过程中不断被重复检测是否碰到黑色线，如果碰到黑色线，则后退 1 步；如果碰到红色线，则游戏结束，并显示“计时器”时间。

（1）设置运动方向。

箭头前进的运动方向由硬件手柄进行控制，与模拟端口 A0 连接，脚本设计如图 9.15 所示。

图 9.15　手柄控制箭头方向脚本

（2）初始化设置。

初始化脚本如表 9.4 所示。

表 9.4　初始化脚本表

作用	脚本
箭头位置初始化	移到 x: -170 y: -125
计时器归零	说 3 1 秒 说 2 1 秒 说 1 1 秒 计时器归零

（3）重复检测箭头是否碰到黑线和红线。

箭头在运行过程中不断被检测是否碰到黑线，如果碰到黑线，则向后退 1 步；如果碰到红线，则游戏结束，并显示计时器时间。具体脚本如图 9.16 所示。

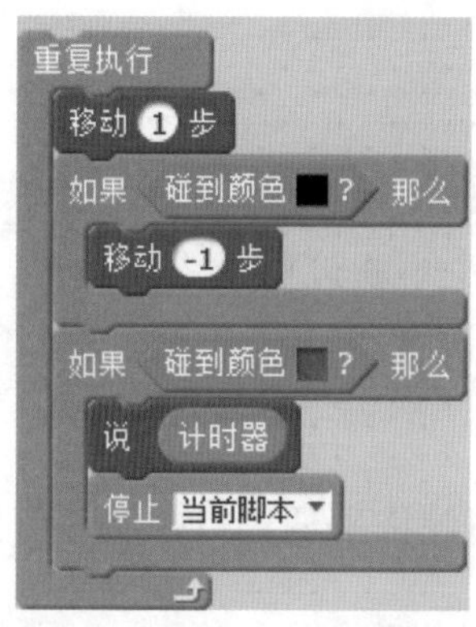

图 9.16　重复检测黑线和红线

至此，程序设计完成。

9.4 测试、优化和迭代

按照如表 9.5 所示的测试项目，逐项测试相关项目，直到全部测试完成。

表 9.5 迷宫项目测试项目表

序　号	测试对象	调试内容	完成情况	改正建议
1	手柄上的电位器	电位器控制角色面向的方向	完成 / 未完成	mBlock 未连接 Arduino NANO 板；Arduino NANO 板未安装固件；电位器连接到 Arduino NANO 板上的端口与 mBlock 上调用的端口不一致
2	Scratch 脚本	箭头跟随电位器旋转	完成 / 未完成	箭头相应脚本
3	Scratch 脚本	箭头碰到黑线停止	完成 / 未完成	箭头相应脚本
4	Scratch 脚本	箭头碰到红线后游戏停止	完成 / 未完成	箭头相应脚本

9.5 拓展应用

任务：制作手枪瞄准器。

设计思路：手枪安装在一个底座上，如图 9.17 所示。这个底座既可以沿水平方向旋转，也可以沿垂直方向旋转。水平旋转时带动一个旋转电位器，用这个旋转电位器发送到 mBlock 软件端的值，来控制子弹水平方向上的 X 轴；同样，底座垂直旋转时，控制子弹垂直方向上的 Y 轴，最终实现手枪瞄准效果。

图 9.17 手枪瞄准器

9.6 相关资料

电位器是一种可以变化的电阻，根据调节的方式，又细分为旋转电位器、直滑式电位器和数字电位器等。

9.6.1 常见电位器简介

常见的电位器如图 9.18 所示，按照电阻值的变化范围、控制精度和使用环境等进行选择。每种电位器的使用方法和原理都相同。

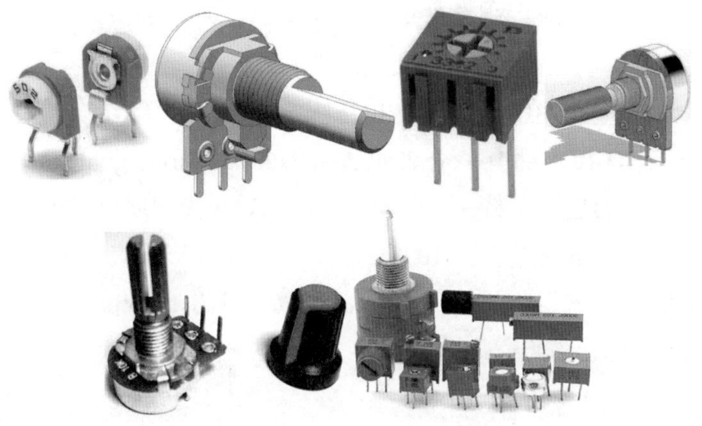

图 9.18　各式各样的电位器

在 mBlock 软件中，读取旋转电位器的值，是通过在脚本区拖入“模拟器 A0”模块，来实现调用连接在 Arduino UNO 板模拟端口 A0 上的旋转电位器的值。当然也可以更改对应的模拟端口，如 A0 ～ A5 任意一个。就可以读取 A0 ～ A5 对应接口上的模拟值。当模拟端口不连接任何东西时，模拟值是一个不可控的随机值。

旋转电位器实际上是一个可变电阻器，原理图如图 9.19 所示。当给电位器的两端分别连接上电源的正负极，再转动操作杆时，加载电阻两端的电压值发生改变，这样 Arduino UNO 板，就可以通过使用模拟输入 analogRead() 功能来获得旋转电位器的电压值，从而实现旋转电位器控制 mBlock 角色方向的目的。

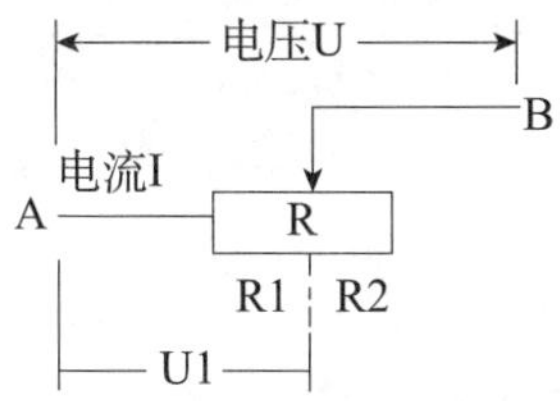

图 9.19　电位器原理图（旋转电位器原理图）

从图 9.19 中可以看到，旋转电位器将一个 A、B 两端连接的一个整体的电阻 R 被分成了两个电阻，它们分别是 R1 和 R2，通过滑动我们只使用左侧一边的 R1 电阻，我们知道在串联电路中电流处处相等，所以电路中电流 I=U/R（这里的电压是连接在端口上的整体电压，也就是 5V，R 就相当于变阻器的总电阻值，这里是 10kΩ），同时 I=U1/R1，由此推导出 U/R = U1/R1，从而得知 U1=

（U/R）*R1（公式）。所以当旋转电位器转动时，对应的电阻 R1 将发生改变，这样则带动着 U1 电压值也将随之发生改变。

那么 Arduino 怎样检查电位器的电压呢？

Arduino UNO 板内部有一个名叫 ADC（Analog-to-Digital Converter）的模数转换器，ADC 意思就是将一个模拟电压值，转化为程序可以识别的数字。即把 0V ～ 5V 的电压转化为 0 ～ 1023 的一个值。所以当检查到传来的是 5V，那边程序将识别为 1023；如果是 2.5V，那么数字将为 1023 除以 2，一般这个值可以被省略后面的小数点。

9.6.2 电位器选型

图 9.20 为电位器选型表，该选型表是某厂家的选型引导图，根据使用方式，选择相应的产品。

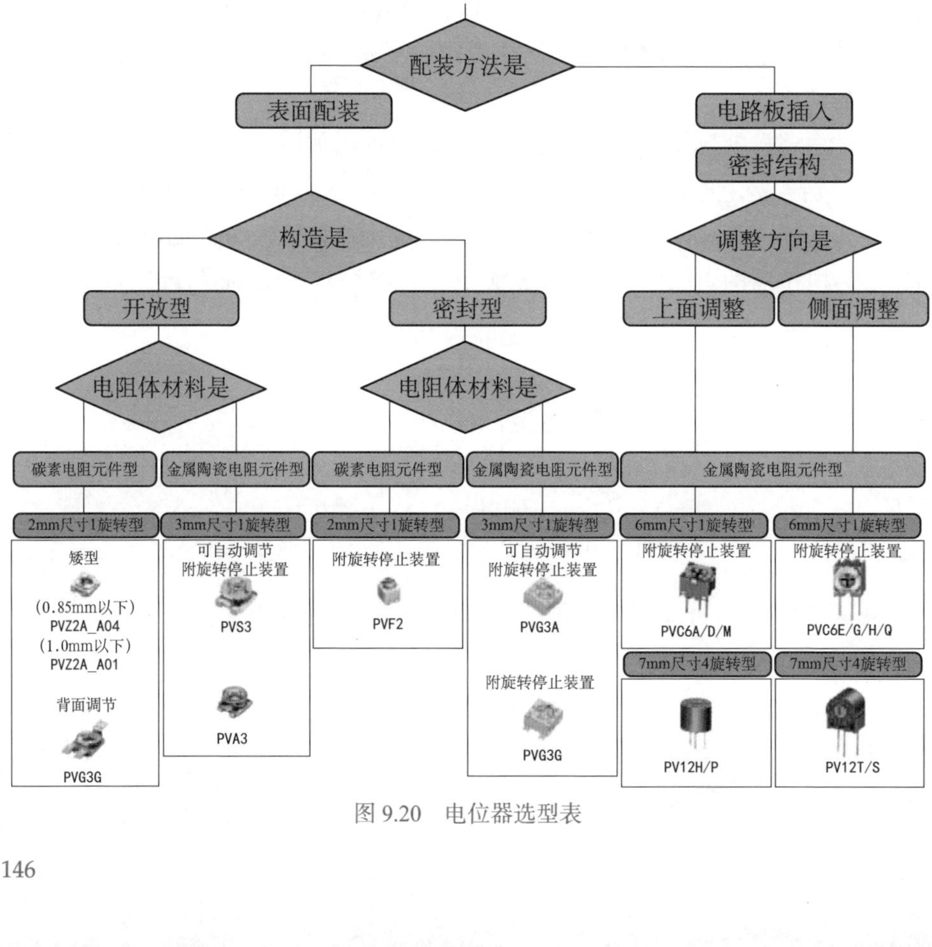

配装方法是
表面配装
电路板插入
密封结构
构造是
调整方向是
开放型
密封型
上面调整
侧面调整
电阻体材料是
电阻体材料是
碳素电阻元件型
金属陶瓷电阻元件型
碳素电阻元件型
金属陶瓷电阻元件型
金属陶瓷电阻元件型
2mm尺寸1旋转型
3mm尺寸1旋转型
2mm尺寸1旋转型
3mm尺寸1旋转型
6mm尺寸1旋转型
6mm尺寸1旋转型
矮型
(0.85mm以下)
PVZ2A_A04
(1.0mm以下)
PVZ2A_A01
背面调节
PVG3G
可自动调节
附旋转停止装置
PVS3
PVA3
附旋转停止装置
PVF2
可自动调节
附旋转停止装置
PVG3A
附旋转停止装置
PVG3G
附旋转停止装置
PVC6A/D/M
附旋转停止装置
PVC6E/G/H/Q
7mm尺寸4旋转型
PV12H/P
7mm尺寸4旋转型
PV12T/S

图 9.20　电位器选型表

图 9.21 为电位器产品说明，它是某厂生产的高质量电位器，在选好电位器的外型后，接下来是根据产品需要，选择适当的阻值。如迷宫项目用到的是 10kΩ。轴长是指旋钮的安装位置，一般选择 22mm 的即可。在轴的下方，通常还有一颗锁定螺丝，用于固定旋转轴，最后再安装上旋钮帽。

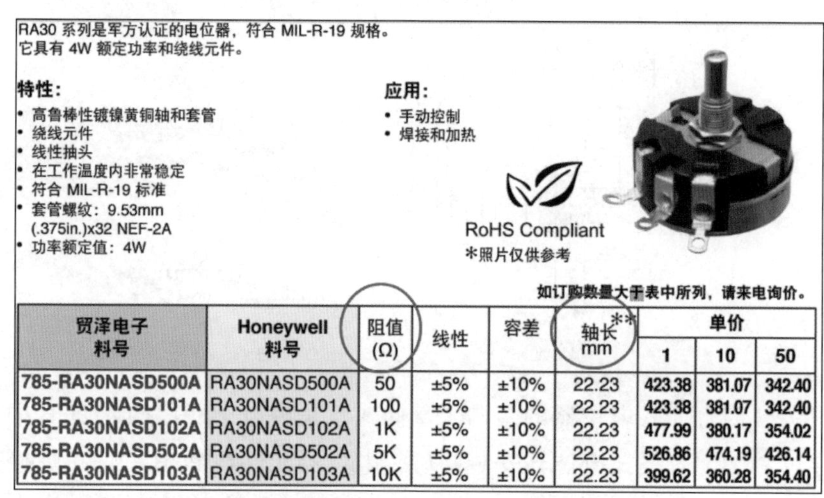

RA30 系列是军方认证的电位器，符合 MIL-R-19 规格。
它具有 4W 额定功率和绕线元件。

特性：

- 高鲁棒性镀镍黄铜轴和套管
- 绕线元件
- 线性抽头
- 在工作温度内非常稳定
- 符合 MIL-R-19 标准
- 套管螺纹：9.53mm (.375in.)x32 NEF-2A
- 功率额定值：4W

应用：

- 手动控制
- 焊接和加热

RoHS Compliant
*照片仅供参考

如订购数量大于表中所列，请来电询价。

贸泽电子料号	Honeywell 料号	阻值 (Ω)	线性	容差	轴长** mm	单价		
						1	10	50
785-RA30NASD500A	RA30NASD500A	50	±5%	±10%	22.23	423.38	381.07	342.40
785-RA30NASD101A	RA30NASD101A	100	±5%	±10%	22.23	423.38	381.07	342.40
785-RA30NASD102A	RA30NASD102A	1K	±5%	±10%	22.23	477.99	380.17	354.02
785-RA30NASD502A	RA30NASD502A	5K	±5%	±10%	22.23	526.86	474.19	426.14
785-RA30NASD103A	RA30NASD103A	10K	±5%	±10%	22.23	399.62	360.28	354.40

图 9.21　电位器产品说明

9.6.3 焊盘尺寸和安装孔尺寸

图 9.22 为贴片电位器结构图，它是焊接在 PCB 板的某一面上的，该元件引脚不会穿过 PCB 板，电路板连接方式为贴合焊接。图 9.23 为贴片电位器焊

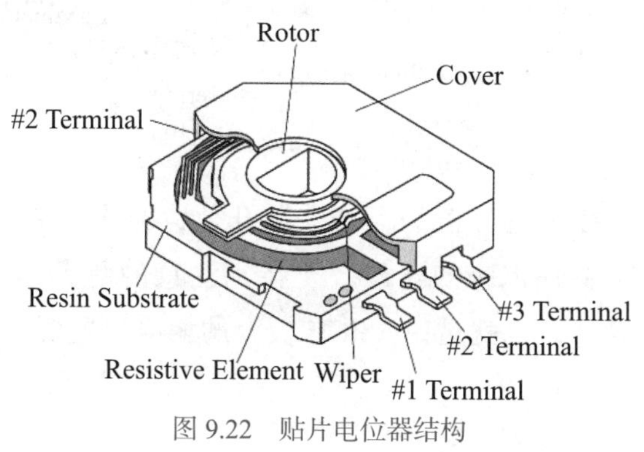

图 9.22　贴片电位器结构

盘布局尺寸图，为了准确地焊接贴片电位器，必须按照厂家提供的尺寸，设计好相应的焊盘，以稳稳地焊接电位器。

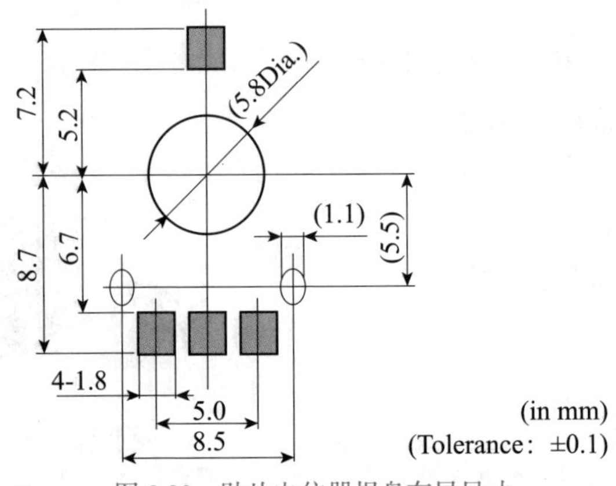

图 9.23　贴片电位器焊盘布局尺寸

图 9.24 为直插式电位器的结构，直插式就是将电子元件插入 PCB 中，引脚将穿过 PCB。直插式电位器安装好后，电位器元件在 PCB 一面，焊接是在 PCB 另一面。

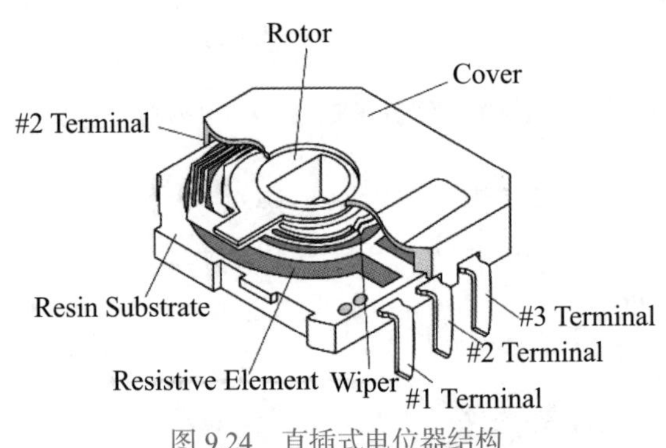

图 9.24　直插式电位器结构

图 9.25 为某直插式电位器的标准安装孔位，在设计 PCB 板时，根据厂家提供的尺寸，绘制好相应的孔位。要特别注意的是，这些孔位都要使用过孔焊盘的方式设计，也就是说，PCB 板上的相应位置要钻孔，以方便插入电位器。

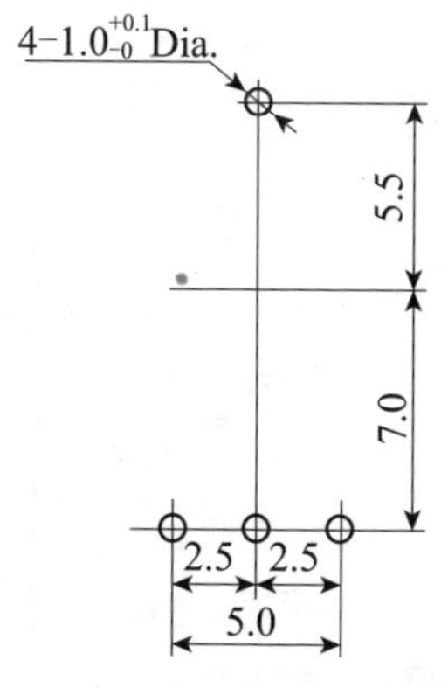

(in mm)
(Tolerance：±0.1)

图 9.25 直插式电位器标准安装孔

9.6.4 旋转电位器尺寸解读

在设计电子产品时，我们需要了解该电子元件的大小。

图 9.26 和图 9.27 描述了电位器的总高度、手柄的长度、直径等尺寸。图 9.28 和图 9.29 描述了电位器的直径、定位孔的长度和引脚序号等信息，便于我们设计 PCB 板。

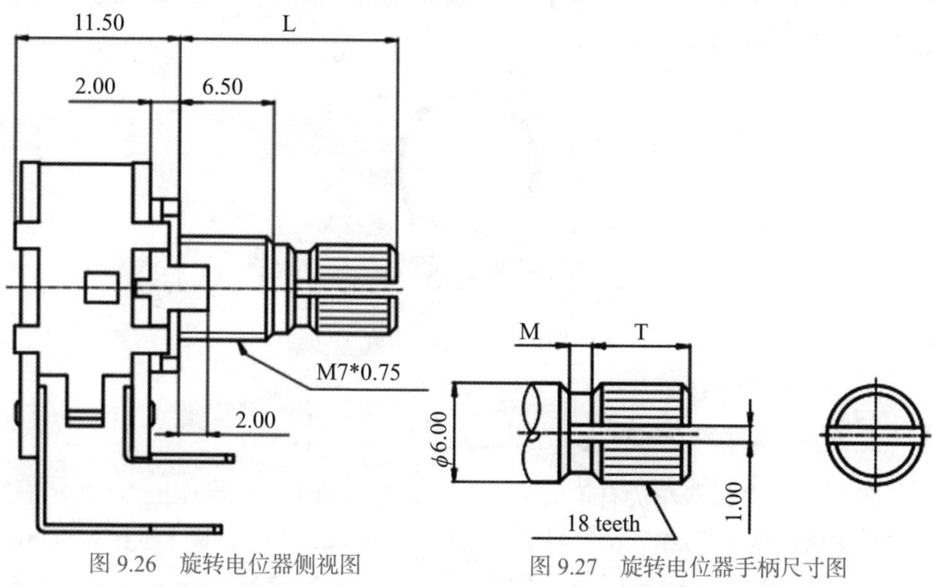

图 9.26 旋转电位器侧视图

图 9.27 旋转电位器手柄尺寸图

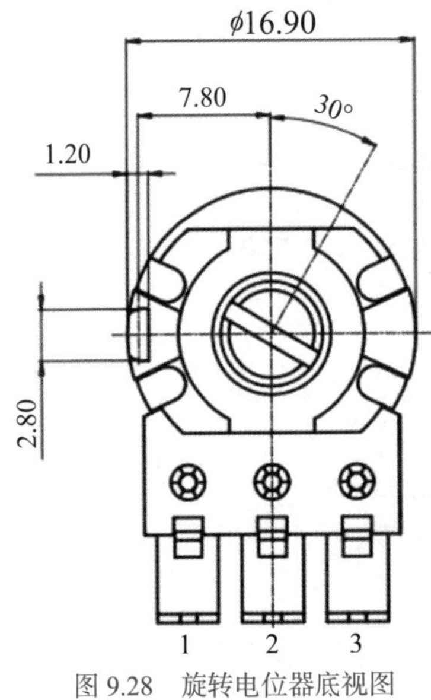

图 9.28　旋转电位器底视图

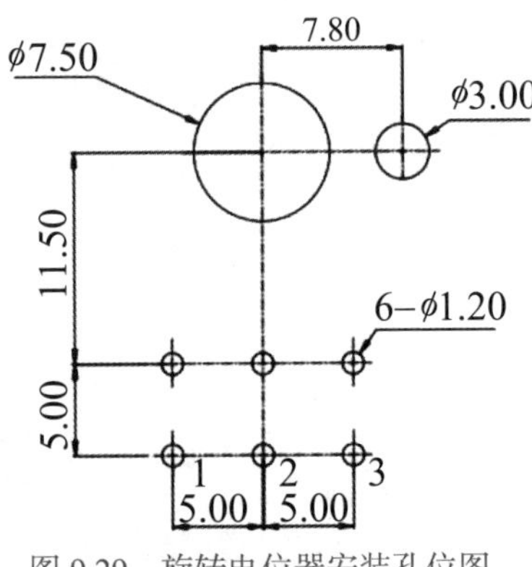

图 9.29　旋转电位器安装孔位图

9.6.5　电位器引脚和接线方式

电位器共三个接线脚，如图 9.30 所示。将旋钮朝上，引脚向下，从左到右依次编上引脚号为 1、2、3。其中 2 号引脚是模拟输出端，1 号和 3 号引脚可以分别连接 5V 和 GND。

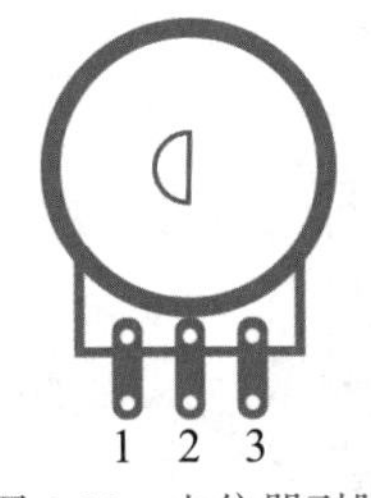

图 9.30　电位器引脚

1. 电位器接线方式 1：左负右正

图 9.31 是电位器左负右正的接线方式。左边的 1 号引脚连接 GND，右边的 3 号引脚连接 5V，中间的 2 号引脚连接到 Arduino NANO 板上的模拟口 A0。这样，将操作旋钮面向操作者，当操作者顺时针旋转旋钮，Arduino NANO 板

上的模拟口 A0 值将慢慢变大，直到为 1023；当操作者逆时针旋转旋钮，模拟口 A0 值将慢慢变小，直到为 0。

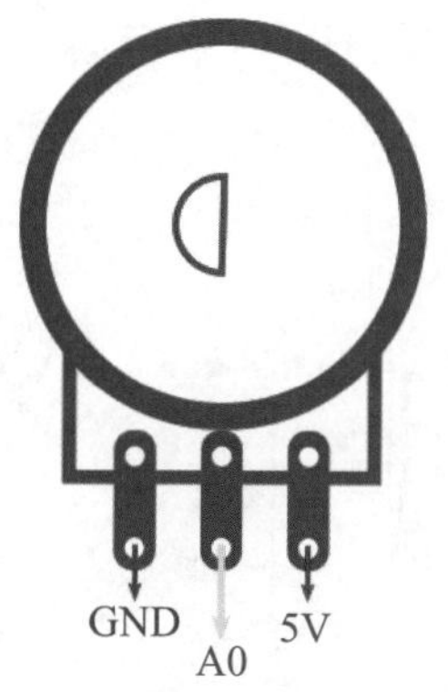

A0:(最左端0)-(最右端1023)

图 9.31　电位器接线方式 1

2. 电位器接线方式 2：左正右负

图 9.32 是电位器左正右负的接线方式。左边的 1 号引脚连接 5V，右边的 3 号引脚连接 GND，中间的 2 号引脚连接到 Arduino NANO 板上的模拟口 A0。这样，将操作旋钮面向操作者，当操作者顺时针旋转旋钮，Arduino NANO 板上的模拟口 A0 值将慢慢变小，直到为 0；当操作者逆时针旋转旋钮，模拟口 A0 值将慢慢变大，直到为 1023。

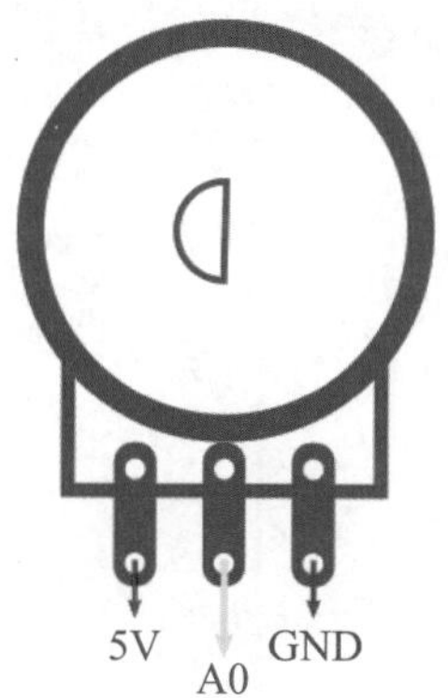

A0:(最左端1023)-(最右端0)

图 9.32　电位器接线方式 2

图 9.33 是常见电位器原理图，这是一款带开关功能的电位器，其中 A 端和 C 端可以分别连接 5V 和 GND，或者 A 端和 C 端相互交换。B 端为输出端口，旋转到不同的角度，输出相应的电阻值。这种功能让我们想到了滑动电阻，其实电位器就是可变电阻。

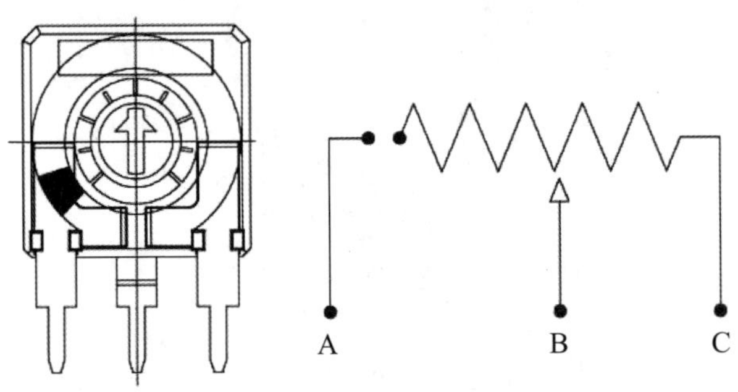

CCW:Off-On

CCW：关-开

图 9.33　电位器原理图

第 10 章

抢滩登陆战（旋转电位器 + 按键）

本章将使用两种传感器来制作一款射击游戏，玩家既要控制炮台旋转方向，又要控制炮台适时发射子弹。

本章学习目标

- 硬件：掌握套装硬件以及 DIY 旋转电位器和按键的手柄的使用
- 软件：掌握旋转电位器值的读取和使用，以及用按键传感器控制子弹发射

运行效果图

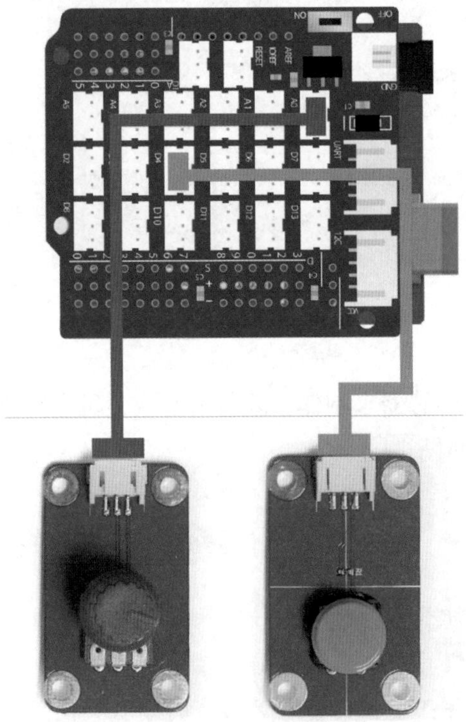

套装硬件连接图

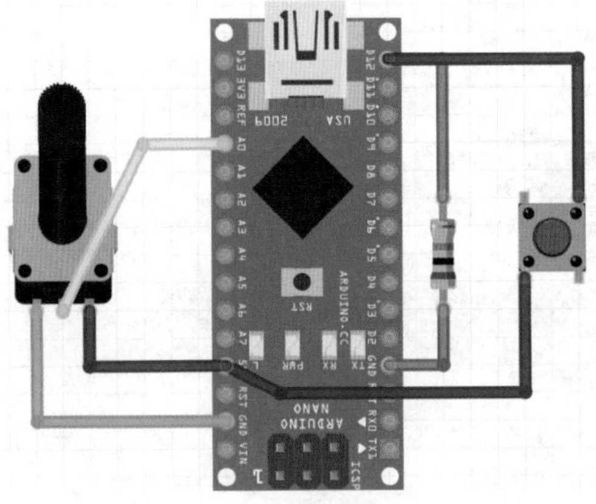

散件 DIY 原理图

图 10.1 是一款正在运行中的抢滩登陆战游戏。这款游戏只用电位器和按键来玩，完全不用键盘和鼠标，在该游戏中，电位器和按键的作用与印象中的游

戏手柄作用相同，是不是很新鲜呢？

图 10.1　抢滩登陆战运行中

10.1　项目分析和制作硬件

图 10.2 是抢滩登陆战项目分析图。抢滩登陆战项目主要有炮台、子弹和敌人三个角色。其中，炮台受电位器控制其旋转方向，但只能在原地旋转，电位器顺时针转时，炮台也顺时针转动；电位器逆时针转动时，炮台也逆时针转动。

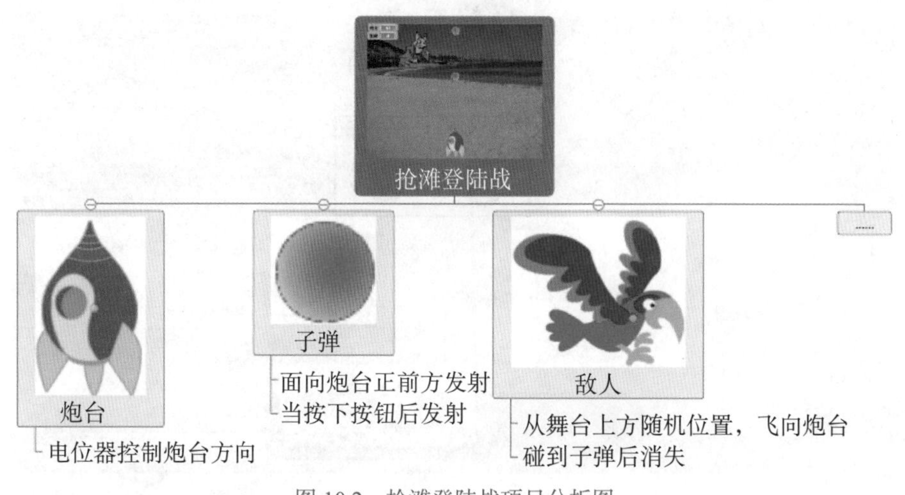

图 10.2　抢滩登陆战项目分析图

当按下按键时，子弹开始发射。子弹从炮台位置出发，面向当前炮台的方向，向正前方飞行，直到碰到边缘。当电位器控制炮台旋转时，子弹始终向 当前炮台方向发射。从而实现电位器控制炮台方向，按键控制子弹发射，子弹跟随炮台方向的控制效果。

这里的敌人只选择了其中一个，其余相同。敌人的动作是从舞台上方的随机位置出发，飞向炮台。在飞行过程中，如果碰到子弹，敌人消失，如此重复。

图 10.3 是控制对象分析图，在抢滩登陆战项目中，用到了两个电子元件控制角色，第一个电子元件是电位器。电位器控制炮台的旋转方向，它的旋转方向接近 360°，而炮台只需要面向正上方，约 60° 的范围，所以需要进行一些运算，详细说明将在 10.3 节设计软件中介绍。第二个电子元件是按键。按键控制子弹的发射，作用是决定子弹的发射时机，相当于一个开始事件。在 mBlock 中没有相应的开始事件，需要通过重复检测按键元件所接的 Arduino NANO 端数字口 4 的电平情况。当按下按键时，电路导通到 5V 高电平，发送广播，通知子弹发射。

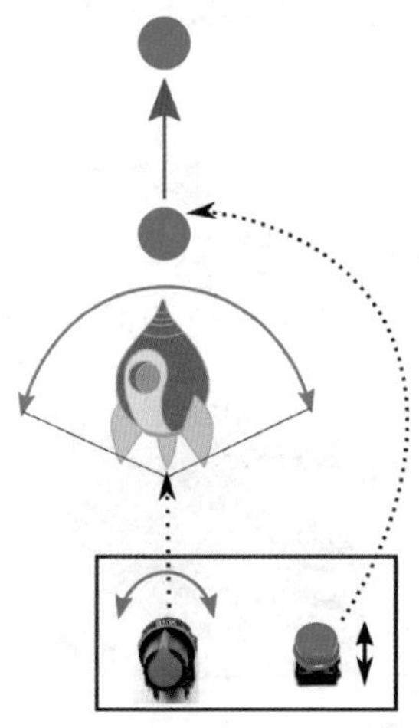

图 10.3　控制对象分析图

10.2 制作硬件

抢滩登陆战的控制手柄将分别用套装硬件和电子散件进行制作，大家可根据自己现有的材料，灵活选择。在一般情况下，比较推荐的方式是，先用套装硬件快速制作好手柄，在掌握传感器的用途后，再用散件进行 DIY。散件 DIY 是掌握知识的最佳方式。

10.2.1 套装硬件制作抢滩登陆战

在前两章中，我们学习了旋转电位器和触摸传感器的使用。在本章的抢滩登陆战游戏中，我们将使用旋转电位器和触摸传感器来控制游戏，其中旋转电位器来控制大炮的瞄准方向，而触摸传感器则来控制发炮。制作抢滩登陆战游戏手柄需要用的材料清单如表 10.1 所示。

表 10.1 抢滩登陆战手柄材料清单

材料名称	图　片	数　量	用　途
Arduino UNO		1 张	主控器用于写入程序接收外界信息，或者控制连接在它上面的设备
Arduino 扩展板		1 张	侦测微动开关是否为按下的状态，实时发送给 mBlock 软件
旋转电位器		1 块	将旋转电位器作为输入设备，获取它的值来控制鼠标移动

续表

材料名称	图　片	数　量	用　途
3P 连接线		1 根	带防反接口的连接导线，防反接口的作用是，防止接错导线，导致烧坏主控板
USB 连接线		1 根	连接 Arduino UNO 主板和计算机
触摸传感器		1 个	将集成电容触摸检测 IC，输出相应电平变化值，以及添加连接线接插座，方便与扩展板进行连接并与主板进行通信

图 10.4 是抢滩登陆战手柄连接图。其中用一根 3P 连接线，连接到旋转电位器和扩展板模拟端口 A0 上，再用一根 3P 连接线，连接触摸传感器到数字端口 D4 上。这样，用套装硬件制作的抢滩登陆战手柄，就制作好了。

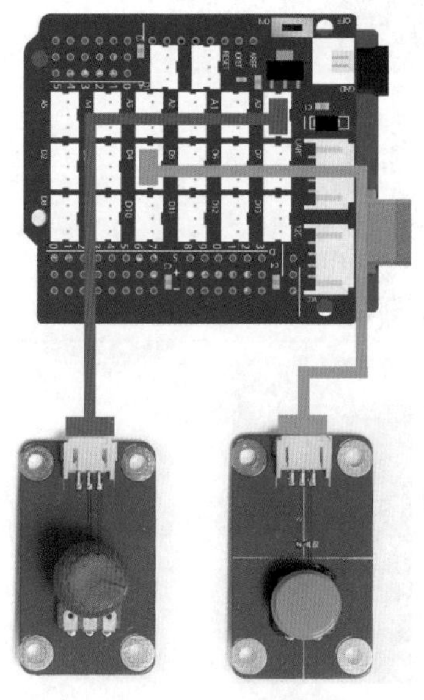

图 10.4　抢滩登陆战手柄连接图

为了确保玩家操作时，有一个比较舒适的操作体验，还可以用一些硬纸板，将这些电子模块固定起来，以方便操作。

10.2.2 散件 DIY 抢滩登陆战

图 10.5 是抢滩登陆战手柄的电路原理图，其中用到两个电子元件，我们在前面的作品中已做介绍。如按键传感器在第 5 章和第 6 章已做介绍，旋转电位器在第 9 章已做介绍。

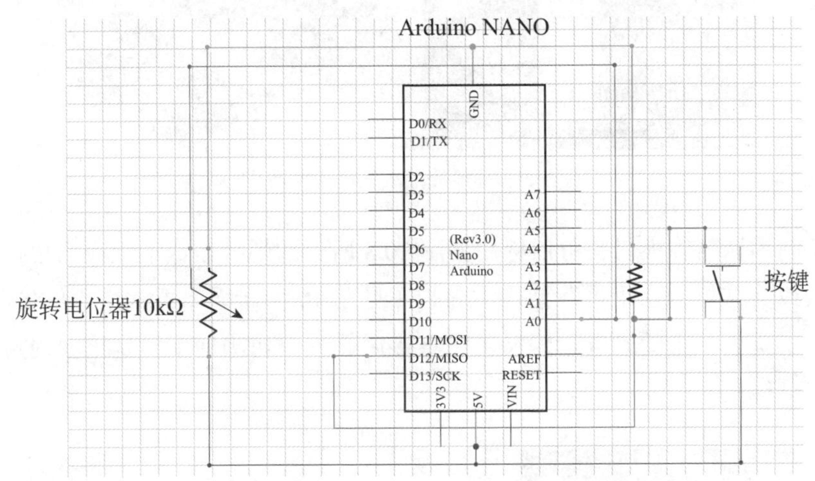

图 10.5 抢滩登陆战手柄电路原理图

图 10.6 是抢滩登陆战手柄的电子元件连接图，DIY 的手柄大体上按该图中的这种布局来安排每个元件的位置，以便于操作。

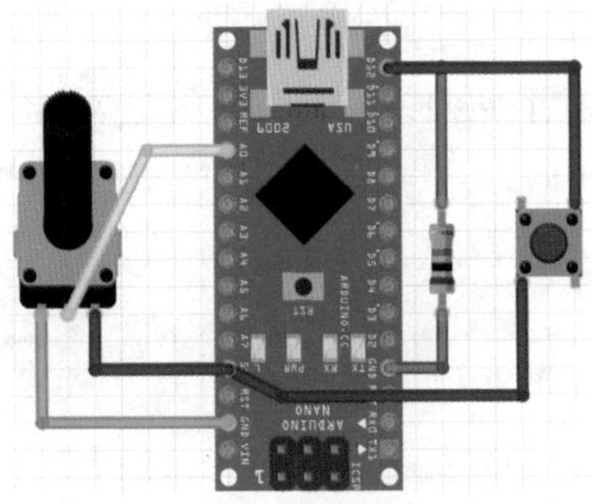

图 10.6 抢滩登陆战手柄原型设计图

下面开始制作手柄。

1. 制作固定底板

图 10.7 是抢滩登陆战控制手柄的底板。控制手柄底板的作用是固定以下三个电子元件：Arduino NANO 板、电位器和按键。只有固定好后，才方便接线和后期使用。

图 10.7　抢滩登陆战控制手柄底板

控制手柄的底板材料可以选用如图 10.8 所示的硬纸板或卡纸板，也可选用雪弗板或泡沫板，这里推荐使用雪弗板（见图 10.9）。雪弗板常用于广告制作，这种板子具有一定的硬度，但又可以直接用美工刀切割加工，是比较理想的手工制作材料。

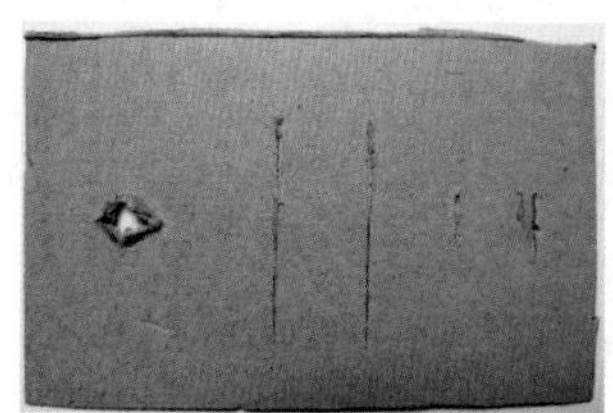

图 10.8　硬纸板

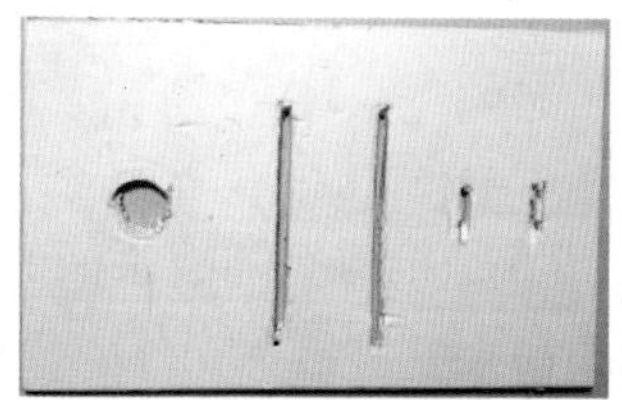

图 10.9　雪弗板

根据一般人使用游戏手柄的习惯，我们将电位器安装在左侧，将 Arduino NANO 板安装在手柄正中间，并将 Arduino NANO 板的 USB 接口朝上，便于连接 USB 线，在最右侧安装按键。

2. 安装 Arduino NANO 板

在图 10.8 或图 10.9 中的底板上，参照元件的大小，加工好相应的孔位后，就可以将元件逐一固定在底板上了。元件安装顺序没有统一的说法，但为了便于测试，建议大家先安装 Arduino NANO 板，再安装电位器。

加工好底板后，将 Arduino NANO 板的 USB 口朝正上方，接线排针朝下，安装到底板上，并用胶枪或胶带稍微固定一下，防止脱落和便于接线。要特别注意的是，胶枪或者胶带都不要覆盖 Arduino NANO 板的接线排针，以免影响下一步的接线。安装好元件的雪弗板和硬纸板分别如图 10.10 和图 10.11 所示。

图 10.10　雪弗板上安装元件

图 10.11　硬纸板上安装元件

3. 安装和测试电位器

安装好 Arduino NANO 板后，就可以安装电位器了。

图 10.12 是一支抢滩登陆战项目用到的电位器，它是带手柄旋转的电位器，这种电位器从厂家买来后，一般都自带固定螺母，这些螺母都是为了固定电位器准备的。在电位器上，一般还会设计一个固定端子，用于进一步固定电位器。

图 10.12　电位器

取下螺母，将电位器的操作杆从底板的下方穿入，再从底板的上方，安装好螺母。为了方便下一步接线，建议将电位器的三个接线柱朝向底板上方，也就是 Arduino NANO 板的 USB 接口方向。这样，后期接好连接线后，不会影响手去握住控制板。安装好电位器的雪弗板手柄正面图如图 10.13 所示。

图 10.13　雪弗板手柄正面

固定好电位器，确保三个接线柱朝向 Arduino NANO 板的 USB 口方向后，下面开始连接导线。选择 3 根适当长度的导线，在导线两端大约 5mm 处，用拨线钳拨掉导线的外皮，露出电线。再用电烙铁在拨好的导线上，分别上好焊锡，以便于下一步焊接到接线柱上。

处理好 3 根导线后，根据如图 10.14 所示的接线原理图，在电位器的三个接线柱上，均上好焊锡。先在接线柱上上焊锡，目的是为下一步连接导线作准备。在导线和接线柱上分别上好焊锡后，再将导线和接线柱紧靠在一起，将电烙铁放到导线和接线柱上，约一秒种后，将电烙铁拿开，等待该焊接点的焊锡冷却和凝固后，导线和接线柱上先前上好的焊锡就熔化并连接在一起了。连接好电位器引脚的背面图如图 10.15 所示。

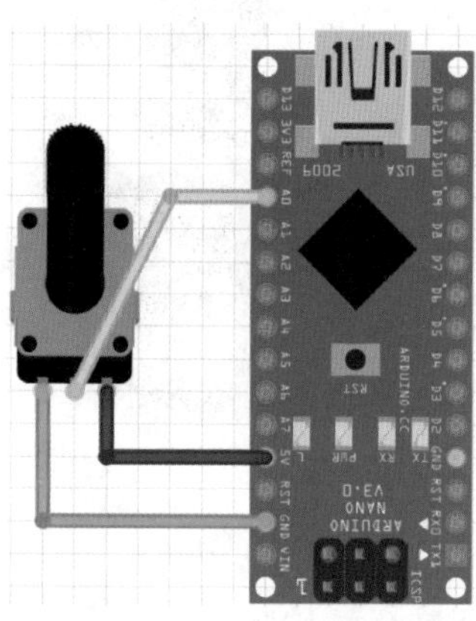

图 10.14　电位器连接原理图

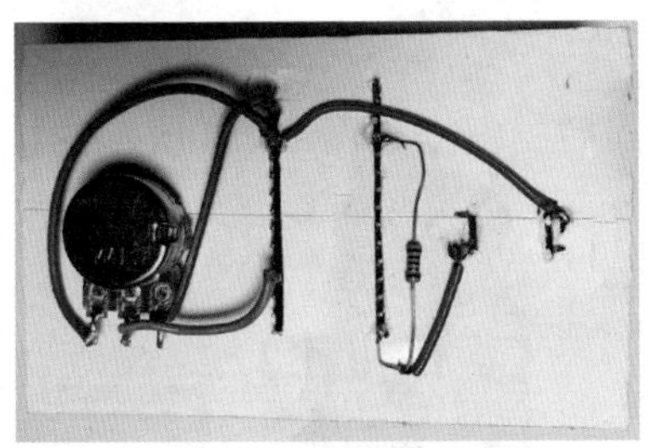

图 10.15　背面接线图

需要特别注意：首先，电烙铁头的工作温度高于 220°，一定要注意防止烫伤；其次，在使用焊锡丝焊接的过程中，有一定的烟雾，这种烟雾是焊锡丝中的松香加热后产生的，对身体具有一定的影响，不能大量吸入；最重要的是，因为常见的焊锡都是含铅的，在使用焊锡的过程中，手上沾的是焊锡的铅和你吸入的也是铅蒸汽，所以需要特别注意，用完焊锡必须洗手，且在焊接过程中注意通风，减少焊锡蒸汽的吸入。推荐使用无铅焊锡，但价格较贵且熔点高，不易使用。判断焊锡丝是否含铅的简单方法：用焊锡和手摩擦，留下黑色痕迹的是有铅的，留下黄色痕迹的是无铅的。

连接好电位器后，下面就可以开始测试。打开 mBlock，如图 10.16 所示。在脚本区拖入相应模块，设置好控制板，连接串口，安装好固件后，就可以单击绿旗，运行测试程序。电位器操作杆向上，用手顺时针旋转电位器操作杆，如果 mBlock 舞台的值在不断增加，直到 1023 停止；逆时针方向旋转，如果值不断减少，直到 0。说明电位器接线正确，电位器工作正常。如果顺时针旋转时，mBlock 舞台的值却在不断减少，可以通过交换电位器接线柱上的正负极，也就是图 10.14 上的红色线和绿色线即可。

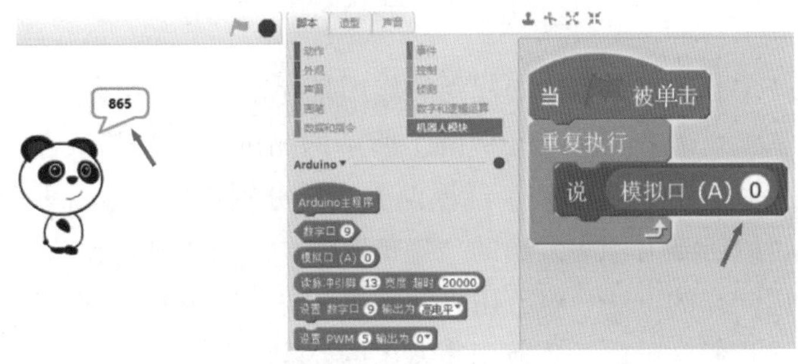

图 10.16　测试电位器

4. 安装和测试按键

安装和测试好电位器后，根据如图 10.17 所示的接线原理图，下面开始安装按键。

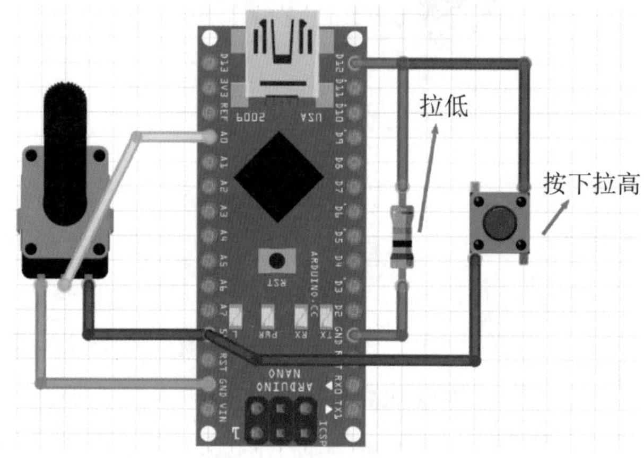

图 10.17　接线原理图

图 10.18 是按键外观图。按键实际上是一个轻触开关，分为两脚和四脚两种类型，常用是四脚形状的。相比而言，四脚稳固一些。

图 10.18　按键外观

既然是一个开关，在电路中起到的作用是导通两侧的电路。那么为什么设计成四个引脚呢？根据如图 10.19（a）所示的测试引脚内部是否导通的方法，我们将万用表切换到二极管档，红黑两支表笔分别接到 2 号引脚和 4 号引脚，这时候我们可以听到万用表发出的“嘀嘀”声，说明 2 号引脚和 4 号引脚内部是导通的；用同样的方法，将万用表的红黑两支表笔分别接到 1 号引脚和 3 号引脚，这时候我们又可以听到万用表发出的“嘀嘀”声，说明 1 号引脚和 3 号引脚内部也是导通的。

在具体使用时，我们选择使用 1 号引脚和 4 号引脚，分别接入需要导通的电路的两端；或者选择使用 2 号引脚和 3 号引脚，分别接入需要导通的电路的两端。这两种方法都可以。

最常见的用法如图 10.19（b）所示，将 1 号引脚和 3 号引脚连接在一起，作为开关的一端，将 2 号引脚和 4 号引脚连接在一起，作为开关的另一端。这样相比上面的用法更可靠一些，所以应用最为广泛。

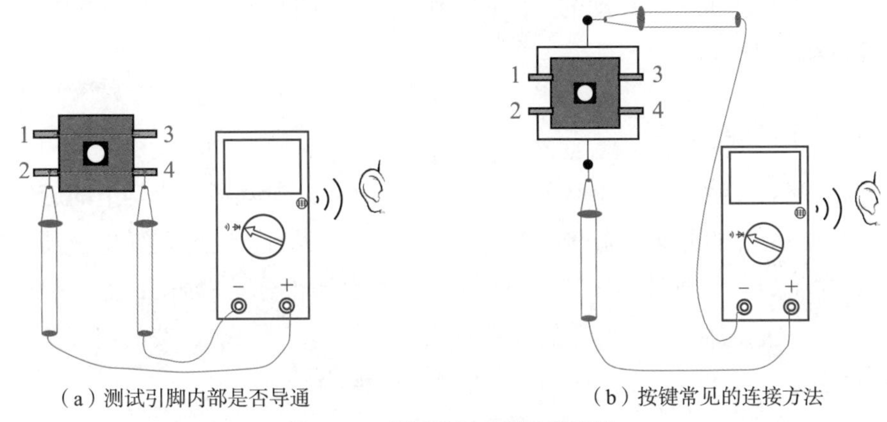

（a）测试引脚内部是否导通　　（b）按键常见的连接方法

图 10.19　测试按键内部的导通性

安装好电位器和按键后，就可以开始测试抢滩登陆战了。编写如图 10.20 所示的脚本代码，连接好 Arduino NANO 板，并单击绿旗开始运行程序。旋转电位器时，观察角色是否随电位器转动；按下按键时，观察角色是否说“按键已按下”。

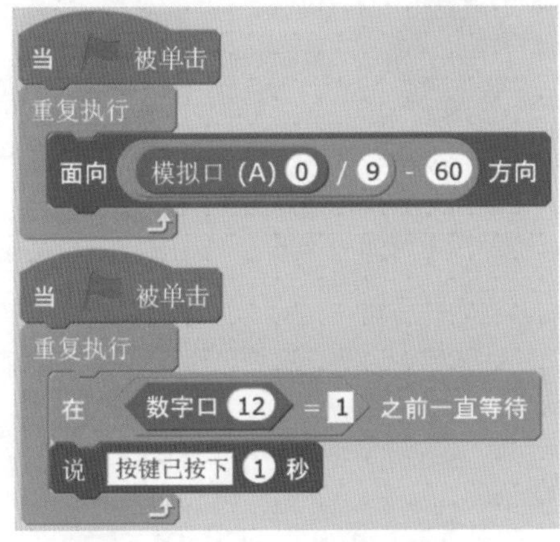

图 10.20　测试抢滩登陆战控制手柄

10.3 设计软件

抢滩登陆战游戏是用手柄控制炮台发射子弹，射击随机出现的敌人。敌人出现的位置是随机的，移动的速度也是随机的，在移动过程中随机变化色彩，增强游戏的趣味性。

1. 整体思路分析

抢滩登陆战游戏整体思路分析如图 10.21 所示，游戏通过手柄上的旋转电位器，控制炮台的方向，子弹沿着炮台方向飞行，从而实现用旋转电位器控制子弹方向。如果子弹射中任意一个敌人，则变量“得分”增加 1；如果炮台被敌人撞击一次，则变量“生命值”增加 -1，也就是减少 1。游戏的结束条件为当计时器大于 60 秒或生命值小于 1 时，则游戏结束。

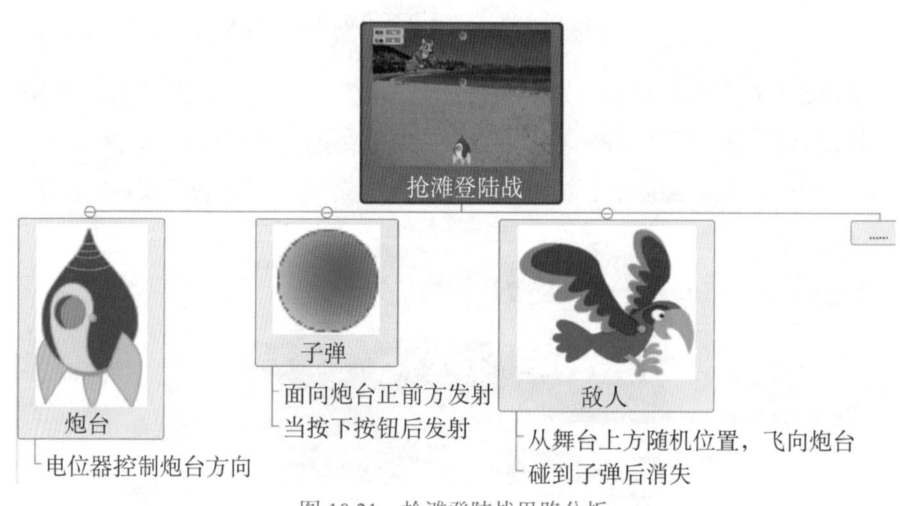

图 10.21　抢滩登陆战思路分析

2. 面向角色分析

表 10.2 是面向角色分析表，该表中呈现的是部分关键脚本，完整的脚本将

在后面的脚本设计板块进行详细介绍。

表 10.2　面向角色分析表

	名称	事件	脚本：自然语言	脚本：Scratch 模块
背景				
角色	炮台	单击绿旗	（1）计时器、得分归零，生命值设定为 10 （2）碰到 3 个敌人中的任何一个，则生命值增加 -1 （3）生命值小于 1 或计时器大于 60，游戏结束并汇报得分	敌人1 敌人2 敌人3 生命 -1 2 当接收到 游戏开始 计时器归零 重复执行 如果 计时器 > 60 或 生命 < 1 那么 说 合并 得分: 与 得分 停止 角色的其他脚本
	子弹	单击绿旗	按下一次，则发射一颗子弹，松开后一直等待	重复执行 在 数字口 4 = 1 之前一直等待
		克隆体启动	（1）显示 （2）方向与飞机方向一致 （3）碰到边缘隐藏并删除克隆体	面向 获取 方向 属于 炮台 方向 重复执行直到 碰到 边缘 ? 移动 20 步 删除本克隆体
	敌人 1	接收到广播	（1）从同一高度不同位置随机下落 （2）下落的速度随机变化 （3）随机下落到同一高度的不同位置隐藏 （4）子弹碰到该角色后，变量成绩的值增加 1 （5）在移动过程中切换造型	将 颜色 特效增加 在 1 到 10 间随机选一个数 * 25 移到 x: 在 -240 到 240 间随机选一个数 y: 160 在 在 1 - 4 间随机选一个数 秒内滑行到 x: 0 y: -160
	敌人 2 与敌人 1 的思路及脚本一致，敌人 3 没有切换造型部分脚本，其余部分与敌人 1 的思路及脚本完全一致			

10.3.1 炮台脚本设计

炮台的脚本主要是手柄控制飞机方向，将计时器归零，检测被敌人撞击后，“生命值”减少，游戏的结束条件也设计在炮台脚本里。

1. 初始化设置

位置初始化、方向初始化和生命值设定为 10，如图 10.22 所示。

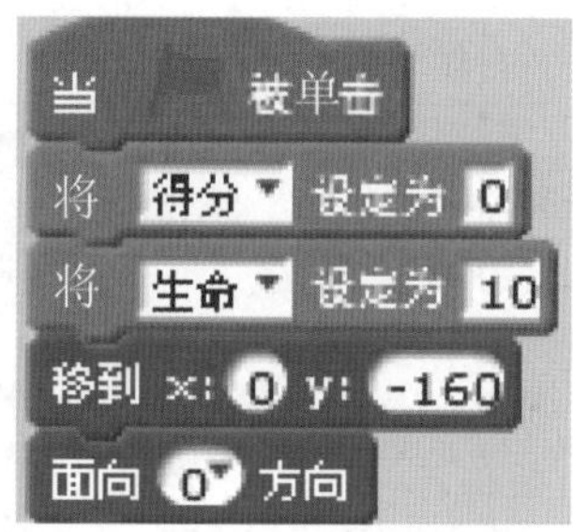

图 10.22 炮台的初始化脚本

2. 游戏开始前，设计倒计时

设计一个倒计时 3 秒，给玩家一个准备时间，倒计时结束后，再广播“游戏开始”，其他角色接收到“游戏开始”广播后，再开始游戏，如图 10.23 所示。

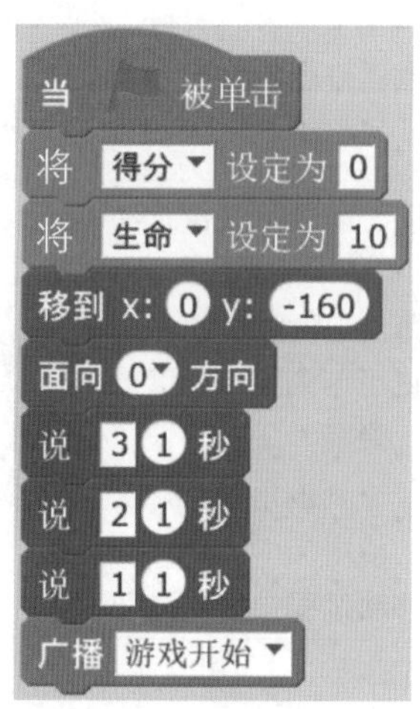

图 10.23 设计倒计时

3. 旋转电位器控制炮台的方向

图 10.24 描述了 mBlock 软件的方向定义。mBlock 软件的方向定义是以舞台上任意一点作为起点，绘制一条垂直线，这条线把平面内的方向，分成了左右两部分：正上方为 0°，顺时针旋转，逐渐增加角度，直到正右方为 90°，再往下旋转，直到正下方为 180°，这是右侧的部分；同样的，从正上方的 0° 出发，逆时针旋转，角色逐渐减少，直到正左方为 -90°，继续逆时针旋转，直到正下方的 -180°。这样的话，mBlock 角色的 180° 和 -180° 都为正下方。

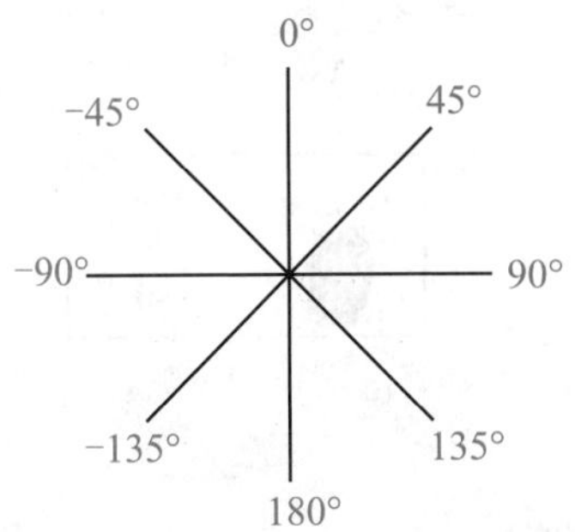

图 10.24　mBlock 软件的方向定义

图 10.25 是旋转电位器对应炮台的旋转范围。为确保游戏的可玩性，炮台角色的面向方向，只需要设定在正上方的 120° 范围内。根据图 10.24 中 mBlock 软件的方向定义，炮台方向的指向范围为 -60° ～ 60°。而手柄上选用的旋转电位器，传递到 mBlock 软件中的值的范围是 0 ～ 1023，所以，需要设计一个计算公式，将 0 ～ 1023 的变化值，类比到 -60 ～ 60 的范围，假设旋转电位器的值为 A，计算公式为 A ÷ 9-60，用 mBlock 模块表示如图 10.26 所示。

4. 如果炮台被敌人撞击，则生命值减少 1

图 10.27 是检测炮台被敌人撞击的脚本。为增加游戏的可玩性，生命值设计是必不可少的，好比人不可能长生不老一样。如果炮台碰到 3 个敌人中的任意一个，则生命值都要减少 1。

5. 游戏结束条件设计

再好玩的游戏，如果没有设计结束条件，也就是说，玩家可以一直玩下去，这样就失去了游戏的意义。因此，一款完整的游戏，必须设计一些适当的游戏结束条件。适当的游戏结束条件，也是增加游戏可玩性的因素之一。

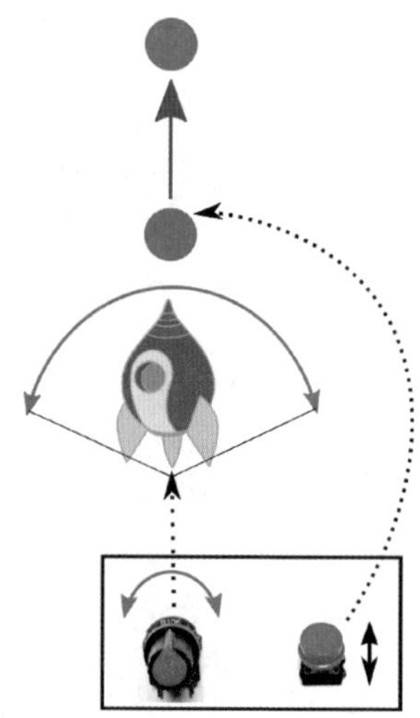

图 10.25　旋转电位器对应炮台的旋转范围

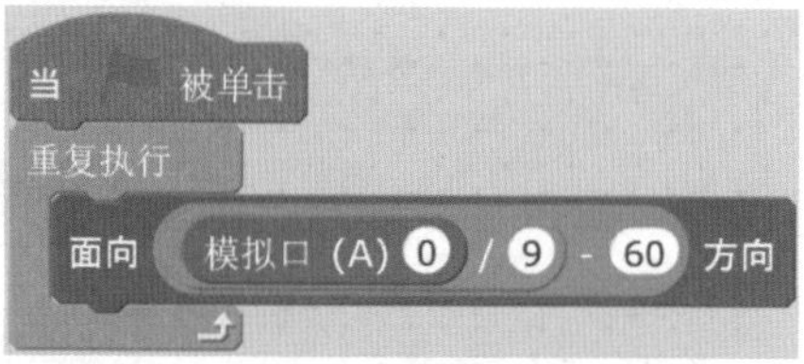

```
当 [绿旗] 被单击
重复执行
    面向 (模拟口 (A) 0 / 9 - 60) 方向
```

图 10.26　旋转电位器控制炮台方向脚本

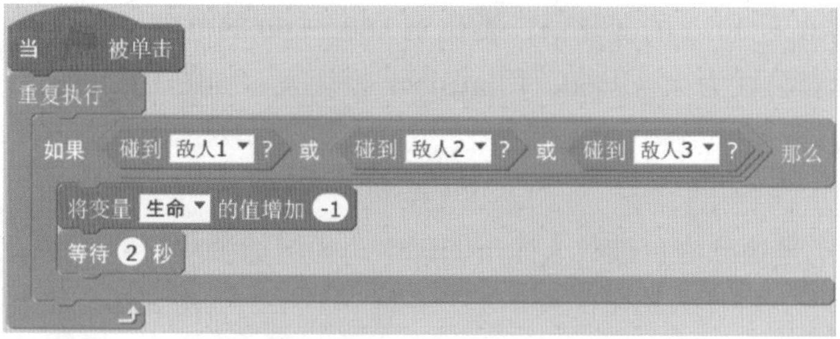

```
当 [绿旗] 被单击
重复执行
    如果 <<<碰到 敌人1 ?> 或 <碰到 敌人2 ?>> 或 <碰到 敌人3 ?>> 那么
        将变量 生命 的值增加 -1
        等待 2 秒
```

图 10.27　检测炮台被敌人撞击脚本

图 10.28 是游戏结束脚本设计。结束脚本从当接收到“游戏开始”广播后，才开始执行。首先计时器归零，接下来是重复执行：如果计时器大于 60 或生命值小于 1，那么游戏结束，同时汇报游戏成绩。

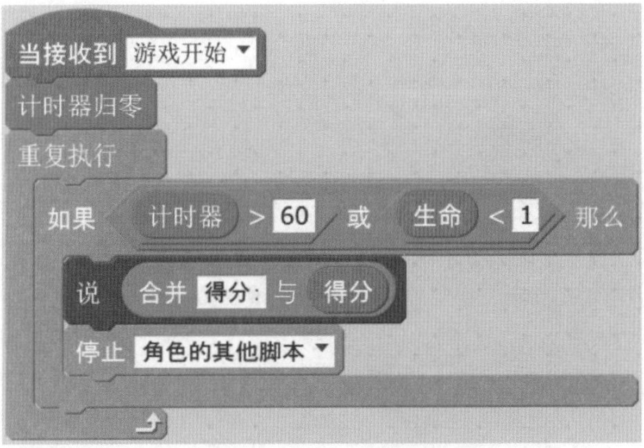

图 10.28 游戏结束脚本设计

10.3.2 子弹和敌人脚本设计

1. 按下手柄按键后，发射子弹

通过手柄上的按键，控制子弹发射，每按下一次发射一颗子弹。脚本如图 10.29 所示，脚本在单击绿旗后，重复执行，在数字端口按下前一直等待，直到连接在手柄 Arduino NANO 数字端口 D12 上的按键按下时，D12 端口为高电平，也就是 1，子弹执行“克隆自己”的脚本。

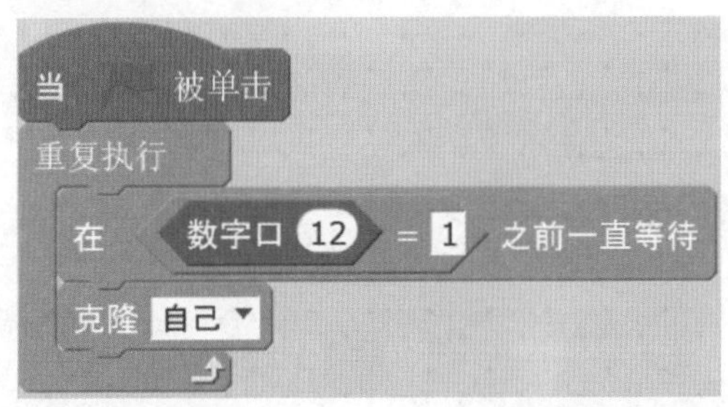

图 10.29 手柄控制发射子弹

子弹被克隆后，执行如图 10.30 所示的发射脚本，首先面向当前炮台面向的方向，再一直向前飞行，直到碰到舞台边缘，删除本克隆体，这一颗子弹发射完毕。这样的动作效果，完全符合真实子弹的飞行效果。

当作为克隆体启动时
移到 炮台
显示
播放声音 pop音效
面向 获取 方向 属于 炮台 方向
重复执行直到 碰到 边缘 ?
移动 20 步
删除本克隆体

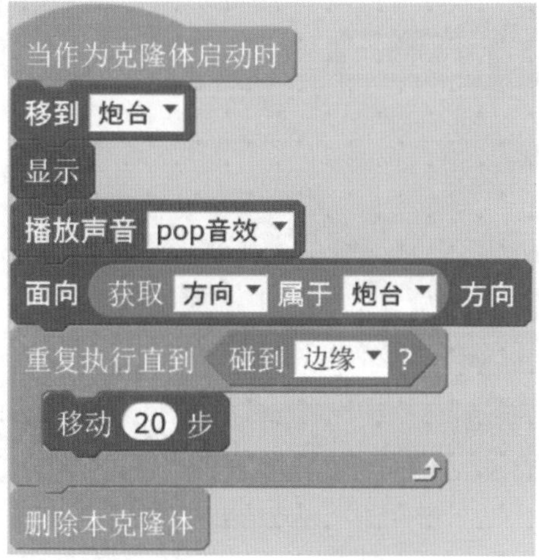

图 10.30　子弹向前发射

2. 敌人 1 脚本设计

射击类游戏，敌人是最重要的角色。在这里，为了增加游戏的视觉效果，将敌人的颜色特效设计成了随机效果。为了增加游戏的可玩性，将敌人 1 在舞台上方的出现位置，也设计为左右的随机位置。同样是为了增加游戏的可玩性，敌人 1 的飞行速度也通过 1 ～ 4 秒的随机数字来实现。完整脚本如图 10.31 所示，这样，“随机颜色 + 随机位置 + 随机速度”的三种随机效果，大大增加了游戏的可玩性。

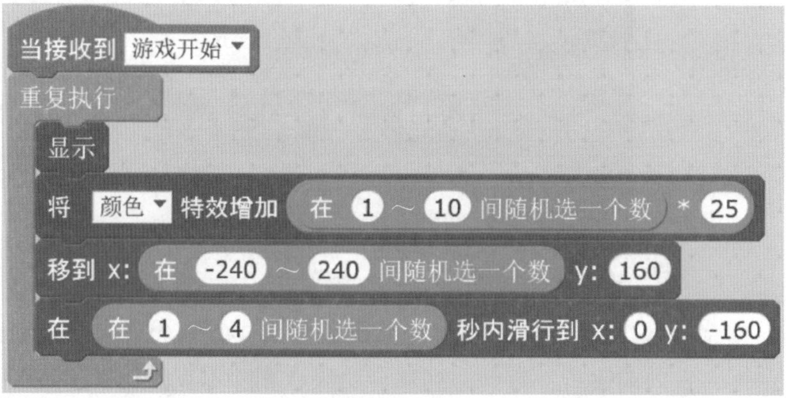

当接收到 游戏开始
重复执行
显示
将 颜色 特效增加 在 1 ～ 10 间随机选一个数 * 25
移到 x: 在 -240 ～ 240 间随机选一个数 y: 160
在 在 1 ～ 4 间随机选一个数 秒内滑行到 x: 0 y: -160

图 10.31　敌人飞行动作脚本

3. 敌人中弹后脚本设计

图 10.32 是敌人中弹后脚本设计。敌人中弹后，首先要“消失”，通过隐藏脚本实现，将变量“得分”的值增加 1。

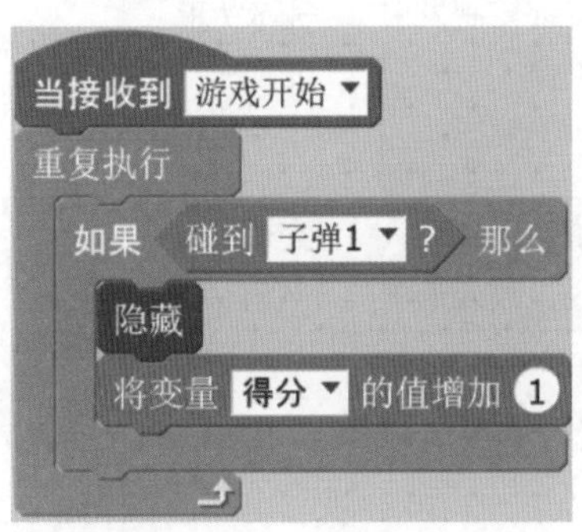

图 10.32　敌人中弹后脚本设计

敌人 2、敌人 3 与敌人 1 的设计完全一致，这里略过。

10.4　测试和优化

1. 测试

手柄控制抢滩登陆战的测试，可以按照如表 10.3 所示的几个方面进行逐项测试。

表 10.3　抢滩登陆战测试表

序　号	测试对象	调试内容	完成情况	改正建议
1	手柄上的电位器	电位器控制角色面向的方向	完成 / 未完成	mBlock 未连接 Arduino NANO 板；Arduino NANO 板未安装固件；电位器连接到 Arduino NANO 板上的端口与 mBlock 上调用的端口不一致

续表

序　号	测试对象	调试内容	完成情况	改正建议
2	手柄上的按键	按键控制发射子弹	完成 / 未完成	mBlock 未连接 Arduino NANO 板；Arduino NANO 板未安装固件；电位器连接到 Arduino NANO 板上的端口与 mBlock 上调用的端口不一致
3	Scratch 脚本	子弹碰到敌人后，敌人消失	完成 / 未完成	检查子弹和敌人的相应脚本
4	Scratch 脚本	子弹碰到敌人后，“得分” +1	完成 / 未完成	检查子弹和敌人的相应脚本
5	Scratch 脚本	敌人碰到炮台后，“生命” −1	完成 / 未完成	检查敌人和炮台脚本
6	Scratch 脚本	30 秒后游戏结束	完成 / 未完成	检查炮台脚本

2. 优化

经过测试和试玩，发现了抢滩登陆战还存在的一些问题，大体上可以从以下两方面进行优化：

（1）增加背景选择功能，以选择不同的战斗场景。

（2）增加子弹类型选择功能，进一步增加游戏的可玩性。

10.5 拓展应用

项目名称：打蝙蝠，如图 10.33 所示。

控制方式：电位器控制魔法师魔法棒方向，按键控制发射魔法弹。

结束条件：计时 1 分钟。

可玩性设计：蝙蝠从四面八方，以随机速度，飞向魔法师。魔法弹击中蝙蝠一次，“得分”+1；魔法师被蝙蝠咬伤一次，“生命值”-1。

图 10.33 打蝙蝠

10.6 相关资料

轻触开关类型很多，大小不同、按键帽不同等多种因素，决定了需要设计出很多种型号，才能满足不同场合的需要。

10.6.1 轻触开关尺寸

轻触开关外形一般是矩形的，所以行业内用 X×Y×H 来表示轻触开关的尺寸规格。常见的型号有 4.5mm×4.5mm、6mm×3.5mm、6mm×6mm、6.6mm×6.6mm、8mm×8mm、10mm×10mm、12mm×12mm。

12×12×8 轻触开关是指开关的最大外形的长和宽都是 12mm，总高度是 8mm。

12×12×9 轻触开关是指开关的最大外形的长和宽都是 12mm，总高度是 9mm。

12 × 12 × 12 轻触开关是指开关的最大外形的长和宽都是 12mm，总高度是 12mm。

轻触开关的高度是可以调节的，所以轻触开关的尺寸通常简写成 X × Y 形式，如 12 × 12 轻触开关。

轻触开关应用很广，包括影音产品、数码产品、遥控器、通信产品、家用电器、安防产品、玩具、计算机产品、健身器材、医疗器材、验钞笔、雷射笔按键等。

10.6.2 常见外形

常见的轻触开关分为两大类：DIP类，又称直插式；SMD类，又称贴片式。

（1）DIP 类（直插式）：DIP 类轻触开关如图 10.34 所示。

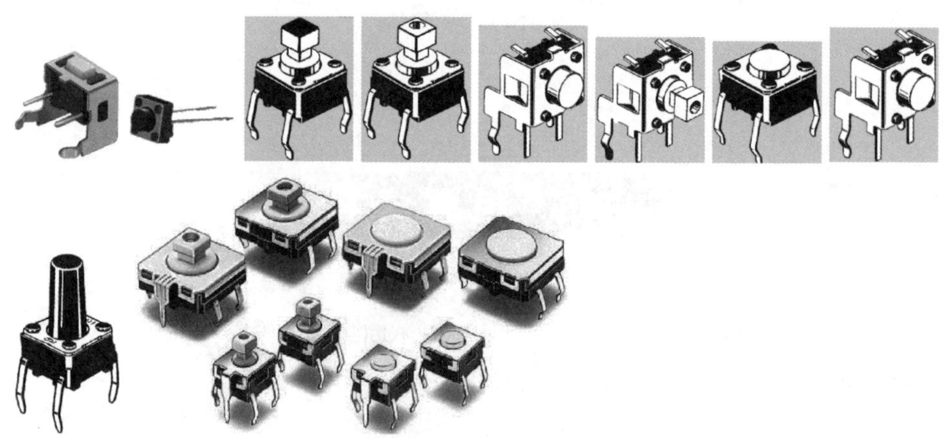

图 10.34 DIP 类轻触开关

（2）SMD 类（贴片式）：SMD 类轻触开关如图 10.35 所示。

图 10.35 SMD 类轻触开关

10.6.3 内部结构

小小轻触开关，内部结构也比较复杂，它的示意图如表 10.4 和图 10.36 所示。

表 10.4 轻触开关内部各部分名称

名　称	示　意　图	名　称	示　意　图
推柄		簧片	
盖板		本体和引脚	

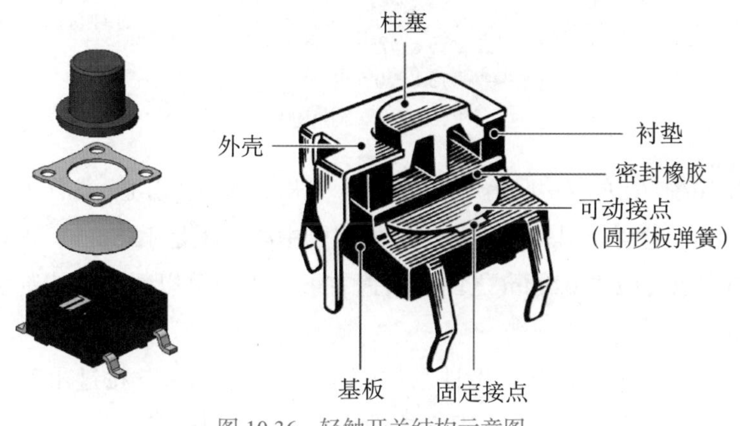

图 10.36 轻触开关结构示意图

10.6.4 安装尺寸和导通原理

了解一个电子元件，除了掌握电子元件的功能，典型应用之外，另一项重要内容是掌握该电子元件的安装尺寸，以便于进行 PCB 设计。

图 10.37 是按键的安装尺寸图。从该图中可以清楚地查找到，这款按键的同一侧引脚中心间距是 5 ± 0.2mm，中心间距意思是引脚中心线到中心线之间的

距离。± 0.2mm 的意思是误差范围在增加 0.2mm 或者减少 0.2mm 之内。

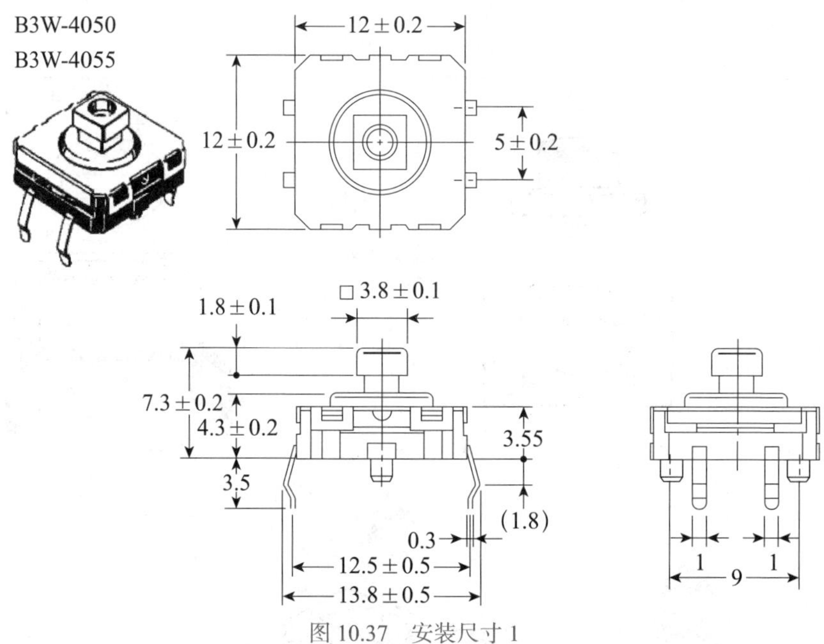

图 10.37　安装尺寸 1

从图 10.37 中的左下角小图可以看出，按键引脚之间的间距是 12.5 ± 0.5mm，意思是另一侧引脚之间的引脚中心间距是 12.5mm，误差范围在增加 0.5mm 或者减少 0.5mm 之内。根据右下角小图可以看出，按键引脚的宽度是 1mm。

更简单明了的 PCB 开孔设计图如图 10.38 所示，这款按键中部位置设计了两个定位孔，目的是进一步固定按键，在设计 PCB 时，必须预先设计好相应开孔。

图 10.38 中的右侧图是端子配置 / 内部接线图，轻触开关在电路中的作用是导通两端电路，根据电路常识，这样的导通功能只需要两个引脚即可，而轻触开关通常设计成了四个引脚，其主要目的是确保固定好按键。所以，轻触开关内部实际上有两对引脚是直接导通的。图 10.39 以横截面图的形式，形象地描述了轻触开关的导通原理，该图下方的导通原理示意电路图也准确地描述出了，轻触开关内部实际上是两两导通的。

印刷基板孔加工尺寸实例
（TOP VIEW）
（单向基板t=1.6）

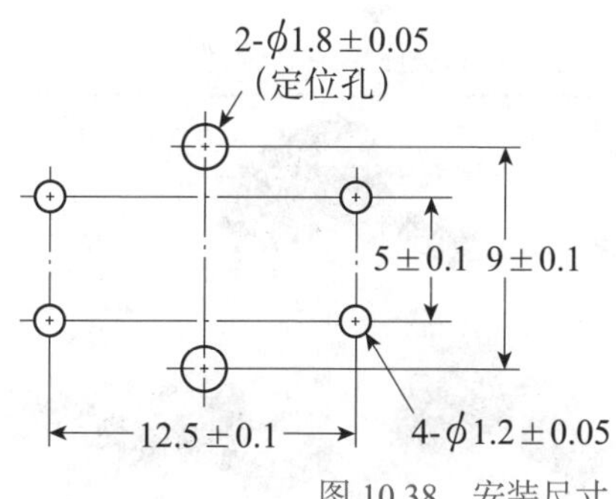

端子配置/内部接线图
（TOP VIEW）

图 10.38　安装尺寸 2

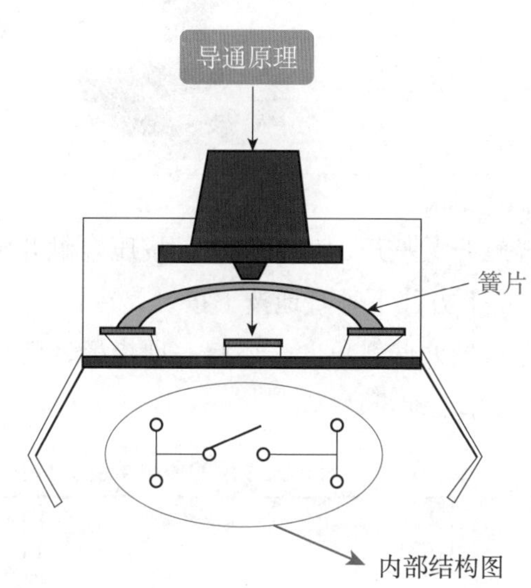

图 10.39　轻触开关导通原理

10.6.5　其他设计要点

图 10.40 为贴片轻触开关的焊接方法，这一点是通用技能。

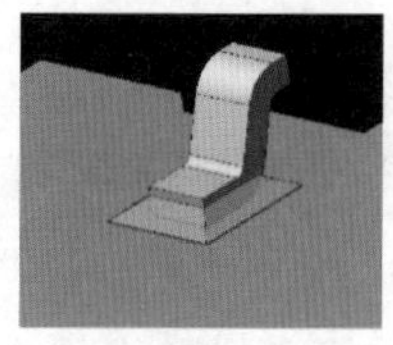

图 10.40　焊接方法

表 10.5 描述了轻触开关的按压点形状设计。一般的工业产品，轻触开关安装在

PCB 上后，在产品外壳上还需要设计相应的按压机构，以实现按压。常见的按压点形状设计包括十字形、平面形和圆柱形，根据实际使用需求，灵活选择。

表 10.5 轻触开关的按压点形状设计

十字形	
平面形	
圆柱形	

表 10.6 描述了轻触开关按压的偏斜角度。按压轻触开关时，不能保证使用者每次都从按键的正上方往下垂直地按下按键，在轻触开关的说明文档中，一般会进行说明允许的最大偏斜角度。还有一项指标，就是机械结构与按键之间的间距，一般情况靠近即可。

表 10.6 轻触开关按压的偏斜角度

偏斜角度	最大 3°	
机械结构与按键的距离	约 0.1mm	

图 10.41 为轻触开关电气性能表。在轻触开关说明文档中，还通常会介绍使用环境温度、湿度和电压等。

电气规格		DC5～24V 1～50mA（阻性负载）
使用环境温度		-25～+70℃ 60%RH以下（不结冰、凝露）
使用环境湿度		35～85%RH（+5～+35℃）
接点结构		1a（常开接点）
接触阻性		100mΩ以上（初始值）（DC5V 1mA通电）
绝缘电阻		100MΩ以上（DC250V兆欧表）
耐压		AC500V 50/60Hz 1min
外壳		5ms以下
振动	误动作	10～50Hz 双振幅1.5mm
冲击	耐久	最大1,000m/s^2
	误动作	最大100m/s^2
寿命		B3W-1000系列：100万次以上（1.57N型）、30万次以上（2.26N型） B3W-4000系列：300万次以上（1.96N型）、100万次以上（3.43N型）
质量		6mm方形：约0.3g、12mm方形：约1g

图 10.41　轻触开关电气性能

第 11 章

坦克大战（按键传感器）

本章将制作一个集成了 5 个按键传感器的手柄来玩坦克大战的游戏。其中左侧的 4 个按键分别控制坦克的上、下、左、右方向，右侧的一个按键控制子弹发射。

本章学习目标

- 硬件：掌握套装硬件手柄的连接和电子元件 DIY 传感器板的使用
- 软件：5 个按键传感器的识别和事件响应

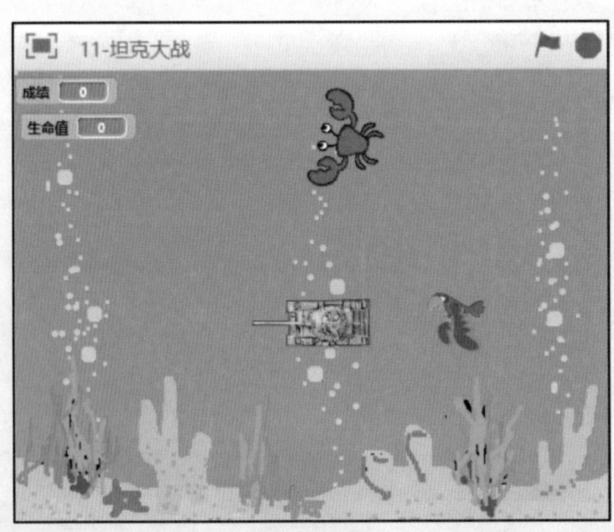

运行效果图

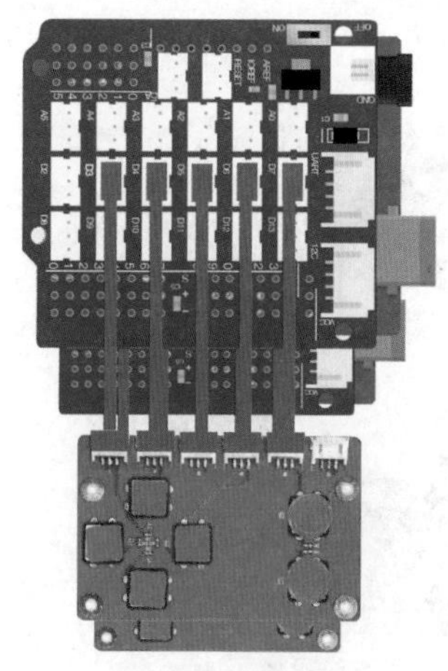

套装硬件连接图

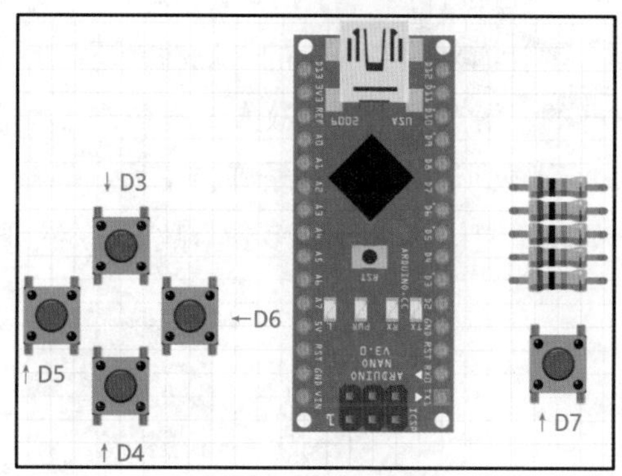

散件 DIY 原理图

还记得早些时候的电视游戏 *Tank* 吗？虽然画面比较单调，但还是深受很多人喜爱。这款游戏代表了一个年代，也是一款经典的互动电视游戏。

11.1 项目分析和制作硬件

坦克大战是一款用如图 11.1 所示的手柄来控制的坦克射击类游戏。其中，左侧的上、下、左、右这 4 个按键，分别控制坦克面向上方移动、面向下方移动、面向左方移动和面向右方移动。右侧的一个按键，控制坦克发射子弹。

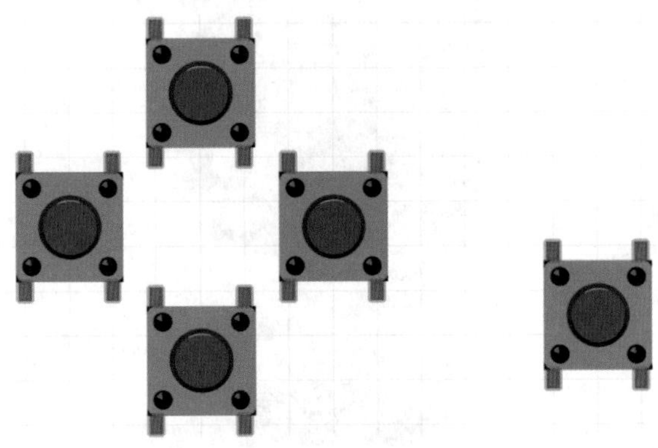
图 11.1　坦克大战控制手柄

图 11.2 是坦克大战项目设计图。有了手柄，就可以编写控制脚本，实现对坦克和子弹的控制了。要让游戏具有一定的可玩性，还需要设计一些敌人。敌人的动作设计大致是这样的：游戏开始后，敌人出现在舞台上的随机位置，面向随机方向，不断移动，直到碰到边缘或者被子弹击中后，隐藏起来，1 秒后重新出现在舞台随机位置，如此重复。不论设计多少个敌人，控制脚本都是一样的。

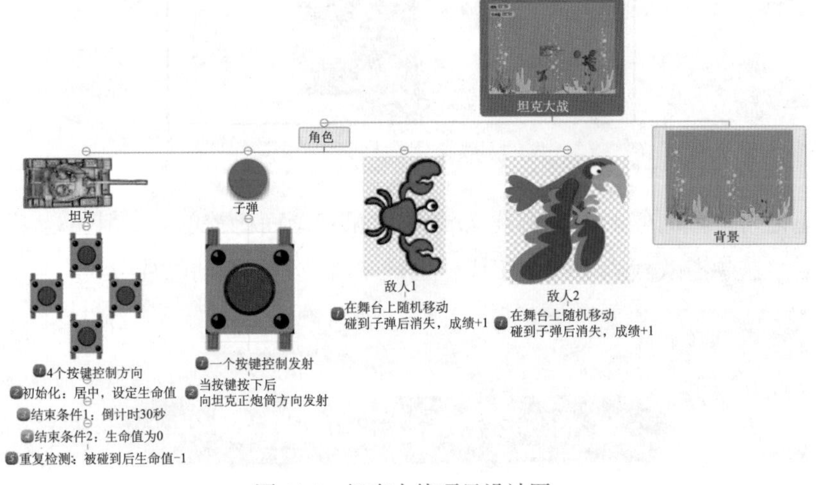

图 11.2　坦克大战项目设计图

从图 11.2 中可以看出，坦克大战项目的关键点是制作控制手柄，实现手柄控制坦克的移动和发射子弹。下面将分小节进行详细介绍。

11.2 制作硬件

11.2.1 套装硬件制作坦克大战手柄

在坦克大战游戏中，至少需要 5 个按键。如果全部使用按键模块，操作时是否有不方便感觉。每次按下按键，按键还可能移动或者脱落，出现故障，所以需要使用集成多个按键的手柄。图 11.3 是游戏手柄图，从该图中可以看到，这个手柄是将 6 个按键集成在了一张 PCB 板上，并分为了上、下、左、右、前、后这 6 个方向，可以按照设计，将 6 个按键的接口连接在外面程序里定义的接口中，从而在操作游戏时更加简单和方便。

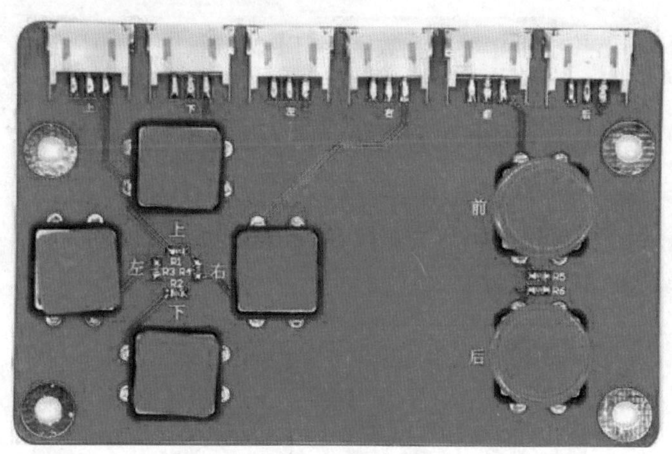

图 11.3　游戏手柄

在这个集成了 6 个按键的手柄中，我们可以看到每个按键都添加了一颗电阻，这颗电阻称为上拉电阻，作用是提高按键检测的灵敏度。

为什么要加一颗上拉电阻？

在默认情况下，Arduino UNO 板的数字端口处于悬空的状态，不清楚是高电平，还是低电平。在 mBlock 软件中，读取这些数字端口的值时，也是一个不确定的数值，可能是 0，也有可能是 1。

为了有效地避免出现这种不稳定的情况，在数字端口与 VCC 之间，串联了一颗 10kΩ 的上拉电阻。图 11.4 是上拉电阻原理图。当没按下按键时，数字端口 D2 经过电阻，导通到 VCC 端，D2 端口处于高电平状态，输出值为 1；当按下按键时，数字端口 D2 经过按键，导通到 GND 端，D2 端口处于低电平状态，输出值为 0。

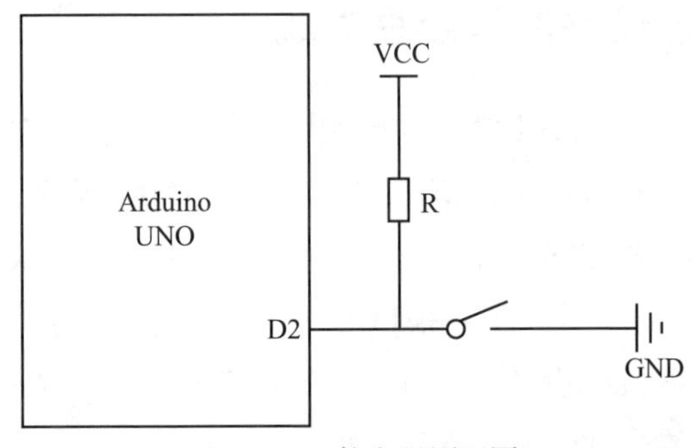

图 11.4　上拉电阻原理图

下拉电阻与上拉电阻相反，将数字端口 D2，通过一颗电阻连接到 GND 上，让接口在默认状态下，读取到的是一个低电平，也就是数值 0，那么这个被连接在 GND 上的电阻就被称作下拉电阻。图 11.5 是下拉电阻原理图。当没按下按键时，数字端口 D2 经过电阻，导通到 GND 端，D2 端口处于低电平状态，输出值为 0；当按下按键时，数字端口 D2 经过按键，导通到 VCC 端，D2 端口处于高电平状态，输出值为 1。

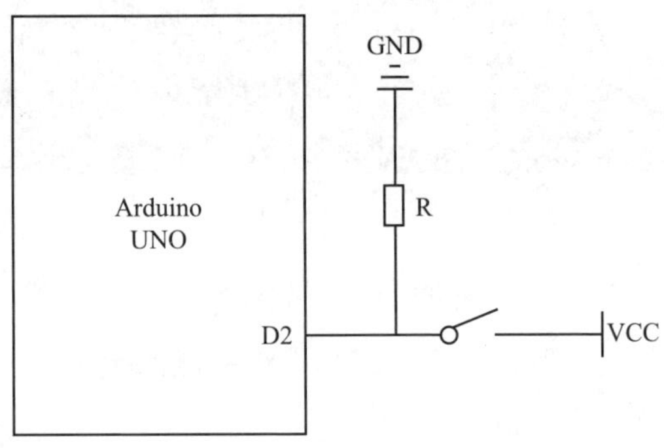

图 11.5　下拉电阻原理图

1. 材料清单

使用套装硬件制作坦克大战手柄的主要材料如表 11.1 所示。

表 11.1 坦克大战手柄材料清单

材料名称	图　片	数　量	用　途
Arduino UNO		1 张	主控器用于写入程序接收外界信息，或者控制连接在它上面的设备
Arduino 扩展板		1 张	侦测微动开关是否为按下的状态，并实时发送给 mBlock 软件
3P 连接线	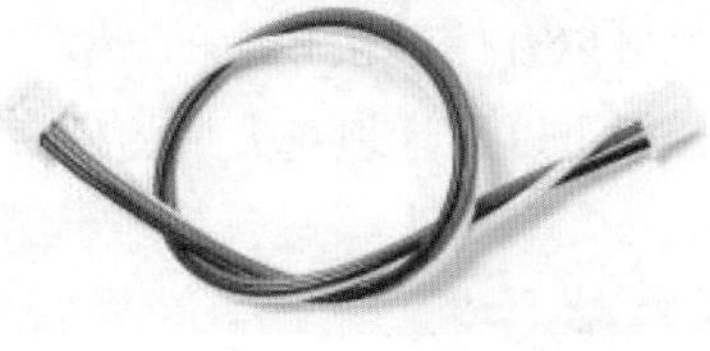	5 根	带防反接口的连接导线，防反接口的作用是，防止接错导线，导致烧坏主控板
USB 连接线		1 根	连接 Arduino UNO 主板和计算机

续表

材料名称	图　片	数　量	用　途
按键手柄		1 块	通过 3P 连接线连接 Arduino 扩展板及 Arduino UNO 主板，板载 6 个按键作为输入设备

2. 模块连线图

表 11.2 是端口安排表。在设计一个互动项目时，需要先设计端口安排，以确定 Arduino UNO 的每个端口的用途。

表 11.2　端口安排表

Arduino UNO 端口	功能设计
数字端口 3	向上
数字端口 4	向下
数字端口 5	向左
数字端口 6	向右
数字端口 7	发射

设计好相应端口的用途后，就可以开始连接相应的导线了，硬件连接示意图如图 11.6 所示。连接好导线后，就可以设计坦克大战的程序了。

11.2.2　散件 DIY 坦克大战手柄

坦克大战手柄需要用到 5 个按键开关，该手柄是本书中使用按键开关最多的手柄。因为每一个按键开关，都要对应一颗拉低电阻，共需要 5 颗电阻。这样的话，坦克大战手柄共需要 10 个电子元件了，在本书中是使用元件最多的项目。

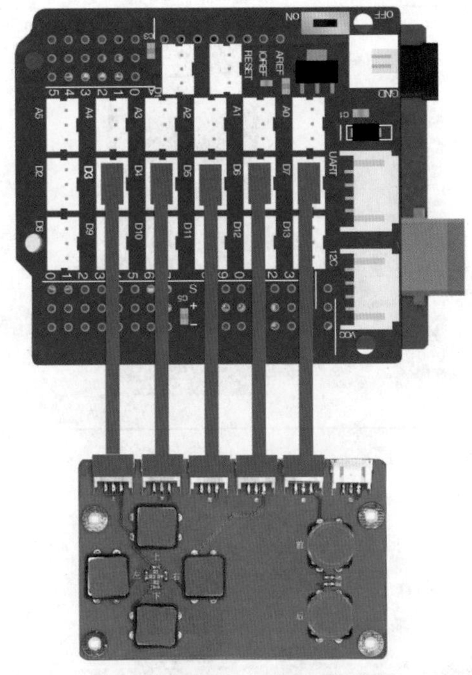

图 11.6　坦克大战手柄连线图

1. 元件布局和加工手柄底板

图 11.7 是坦克大战手柄原型设计图。坦克大战的控制手柄中间是 Arduino NANO 板，负责向 mBlock 端实时侦测和发送每个端口的电平值；左侧设计了 4 个按键，分别连接到 Arduino NANO 板的 D3、D4、D5 和 D6 端口上（D3 是指 Arduino NANO 板上的数字端口 3，其他雷同），这 4 个按键将分别用于控制坦克的向上、向下、向左和向右移动；右侧设计了一个按键，连接到 Arduino NANO 板的 D7 端口上，用于控制坦克发射子弹。

设计好元件后，下面开始制作手柄的底板。将电子元件实物按照图 11.7 中的原型设计图在 PVC 底板上进行摆放，摆放好后的图如图 11.8 所示。然后在 PVC 底板上画出元件的摆放位置，再用美工刀刻好元件的安装位置，刻好的 PVC 底板图如图 11.9 所示。最后放入元件，有不合适的元件孔位，可取下电子元件，用美工刀重新切割后，再放入元件即可。

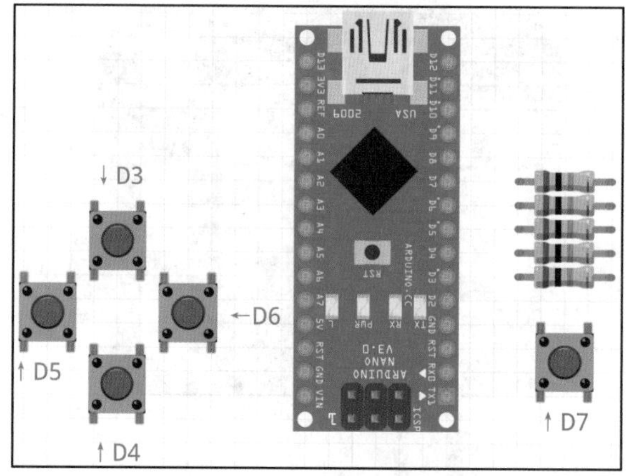

图 11.7　坦克大战手柄原型设计图

图 11.8　元件放置在 PVC 底板上

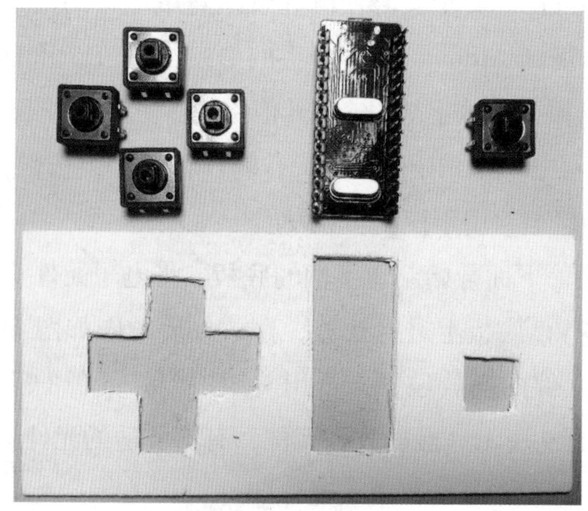

图 11.9　刻好的 PVC 底板

2. 粘结电子元件

PVC 底板加工好后，放入电子元件，然后，按照图 11.10 中的方法，用胶枪将电子元件粘接在 PVC 底板上，粘接好的手柄如图 11.11 所示。最后，在按键上安装好按键帽，结果如图 11.12 所示。

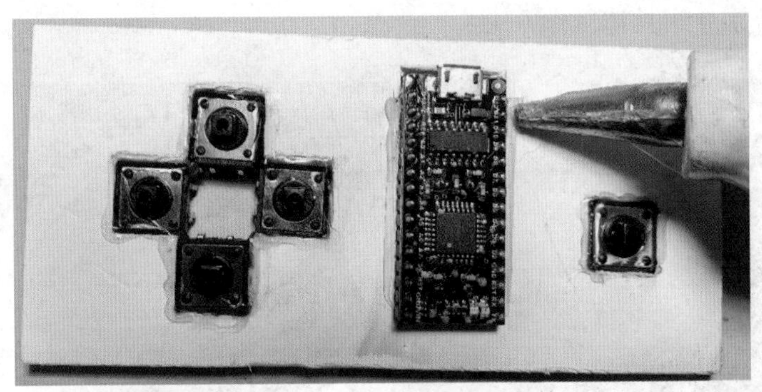

图 11.10　用胶枪粘接电子元件 1

图 11.11　用胶枪粘接电子元件 2

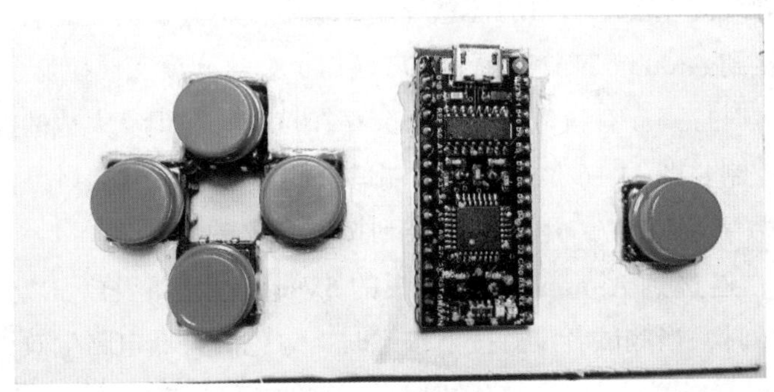

图 11.12　用胶枪粘接电子元件 3

3. 连接右侧的发射子弹按键的导线

手柄右侧只设计了一个按键，用于控制坦克发射子弹。这个按键的工作原理与左侧的 4 个按键相同，是 Arduino 应用中最典型的应用，包括端口的拉低和端口拉高，用到的连接导线是如图 11.13 所示的 ok 线，又称飞线、PCB 导线等。下面分别介绍具体制作方法。

图 11.13　ok 线

（1）拉低：图 11.14 是坦克大战手柄的电路原理图，从该原理图中可以看到，每一个按键都对应一颗拉低电阻。拉低是电子设计中常见的说法，意思是将端口串联一颗 10kΩ 左右的电阻，再连接到 GND 上。这样设计的目的，是让该端口在空闲时一直处于低电平状态。图 11.15 是拉低常见用法，我们先来看该图中绿色连线部分，这部分就是拉低部分。从 Arduino NANO 板的 GND 端口，连接导线到 10kΩ 电阻的任意一端（电阻是不分正负极的），再将电阻的另一端，连接到 Arduino NANO 板的 D7 端口上。这样就完成拉低了。

（2）按键时拉高：有拉低，当然就会存在拉高。在坦克大战的控制手柄中，拉高由按键控制。图 11.16 是“实验”端口拉低连接到 D10 端口上，将 Arduino NANO 板的数字端口 D7，用导线连接到按键开关的一个引脚上，再将该引脚的对角引脚，连接到 Arduino NANO 板的 5V 端口上，这样，D7 端口就拉高了。上电测试时，当测试者没有按下按键时，绿色的拉低电路生效，D7 端口处于低电平状态；当测试者按下按键时，红色的拉高电路生效，电流从 Arduino

NANO 板的 5V 引脚，传输到按键，按键此时是按下的，处于导通状态，电流经过按键，连接到 Arduino NANO 板的 D7 端口，D7 端口变成高电平状态。当测试者松开按键时，红色导线的拉高电路失效，绿色导线的拉低电路生效，D7 端口又回到低电平状态。用这种瞬间的高电平，mBlock 软件端识别出后，再进行相应动作设计。

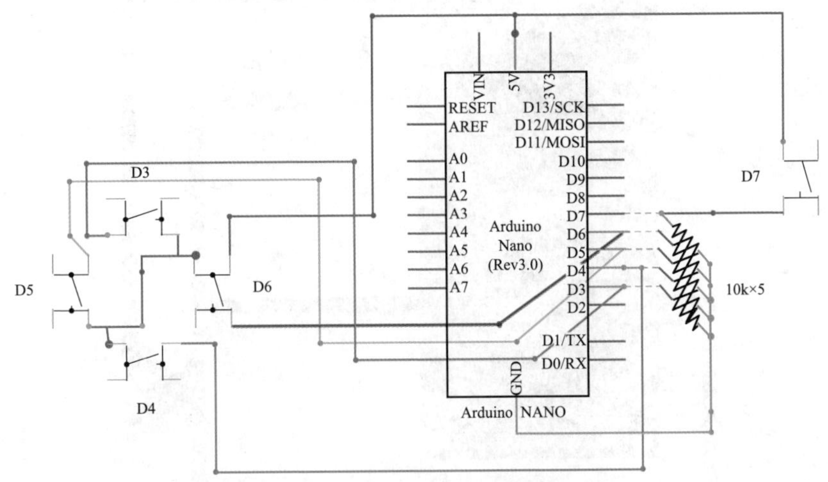

图 11.14 坦克大战手柄电路原理图

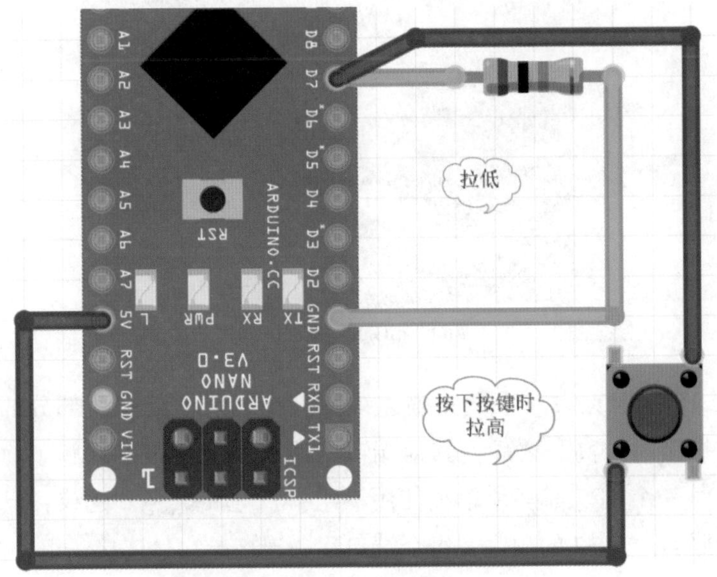

图 11.15 拉低常见用法

图 11.17 是“实验”mBlock 软件中调用 D10 端口。从图 11.16 和图 11.17 中不难发现，其实，也可以连接到除数字端口 13 之外的其他数字端口，在 mBlock 软件端设计程序时，调用相应的端口号即可。如连接到数字端口 10，mBlock 软件端改为调用数字端口 10 即可。

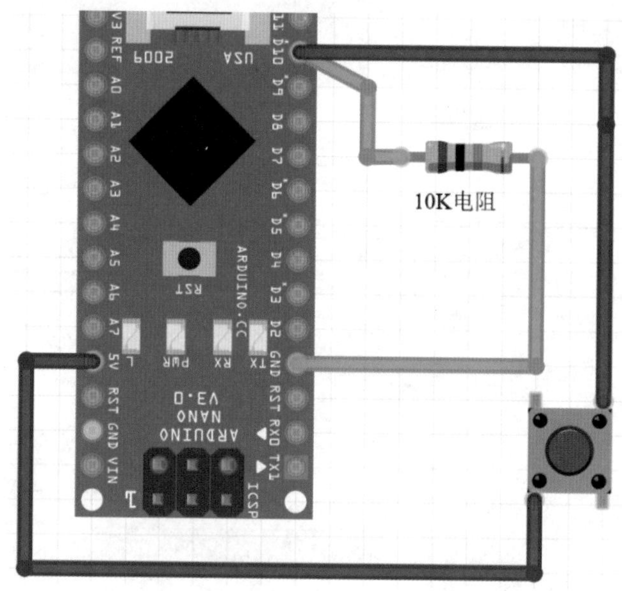

图 11.16 “实验”端口拉低连接到 D10 端口上

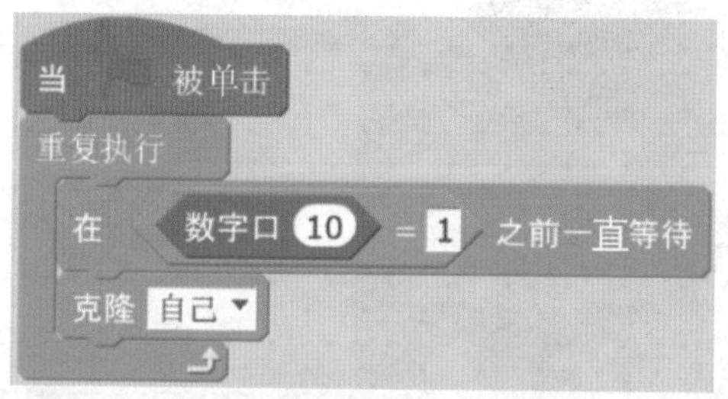

图 11.17 “实验”mBlock 软件中调用 D10 端口

图 11.18 是坦克大战手柄完整连线图。在理解了前面两部分的“端口拉低”和“按键时拉高”之后，其他端口的连线原理也很好理解了。要特别注意的是，每一个端口都必须单独使用一组拉低电路。强烈建议：具体连接导线时，按照 D3 ~ D7 的顺序，每个端口逐一连接导线，连接一组，测试一组，以有效防止出错和便于快速排错。

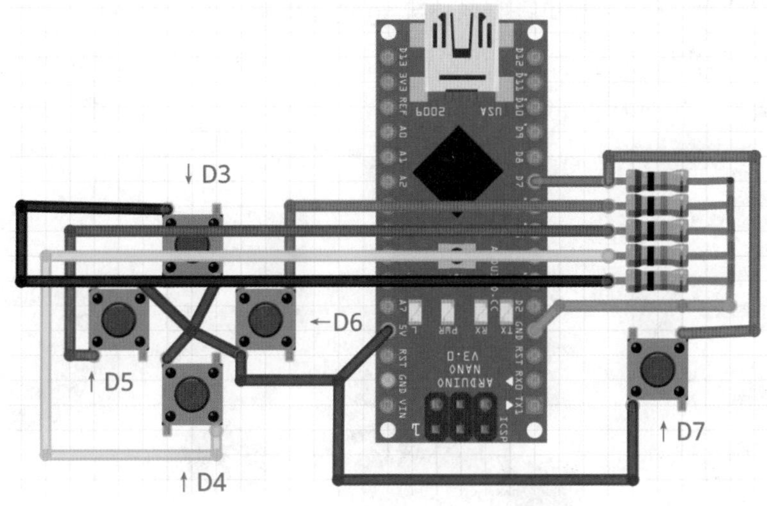

图 11.18　坦克大战手柄完整连线图

4. 连接左侧的 4 个按键

参照如图 11.18 所示的坦克大战手柄完整连线图，将手柄左侧的上、下、左、右这 4 个按键分别连接到 Arduino NANO 板上的 D3、D4、D5、D6 端口。连接好所有导线之后的手柄背部图如图 11.18 所示。

11.3 设计软件

设计软件部分，将先介绍整个项目的设计思路，再逐一介绍各部分的具体制作细节。

1. 坦克大战整体思路分析

图 11.19 是坦克大战思路分析图。坦克大战是一个兼具防守和进攻两种模式的游戏，坦克既要避免碰到敌人，又要发射子弹射击敌人。

在坦克大战游戏中，坦克发射子弹射击螃蟹和鹦鹉，如果坦克碰到螃蟹和鹦鹉，则生命值增加 -1；若子弹碰到螃蟹和鹦鹉，则螃蟹和鹦鹉隐藏同时播放声音，则成绩增加 1；如果计时器超过 30 秒或生命值小于 1，则该游戏结束。

根据面向对象的思想，对坦克大战游戏做了如表 11.3 所示的坦克大战按角色分析表，以帮助大家理解每个角色应该完成的动作。表 11.3 中呈现的是部分关键脚本，完整的脚本将在后面的脚本设计部分进行详细介绍。

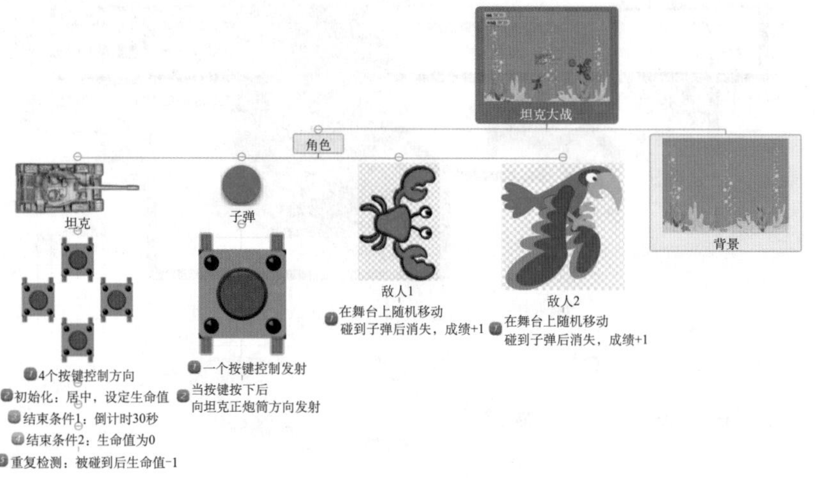

图 11.19　坦克大战思路分析图

表 11.3　坦克大战按角色分析表

背　景	添加一个背景			
角色	名　称	事　件	脚　　本	
			自 然 语 言	Scratch 模块
	坦克	单击绿旗	（1）计时器、成绩归零，生命值设定为 5 （2）碰到 Crab 或 Crab2 生命值增加 –1 （3）生命值小于 1 或计时器大于 30 秒，游戏结束	如果 碰到 Crab ? 或 碰到 Crab2 ? 那么 将变量 生命值 的值增加 -1 如果 生命值 < 1 那么 在 计时器 > 30 之前一直等待
	子弹	单击绿旗	（1）隐藏 （2）克隆自己 （3）硬件控制发射子弹	在 数字口 7 = 1 之前一直等待 克隆 自己

续表

背　景	添加一个背景			
角色	名称	事件	脚本	
			自然语言	Scratch 模块
	子弹	克隆体启动	（1）显示 （2）方向与坦克方向一致 （3）碰到边缘隐藏并删除克隆体	移到 未标题-1 面向 获取 方向 属于 未标题-1 方向 重复执行直到 碰到 边缘 ? 移动 20 步 隐藏 删除本克隆体
	Crab	单击绿旗	（1）在舞台上任意移动 （2）碰到子弹隐藏 （3）变量成绩增加 1 （4）播放声音 pop	将旋转模式设定为 任意 移到 舞台任意位置 面向 在 1 ~ 360 间随机选一个数 方向
	Crab2	单击绿旗	（1）在舞台上任意移动 （2）碰到子弹隐藏 （3）变量成绩增加 1 （4）播放声音 pop	将旋转模式设定为 任意 移到 舞台任意位置 面向 在 1 ~ 360 间随机选一个数 方向

2. 坦克脚本设计

坦克的脚本主要是进行“成绩”和“计时器”的归零，“生命值”的调整和判断游戏是否结束。

（1）初始化设置：每一次游戏开始时坦克出现在舞台中心位置，即坐标为（0, 0），同时将生命值设定为 5，即每次游戏重新开始时便获得 5 个生命，如图 11.20 所示。

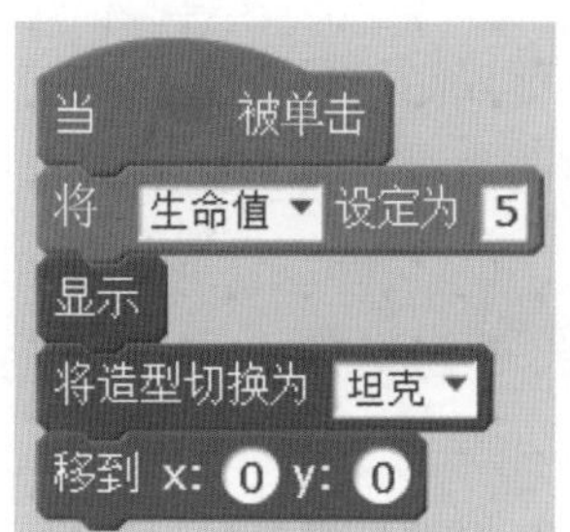

图 11.20　坦克初始化脚本

（2）当坦克被撞击：如果坦克碰到 Crab 或碰到 Crab2 一次，那么生命值增加 -1，如图 11.21 所示。

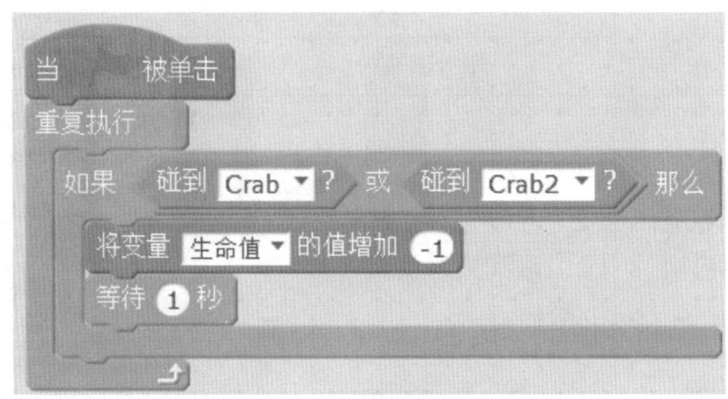

图 11.21　检测坦克被撞击脚本

（3）游戏结束条件：计时器大于 30 或生命值小于 1，则游戏结束，如图 11.22 所示。

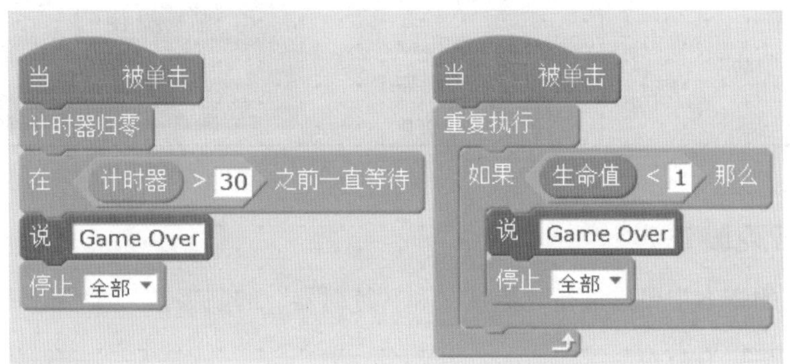

图 11.22　游戏结束条件脚本

3. 子弹脚本设计

子弹通过控制板上的按键控制，每按下一次按键后，子弹发射一次。这颗子弹发射出去后，将一直向前飞行，直到碰到舞台边缘。这种效果最好用“克隆”模块来设计。

（1）游戏开始时隐藏：单击绿旗游戏开始后，子弹隐藏，如图 11.23 所示。

（2）与硬件连接：与控制板端口 7 连接，当按下控制器即 7 号端口值等于

1 时开始克隆自己，并重复执行，如图 11.24 所示。

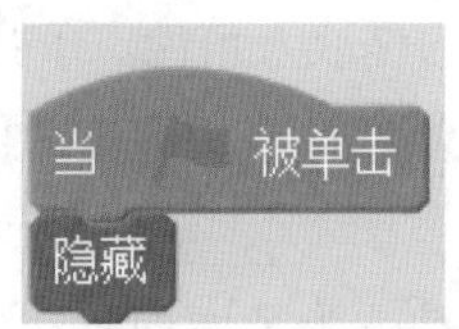

图 11.23　游戏开始时子弹隐藏

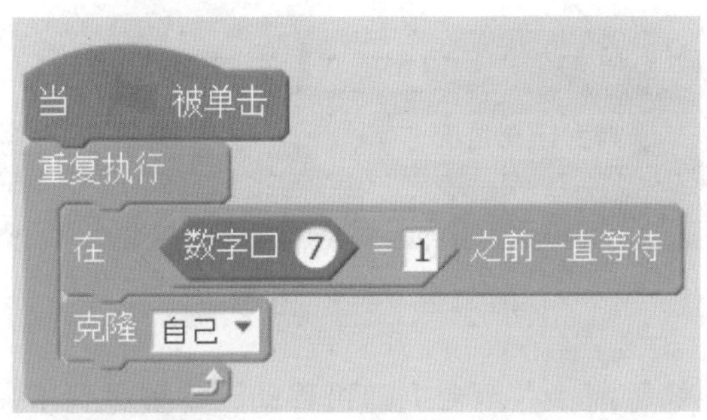

图 11.24　手柄上的按键控制子弹发射

（3）克隆自己：当作为克隆体启动时，子弹方向与坦克方向一致，如果碰到边缘则隐藏，同时删除克隆体，如图 11.25 所示。

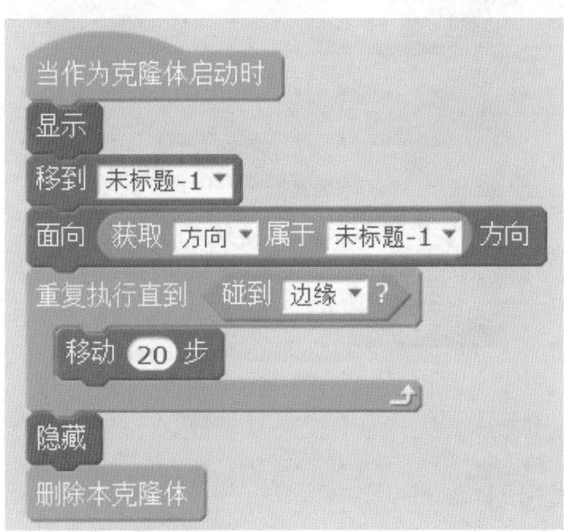

图 11.25　克隆体动作设计

4. 螃蟹脚本设计

螃蟹在坦克大战中，扮演的是敌人角色。子弹射中螃蟹可以取得比赛成绩，但如果坦克碰到螃蟹，生命值会增加 -1，即生命值减少 1，当生命值小于 1 时，则游戏结束。

（1）螃蟹在舞台上随机移动：为了增加游戏的可玩性，螃蟹需要出现在舞台上的随机位置，再面向随机方向移动，如图 11.26 所示。

图 11.26　螃蟹随机移动

（2）子弹击中螃蟹前，在舞台上随机移动。螃蟹碰到子弹后隐藏，播放声音 pop，同时，成绩增加 1，如图 11.27 所示。

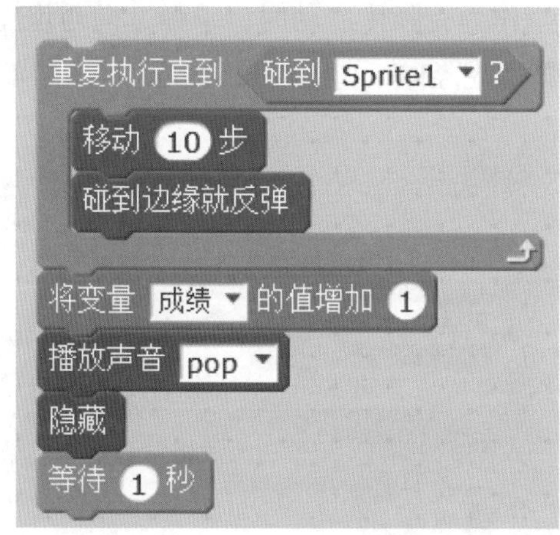

图 11.27　螃蟹被子弹击中后

5. 鹦鹉脚本设计

鹦鹉在坦克大战中，扮演的角色和螃蟹一致，都是敌人身份，其脚本设计与螃蟹完全一致，完整脚本如图 11.28 所示。

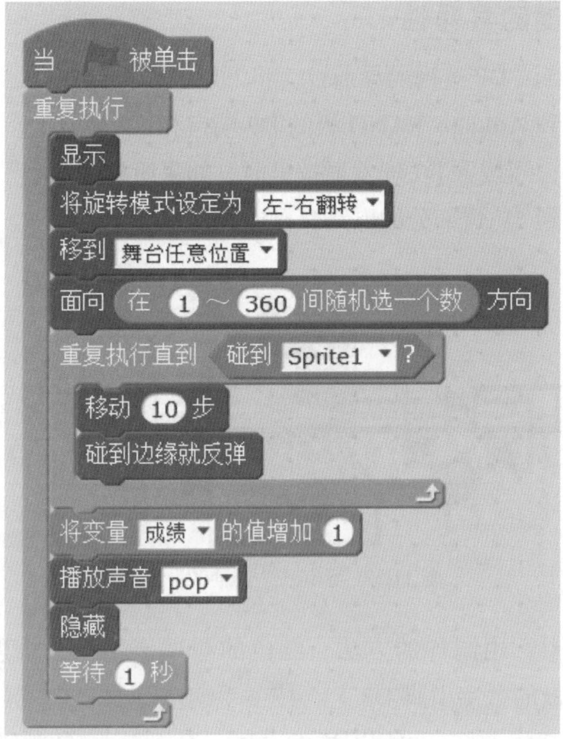

图 11.28　鹦鹉完整脚本设计

11.4　测试、优化和迭代

连接好所有导线后，就可以开始测试手柄了。

11.4.1　用万用表测试导通性

参照图 11.18，用万用表逐一测试手柄各引脚的导通性，再一次确认导线连接无误。

1. 测试按键的导通性

图 11.29 是测试 D7 按键的导通性。将万用表切换到测试二极管档，将两支测试笔，分别接到 Arduino NANO 板的 D7 端口和 5V 端口上，这时万用表应该没有"嘀嘀"声；当按下 D7 的发射按键时，如果听到"嘀嘀"声，说明 D7 引脚经开关，导通到 5V 这部分的电路，导通性良好。

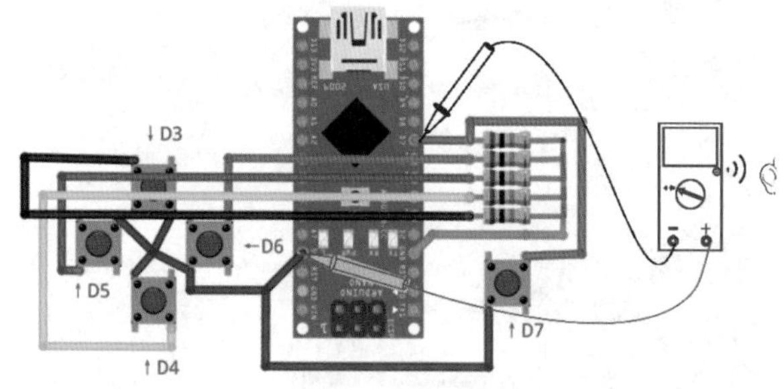

图 11.29　测试 D7 按键的导通性

在图 11.29 中，用同样的方法，红色的测试笔不动，将黑色测试笔接到 Arduino NANO 板的数字引脚 D3 上，按下手柄左侧的 D3 按键，如果听到"嘀嘀"声，说明导通性良好。再用同样的方法，逐一测试 D4 按键、D5 按键、D6 按键，直到全部测试通过。

2. 测试拉低电路

图 11.30 是测试拉低电路。将红色测试笔接在 Arduino NANO 板的 GND 端口上，将黑色测试笔逐一连接到如图 11.30 所示的电阻端。如果听到"嘀嘀"声，说明导通性良好。

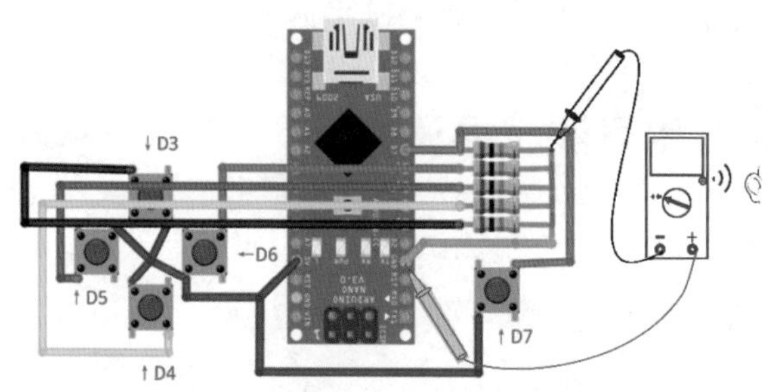

图 11.30　测试拉低电路

11.4.2 手柄控制角色的前提条件

手柄的硬件连接部分全部测试通过后，将手柄连接到计算机上，就可以打开编写好的程序开始测试了。

手柄控制角色的前提条件如下所示。

（1）Arduino NANO 板连接到计算机 USB 端口。

（2）连接串口。

图 11.31 是连接串口。打开 mBlock 软件端的连接菜单，再单击弹开的下一级菜单中的 COM 口即可连接。每台计算机连接的设备不同，COM 口的序号都不同，这个序号由计算机自动分配。不论什么序号，单击后，前面出现“√”的标志就说明连接好了。同时，mBlock 软件的标题栏上也有提示“串口已连接”字样。

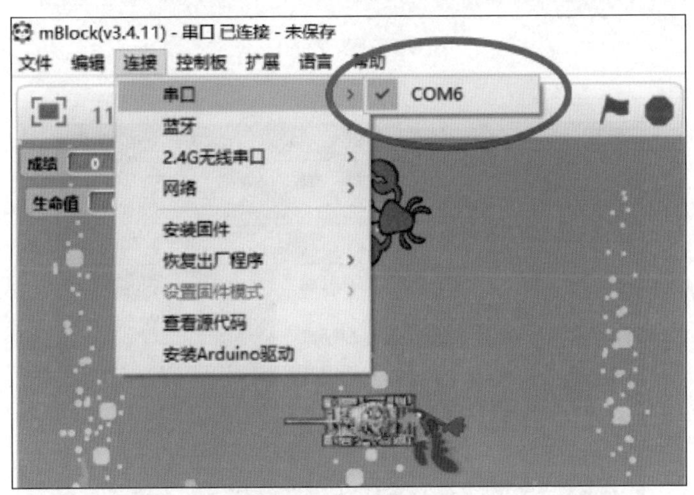

图 11.31 连接串口

（3）安装固件。

图 11.32 和图 11.33 是安装固件。确认连接好后，接下来是确认已安装固件。固件也是一段程序，作用是负责实时采集 Arduino NANO 板各端口的状态，并实时发送到 mBlock 软件。固件不用每次使用都安装一次，手柄上的 Arduino NANO 板第一次使用时才需要安装。在使用过程中，如遇到手柄功能异常，也可以重新安装固件试试。

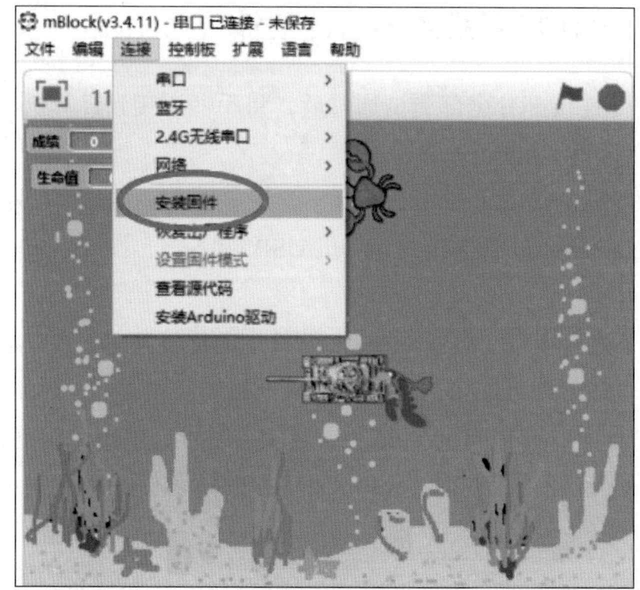

图 11.32　安装固件 1

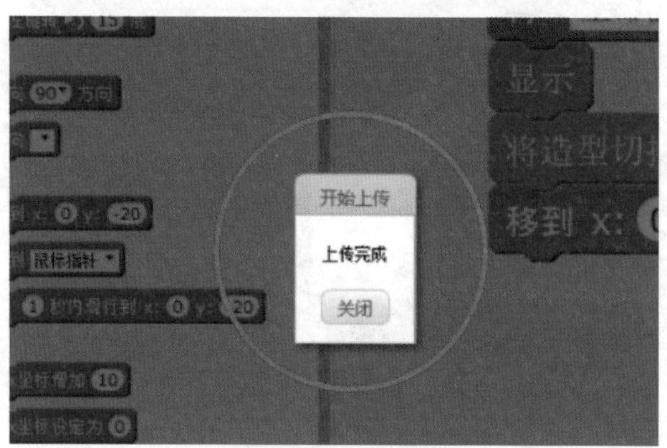

图 11.33　安装固件 2

11.4.3　测试按键

参照“连接好硬件——连接串口——安装固件——运行 mBlock 脚本”的流程，开始运行 mBlock 脚本，按照表 11.4 中的项目，逐一测试各按键功能。

表 11.4 坦克大战测试项目表

序 号	测试对象	调试内容	完成情况	改正建议
1	手柄上的上下左右按键	按下 D3 按键，坦克面向舞台上方，并向上移动 10 步。同样地，D4 按键控制向下、D5 按键控制向左、D6 按键控制向右	完成 / 未完成	mBlock 未连接 Arduino NANO 板；Arduino NANO 板未安装固件；按键连接到 Arduino NANO 板上的端口与 mBlock 上调用的端口不一致；硬件连接异常
2	手柄上的发射子弹按键	按键控制发射子弹	完成 / 未完成	
3	Scratch 脚本	敌人在舞台上随机飞行	完成 / 未完成	检查敌人的相应脚本
4	Scratch 脚本	子弹碰到敌人后敌人隐藏	完成 / 未完成	
5	Scratch 脚本	敌人碰到炮台后“生命”−1	完成 / 未完成	
6	Scratch 脚本	30 秒后游戏结束 / “生命值”小于 1 时游戏结束	完成 / 未完成	检查坦克脚本

11.5 拓展应用

任务：参照图 11.34，改进坦克大战。

控制方式：上、下、左、右这 4 个按键分别控制坦克向上、向下、向左、向右移动，而右侧的按键控制发射子弹。

游戏结束条件：底部中间的老鹰被敌人击毁；将敌军坦克全部击毁；红军坦克被敌军坦克击毁 5 次。

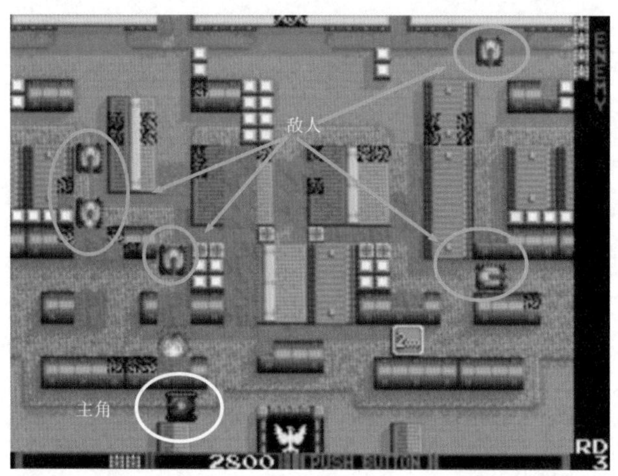

图 11.34　经典游戏《坦克大战》

相关资料：

坦克大战项目中控制手柄使用到的电子元件只有两种：第一种是 Arduino NANO 板；第二种是轻触开关，又称按键。关于轻触开关的相关资料详见第 10 章“抢滩登陆战”的相关资料部分。

第 12 章

雷电（按键传感器）

本章将继续使用第 11 章相同的传感器板，制作一款雷电游戏。

本章学习目标

- 硬件：掌握套装硬件手柄的连接和电子元件 DIY 传感器板的使用
- 软件：5 个按键传感器的识别和事件响应

运行效果图

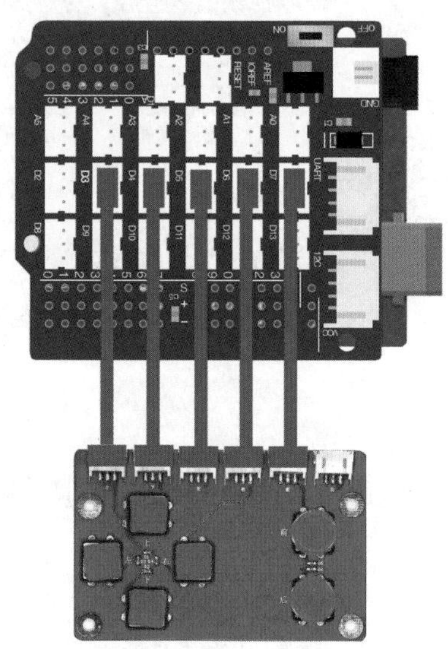

套装硬件连接图

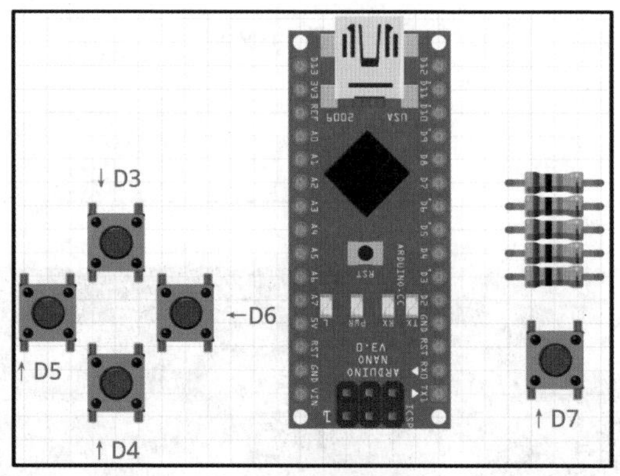

散件 DIY 原理图

12.1 项目分析和制作硬件

用手柄玩坦克大战、玩雷电，曾经迷住了好多小伙伴。游戏只是一个载体，从中可以看出，人对于控制机器的欲望是多么强烈，并且能够通过控制机器表达自己的创意，是多么有意思。

与坦克大战相似，雷电游戏的控制方式，同样是用如图 12.1 所示的手柄。其中左侧的上、下、左、右这 4 个按键，分别负责控制飞机向上移动、向下移动、向左移动和向右移动。右侧的一个按键，用于控制飞机发射子弹。正中间的 Arduino NANO 板，作用同样是负责实时监控各个端口的电平值，并实时发送到 mBlock 端。

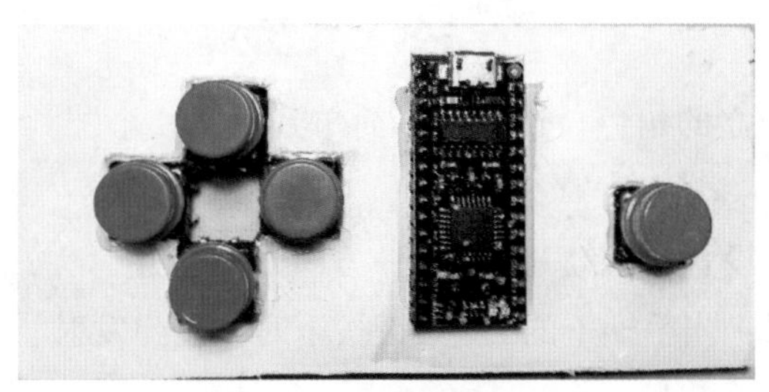

图 12.1　雷电控制手柄

12.1.1　飞机剧本分析

图 12.2 是雷电项目分析导图，从该图中可以看到，雷电项目背景选择璀璨星空，飞机选择一个适当的造型，飞机的控制脚本要实现的效果如下所示。

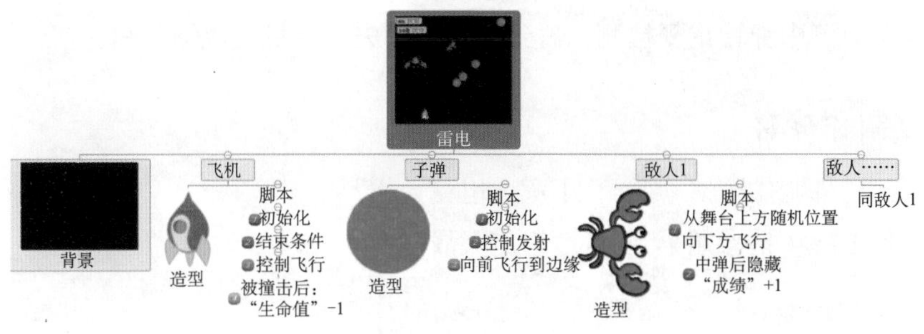

图 12.2　雷电项目分析

（1）初始化：包括设置程序刚开始运行时，飞机的位置、面向的方向、“生命值”的初始值等。

（2）设计结束条件：倒计时 60 秒后结束；生命值小于 1 时结束。

（3）设计控制方式：按下上键时，面向（0）向上方向；按下下键时，面向（180）向下方向；按下左键时，面向（-90）向左方向；按下右键时，面向

（90）向右方向。飞机一直向前方移动。

（4）设计被撞击后：飞机被敌人撞击后，飞机受伤了，“生命值”应该减 1。

12.1.2　子弹和敌人剧本分析

1. 子弹

子弹是一个独立的角色，造型可以简单到只是一个圆。子弹要实现的效果如下所示。

（1）初始化：设置“成绩”值为 0；方向面向上方。

（2）控制发射：当手柄上的 D7 按键按下时，子弹发射。

2. 敌人

敌人角色造型可由设计者自由选择，敌人的数量也可以自由安排，可复制多个敌人角色，更改造型即可。敌人的控制脚本都是一样的，包括以下功能。

（1）随机位置向下飞行：出现在舞台上方随机位置，向下飞行。

（2）随机速度向下飞行：随机速度滑行到舞台下方。

（3）重复飞行：有的造型可设计成飞行效果，如小鸟。

（4）检测中弹：重复检测，碰到子弹到消失，变量“成绩”+1。

3. 制作硬件

套装硬件制作（请参照第 11 章“坦克大战”）

散件 DIY（请参照第 11 章“坦克大战”）

12.2　设计软件

雷电游戏是比较复杂的游戏了，用手柄上的 4 个按键控制游戏主角飞机的移动，第五个按键发射子弹，子弹击中敌人，敌人碰到飞机，生命值等，下面慢慢进行分析。

12.2.1 整体思路分析

雷电游戏是第 12 章“坦克大战”的升级版，二者有异曲同工之处，如都需要用硬件控制子弹的发射；也有存在差异的地方，如将被射击对象数量从两个增加到三个，而且只有按下控制手柄才能发射子弹，思维更加缜密。接下来，我们一起来完成这个游戏的脚本设计。

雷电游戏的思路分析，如图 12.3 所示。在该游戏中，通过按下手柄发射子弹射击螃蟹、鹦鹉和蝙蝠。如果飞机碰到这三个角色中任意一个，则生命值增加 -1；如果这三个角色碰到子弹，则角色隐藏并播放声音，同时变量成绩的值增加 1；如果计时器超过 60 秒或生命值小于 1，则该游戏结束。游戏还进行了防作弊处理，只有当手柄按下时才能发射子弹，每按一次发射一颗子弹，飞机每碰到一次敌人，生命值增加 -1，即生命值减少 1。

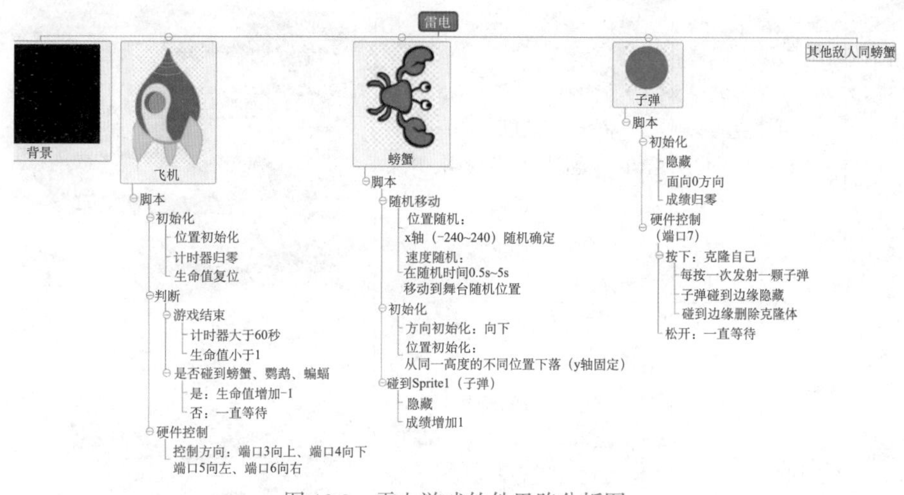

图 12.3 雷电游戏软件思路分析图

表 12.1 是雷电游戏分析表。该表对每个角色要完成的动作和关键脚本都进行了对比分析，完整的脚本将在后面的脚本设计板块进行详细介绍。

表 12.1 雷电游戏分析表

背 景	黑色星空			
角色	名 称	事 件	脚 本	
			自 然 语 言	Scratch 模块
	飞机	单击绿旗	（1）计时器、成绩归零，生命值设定为 5 （2）碰到 Crab、Crab2 或 Crab3 生命值增加 −1 （3）生命值小于 1 或计时器大于 60 秒，游戏结束	如果 碰到 Crab? 或 碰到 Crab2? 或 碰到 Crab3? 那么 将变量 生命值 的值增加 -1 在 碰到 Crab? 或 碰到 Crab2? 或 碰到 Crab3? 不成立 之前一直等待 在 数字口 5 = 1 之前一直等待 面向 -90 方向
	子弹	单击绿旗	（1）隐藏 （2）按下时克隆自己 （3）按下一次发射一颗子弹，松开后一直等待	在 数字口 7 = 1 之前一直等待 克隆 自己 在 数字口 7 = 0 之前一直等待
		克隆体启动	（1）显示 （2）方向与飞机方向一致 （3）碰到边缘隐藏并删除克隆体	当作为克隆体启动时 显示 移到 未标题-1 重复执行直到 碰到 边缘? 移动 5 步 隐藏 删除本克隆体
	Crab	单击绿旗	（1）从同一高度不同位置随机下落 （2）下落的速度随机变化 （3）随机下落到同一高度的不同位置隐藏 （4）播放声音 pop （5）子弹碰到该角色变量成绩的值增加 1 （6）在移动过程中切换造型	将 随机X轴 设定为 在 -240 到 240 间随机选一个数 移到 x: 随机X轴 y: 180 在 在 0.5 到 5 间随机选一个数 秒内滑行到 x: 随机X轴 y: -180
	Crab2、Crab3 与 Crab 的思路及脚本一致			

12.2.2 飞机脚本设计

分析完游戏后，接下来分别进行每个角色的脚本设计。

（1）初始化设置：位置初始化、方向初始化以及将生命值设定为 5，如图 12.4 所示。

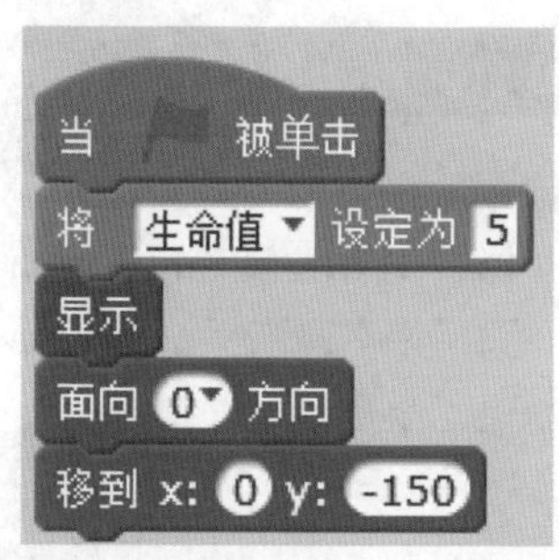

图 12.4 飞机初始化脚本

（2）检测被撞击，生命值减少 1：当坦克碰到 Crab、Crab2 或碰到 Crab3 一次，生命值增加 -1，完整脚本如图 12.5 所示。

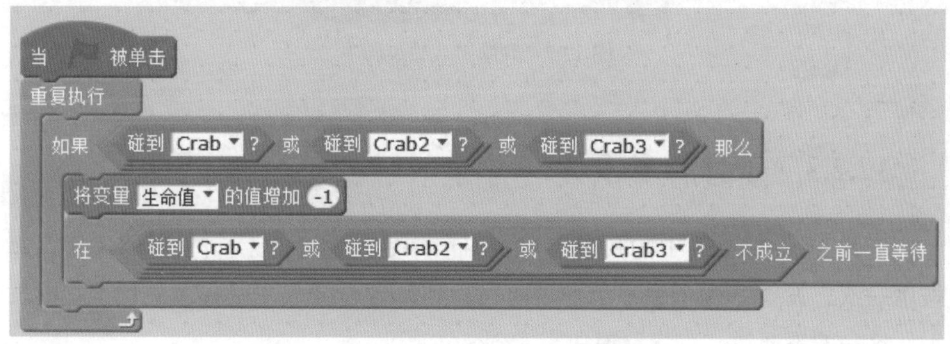

图 12.5 检测飞机被撞击脚本

（3）手柄控制飞机方向：端口 3 向上、端口 4 向下、端口 5 向左、端口 6 向右，如图 12.6 所示。

（4）判断游戏结束：计时器大于 60 秒或生命值小于 1，则游戏结束，如图 12.7 所示。

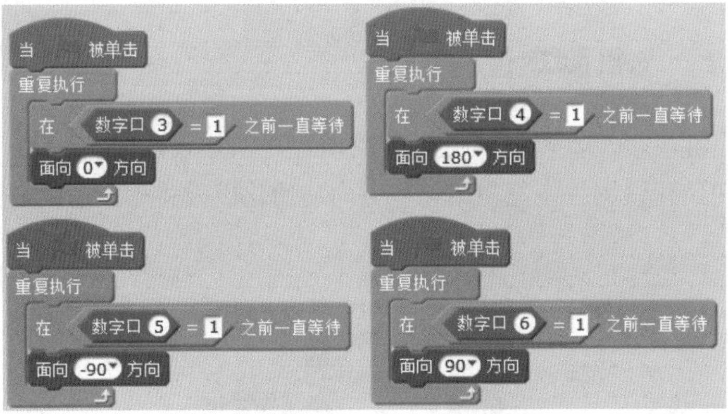

图 12.6　手柄控制飞机方向脚本

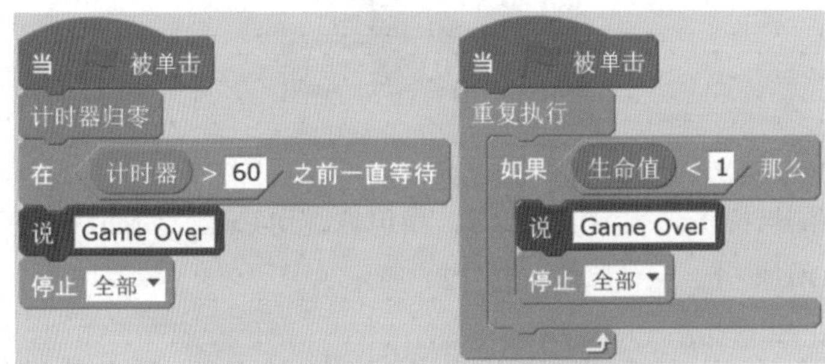

图 12.7　判断游戏结束脚本

12.2.3　子弹脚本设计

子弹在该Scratch中的角色名称为Sprite1，通过手柄控制子弹的发射，每按下一次，发射一颗子弹，子弹需要飞行到舞台边缘，才完成这一颗子弹的发射，这一效果通过“克隆”模块来实现。

（1）游戏开始时隐藏：单击绿旗游戏开始后，子弹隐藏，如图12.8所示。

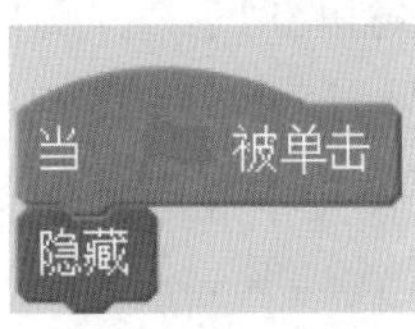

图 12.8　子弹隐藏

（2）手柄控制发射：手柄端口 7 用于控制子弹发射，当按下手柄 7 号端口连接后，子弹开始克隆自己，并一直飞行到舞台边缘，如图 12.9 所示。

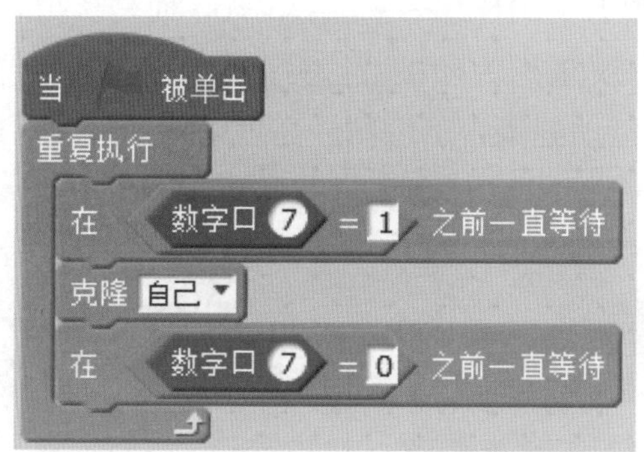

图 12.9　手柄上的右侧按键控制子弹发射

（3）克隆自己：当作为克隆体启动时，子弹方向与飞机方向一致，如果碰到边缘则隐藏，同时删除克隆体，如图 12.10 所示。

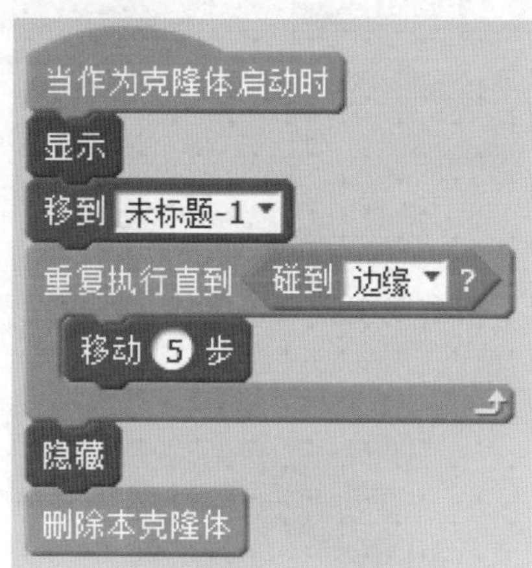

图 12.10　子弹克隆脚本

12.2.4　螃蟹、鹦鹉与蝙蝠脚本设计

螃蟹在该 Scratch 中的角色名称为 Crab，它在游戏中作为“被射击对象”和“游戏干扰者”。如果子弹射中螃蟹，则成绩增加 1；但如果飞机碰到螃蟹，飞机的生命值就会增加 -1，即生命值减少 1；当生命值小于 1 时，游戏结束。

（1）初始化设置：螃蟹的方向朝下，即面向 180° 方向。

（2）在舞台上随机移动：该游戏中螃蟹在舞台上的随机移动与坦克大战中不同，螃蟹不是从舞台上的任意一个位置出现，而是从相同高度的不同位置出现，即 y 坐标固定，x 坐标为随机数。另外，螃蟹在舞台上停留的时间也是随机变化的，它们运动到舞台下方同一高度的不同位置时隐藏，具体脚本如图 12.11 所示。

```
当 被单击
重复执行
  显示
  面向 180 方向
  将 随机X轴 设定为 在 -240 ~ 240 间随机选一个数
  移到 x: 随机X轴 y: 180
  在 在 0.5 ~ 5 间随机选一个数 秒内滑行到 x: 随机X轴 y: -180
  隐藏
  等待 1 秒
```

图 12.11　螃蟹随机移动

（3）造型切换：为了使游戏视觉效果更佳，螃蟹在移动过程中不断切换造型，如图 12.12 所示。

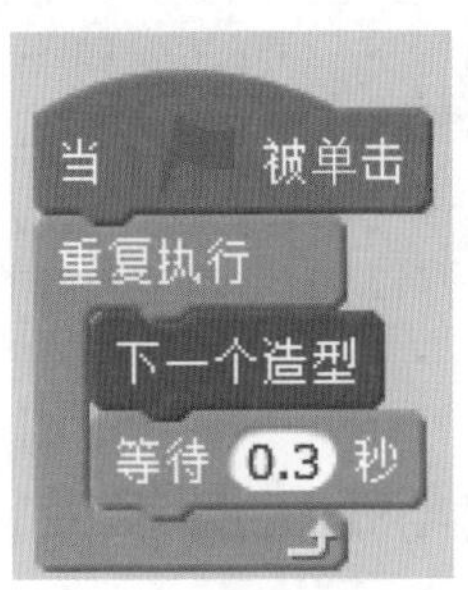

图 12.12　切换螃蟹造型

（4）螃蟹在碰到子弹前，在舞台上随机移动。螃蟹碰到子弹后隐藏，同时，变量“成绩”增加 1，脚本如图 12.13 所示。

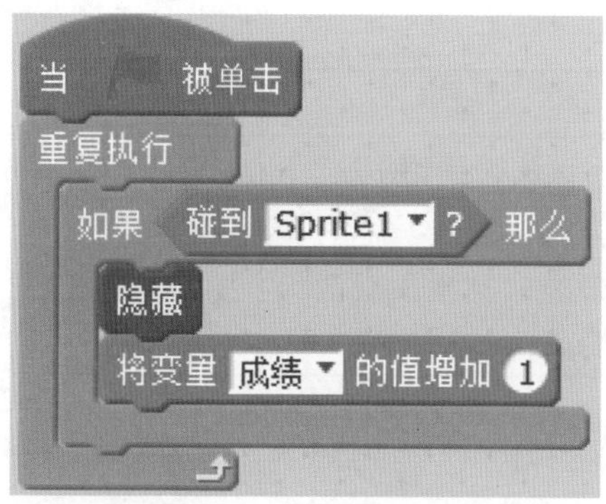

图 12.13　螃蟹碰到子弹

鹦鹉在该 Scratch 中的角色名称为 Crab2，蝙蝠在该 Scratch 中的角色名称为 Crab3，它们在游戏中担任的角色和螃蟹一致，既是“被射击对象”，又是“游戏干扰者”。其脚本设计与螃蟹完全一致。

至此，程序设计完成。

12.3　测试、优化和迭代

参照如表 12.2 所示的雷电项目测试表，逐一完成手柄功能的测试。

表 12.2　雷电项目测试表

序　号	测试对象	调试内容	完成情况	改正建议
1	手柄上的上、下、左、右按键	按下 D3 按键，飞机面向舞台上方移动；按下 D4 按键，飞机面向舞台下方移动；按下 D5 按键，飞机面向舞台左方移动；按下 D6 按键，飞机面向舞台右方移动	完成 / 未完成	mBlock 未连接 Arduino NANO 板；Arduino NANO 板未安装固件；按键连接到 Arduino NANO 板上的端口与 mBlock 上调用的端口不一致；硬件连接异常
2	手柄上的发射子弹按键	按键控制发射子弹	完成 / 未完成	

续表

序　号	测试对象	调试内容	完成情况	改正建议
3	Scratch 脚本	敌人从舞台上随机向下飞行	完成 / 未完成	检查 Scratch 的相应脚本
4	Scratch 脚本	子弹碰到敌人后敌人隐藏	完成 / 未完成	
5	Scratch 脚本	敌人碰到炮台后“生命”−1	完成 / 未完成	
6	Scratch 脚本	60 秒后游戏结束 / “生命值”小于 1 时游戏结束	完成 / 未完成	

12.4　拓展应用

任务：改进雷电游戏。

（1）将纵向的雷电游戏，改为如图 12.14 所示的横向的雷电游戏。

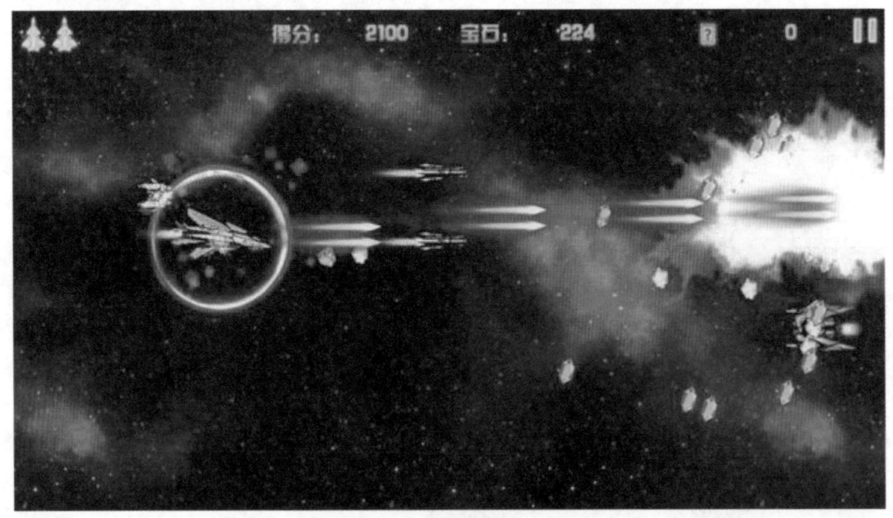

图 12.14　横向雷电游戏

（2）根据图 12.15 中的飞机机型，在增加雷电游戏中，增加飞机选择的功能。

图 12.15　飞机机型

相关资料：

雷电游戏使用的手柄和第 11 章的坦克大战是完全相同的，手柄上使用的电子元件也只有 Arduino NANO 板和轻触开关 5 个，关于轻触开关的相关资料详见第 10 章的抢滩登陆战的相关资料部分。

第 13 章 神箭手（直滑式电位器 + 按键）

本章将制作一款射箭游戏，使用直滑式电位器控制弓箭手的上下移动，按键传感器控制发射弓箭。

本项目可根据现有的材料情况，选择按键传感器或者触摸传感器。本书中采用触摸传感器。

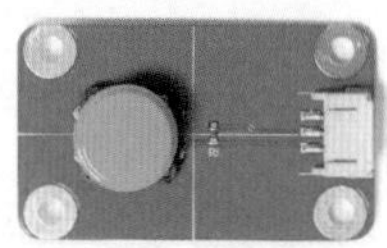

按键传感器

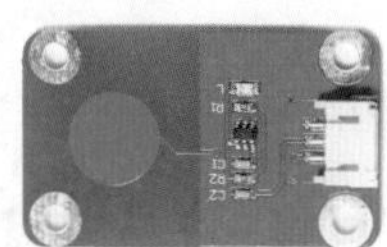

触摸传感器

本章学习目标

- 硬件：掌握套装直滑式电位器和电子元件 DIY 直滑式电位器的使用方法
- 软件：掌握直滑式电位器值的读取和使用

运行效果图

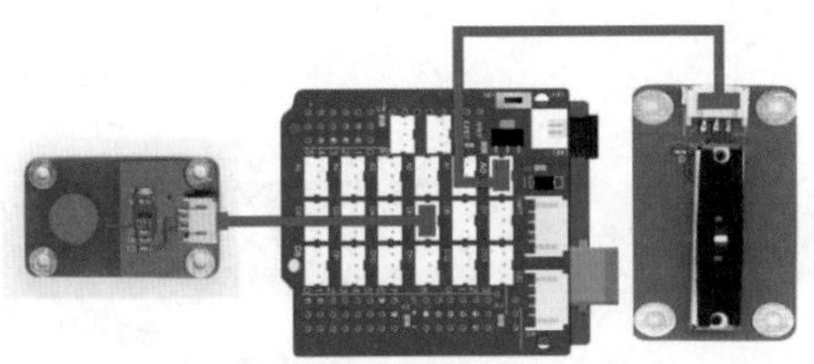

套装硬件连接图

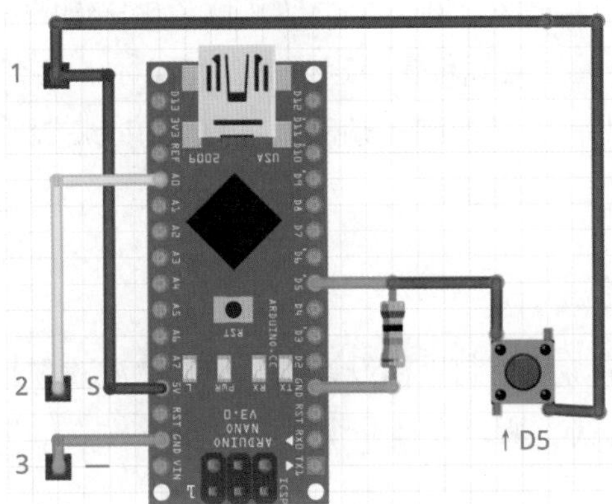

散件 DIY 原理图

图 13.1 是神箭手游戏进行中的图。神箭手是一款互动性很强烈的游戏，仅由两个电子元件就可以完美控制。玩家可以用滑杆电阻，控制弓箭手的上下移动，用按键控制发射箭。箭向右飞出，在飞行过程中射中气球，气球随即消失。如此重复，直到 30 秒后游戏停止，汇报射中的气球个数。

图 13.1　神箭手游戏进行中

13.1 项目分析和制作硬件

神箭手项目可以用键盘和鼠标来控制，可以用套装硬件做成合适的控制手柄来玩，也可以用电子元件自制一个手柄来玩。相比键盘和鼠标来说，用手柄来控制的游戏操作体验感会好很多，这是键盘和鼠标不能比的。

神箭手项目需要制作好控制手柄和设计好 mBlock 端的软件，两部分合在一起，才能玩起来。

1. 控制手柄设计

图 13.2 是神箭手游戏控制手柄设计图。神箭手游戏项目需要控制弓箭手的上下移动和伺机发射箭，所以设计一个可移动 5cm 左右的滑杆电阻，来控制弓箭手的上下移动。

发射弓箭可由一个按键来控制，当按下按键时，弓箭向右发射。每按动一次，发射一支箭。

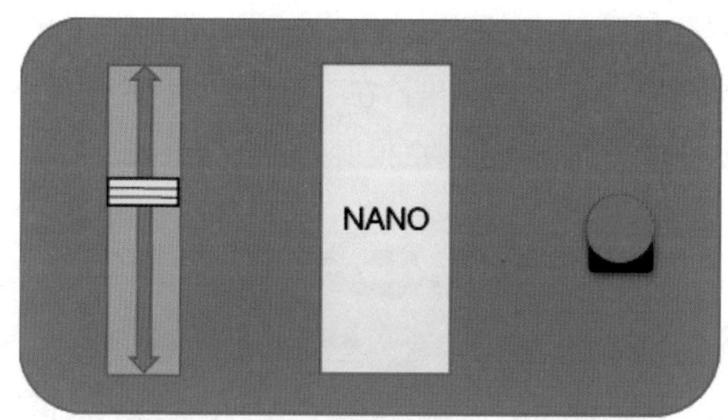

图 13.2　神箭手游戏控制手柄设计图

2. mBlock 软件端设计

图 13.3 是神箭手游戏项目分析导图。可以看到神箭手游戏项目的 mBlock 软件部分，需要完成整个游戏的画面设计。

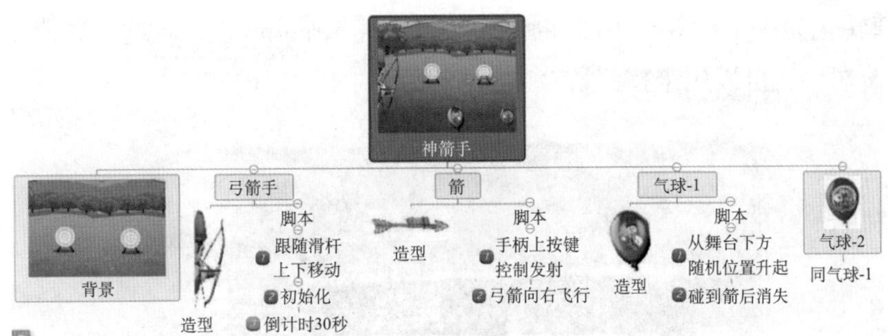

图 13.3　神箭手项目分析

背景选择一个草地即可。因为是向右射出弓箭，所以选择一张向右射箭的弓箭手图片，作为弓箭手的造型。弓箭手一直靠在舞台左侧，只能做上下移动。

箭选择一个适当的造型即可。当玩家按下发射按键时，箭就从此时的弓箭手位置向右射出。

为了增加游戏的可玩性，在游戏开始后，气球从舞台下方的随机位置向上飞起，直到飞到舞台上方，气球消失，如此重复。气球在向上飞行过程中，如果碰到箭，气球隐藏起来。稍后，又从舞台下方随机位置重新飞起。

气球可根据游戏需要复制多个，更改一下造型即可，脚本无须任何修改。

13.2　制作硬件

13.2.1　套装硬件制作神箭手手柄

本节主要应用如图 13.4 所示的直滑式电位器，它多应用于家电设备中。与旋转电位器原理相同，当滑动直滑式电位器的滑动臂时，直滑式电位器的阻值发生变化，该直滑式电位器的阻值为 10kΩ。

直滑式电位器属于模拟输入传感器，应该连接到 Arduino 的 A0 ～ A5 的任意端口。当滑动直滑式电位器的滑动臂时，输出端口输出电压为 0 ～ 5V，Arduino 接收到 0 ～ 5V 的电压时，使用模拟接口上的模数转换功能，将模拟的电压值转化为一个从 0 ～ 1024 的一个数值。经 Arduino 板，将这个数值发送到 mBlock 端，就可以用来控制游戏中的角色了。

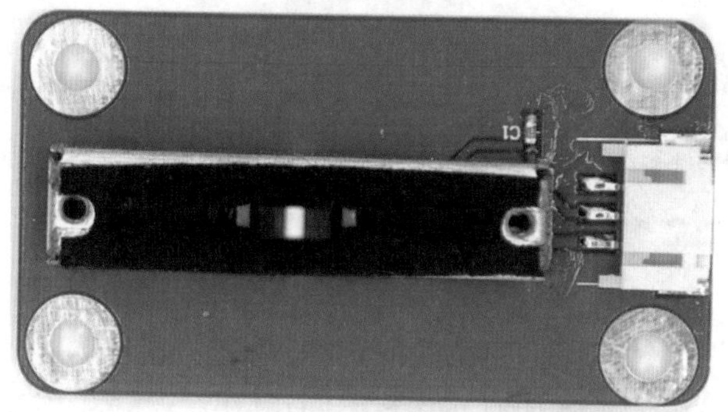

图 13.4　直滑式电位器

神箭手项目详细的材料清单如表 13.1 所示。

表 13.1　神箭手材料清单

材料名称	图　片	数　量	用　途
Arduino UNO		1 张	主控器用于写入程序接收外界信息或者控制连接在它上面的设备
Arduino 扩展板		1 张	侦测微动开关是否为按下的状态，并实时发送给 mBlock 软件

续表

材料名称	图　　片	数　量	用　　途
3P 连接线		2 根	带防反接口的连接导线，防反接口的作用是，防止接错导线而导致烧坏主控板
USB 连接线		1 根	连接 Arduino UNO 主板和计算机
触碰传感器		1 个	将集成电容触摸检测 IC，输出相应电平变化值。添加连接线接插座，方便与扩展板进行连接，并与主板进行通信
直滑式电位器		1 个	将直滑式电位器作为输入设备，获取它的值来控制角色移动

根据如图 13.5 所示的神箭手手柄接线图。用一根 3P 导线，将触摸传感器连接到传感器扩展板上的 D5 接口，将直滑式电位器连接到 A0 端口。

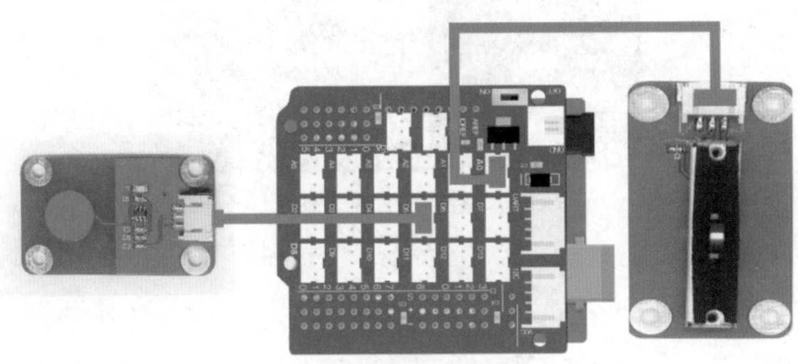

图 13.5　神箭手手柄接线图

13.2.2 散件 DIY 神箭手手柄

神箭手手柄电路原理图如图 13.6 所示。

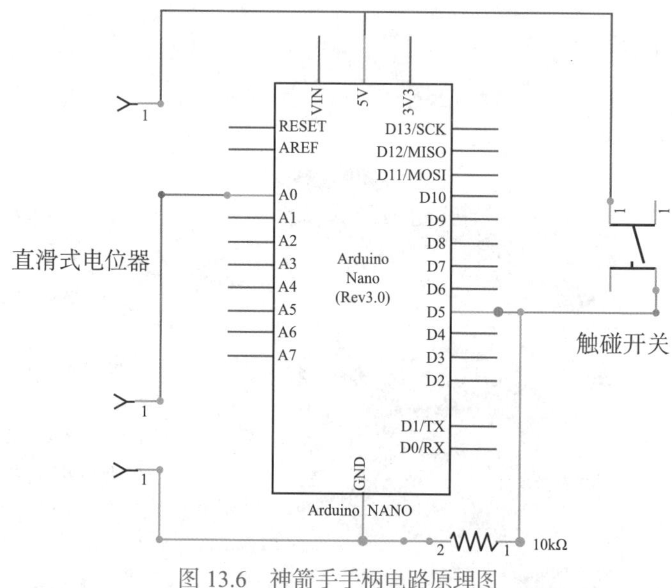

图 13.6 神箭手手柄电路原理图

图 13.7 是神箭手控制手柄设计图。游戏手柄的作用是控制弓箭手的上下移动和伺机发射箭，所以设计一颗可移动 5cm 的滑动电阻，来控制弓箭手的上下移动。设计一个按键来控制箭的发射，每按动一次按键，向右发射一支箭。

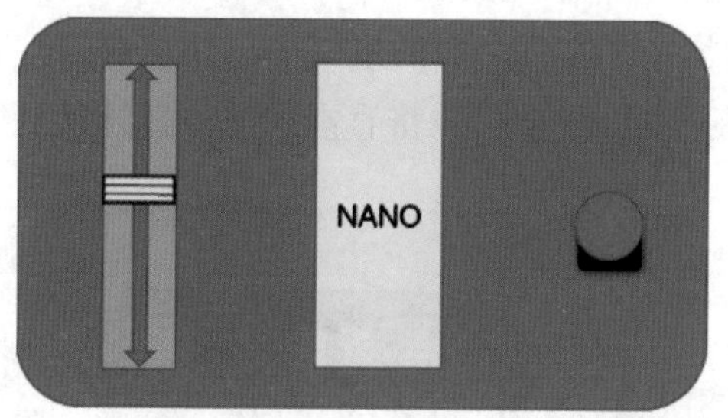

图 13.7 神箭手控制手柄设计图

1. 元件清单

制作神箭手项目的控制手柄，需要用到的主要元件如表 13.2 所示。

表 13.2 神箭手控制手柄元件清单

材料名称	图 片	数 量	用 途
Arduino NANO 主板		1 张	侦测各端口的电平状态，并实时发送给 mBlock 软件
直滑式电位器		1 个	用于控制弓箭手的上下移动
按键		1 个	用于控制弓箭手伺机发射箭
导线		若干	连接各引脚
双色板		6cm × 9cm 一张	固定和承载各元件

2. 认识原理图

图 13.8 是神箭手手柄原型设计图。神箭手控制手柄只用到两个电子元件，其中，右侧的 D5 按键用法在第 5 章和第 6 章已介绍过。D5 按键是指连接到 Arduino NANO 板数字端口 5 上的按键。在数字端口 5 与 GND 之间，先串联一颗 10kΩ 电阻，将数字端口 5 拉低。在数字端口 5 与 5V 端口之间，再串联一个按键开关。这样，当 D5 按键弹起时，GND 经 10kΩ 电阻导通到 Arduino NANO

板的数字端口 5，此时数字端口 5 为低电平；当 D5 按键按下时，Arduino NANO 板的 5V 端口经 D5 按键，导通到数字端口 5，此时，数字端口 5 为高电平。

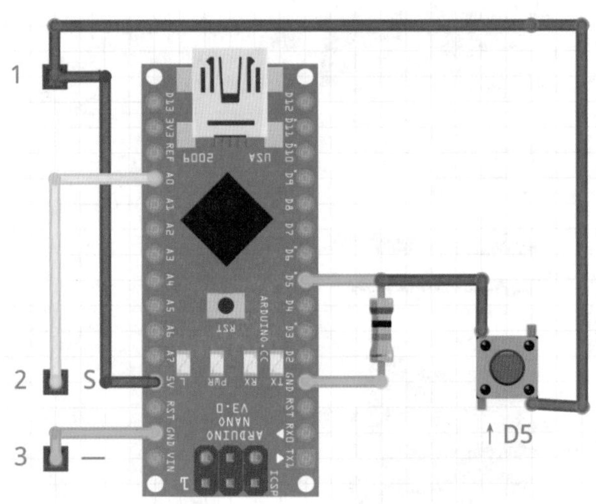

图 13.8　神箭手手柄原型设计图

神箭手控制手柄的左侧，是一个直滑式电位器。这个电位器的用法与第 9 章介绍的旋转电位器相同。直滑式电位器如图 13.9 所示，共 10 个引脚。其中最左侧和最右侧的 4 个引脚，都是固定电位器用的，无实际作用。本书选用的电位器中部有 6 个按键，厂家已编好编号，编号由两组 1、2、3 号引脚组成，也可以使用只有三个引脚的直滑式电位器。将 1 号引脚连接到 Arduino NANO 板的 5V 引脚，3 号引脚连接到 Arduino NANO 的 GND 引脚，将 2 号引脚连接到 Arduino NANO 板的 A0 引脚。

图 13.9　直滑式电位器底面图

这时，神箭手控制手柄正面如图 13.10 所示，旋转控制手柄到正面，向上方推动直滑式电位器滑动臂，A0 端口的值逐渐增加；向下方推动电位器滑动臂，A0 端口的值逐渐减小。说明此时的接线方式是正确的。如果输出的 A0 端口的值正好相反，也就是向上推动时值变小，向下推动时值变大，说明背部的正负极接反了，更换一下即可。

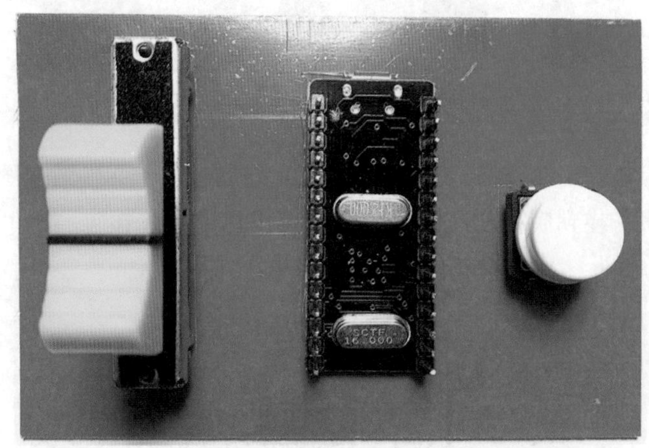

图 13.10　神箭手控制手柄正面图

3. 制作步骤

（1）规划元件安装位置。逐一将电子元件放置于如图 13.11 所示的红色双色板底板的适当位置上，用记号笔画出电子元件的轮廓。

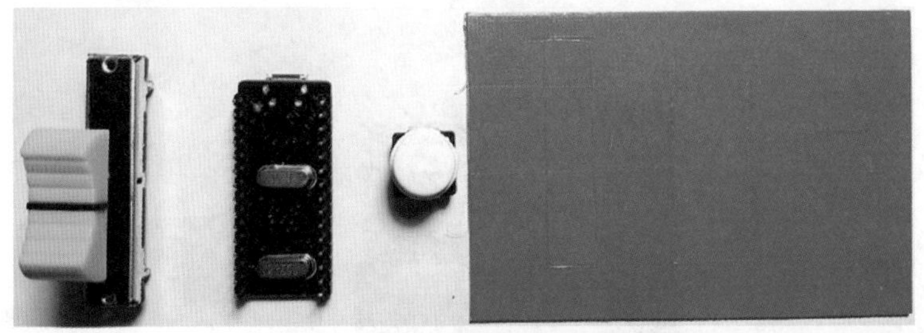

图 13.11　规划元件安装位置

（2）开孔。图 13.12 是底板开孔效果图。参照该图用美工刀小心地切割出电子元件的安装孔，这一步骤可能需要花很多时间，一定要注意安全。如果选择前面几章使用的白色 PVC 底板，就比本章使用的双色板好加工一些，但双色板要结实很多。

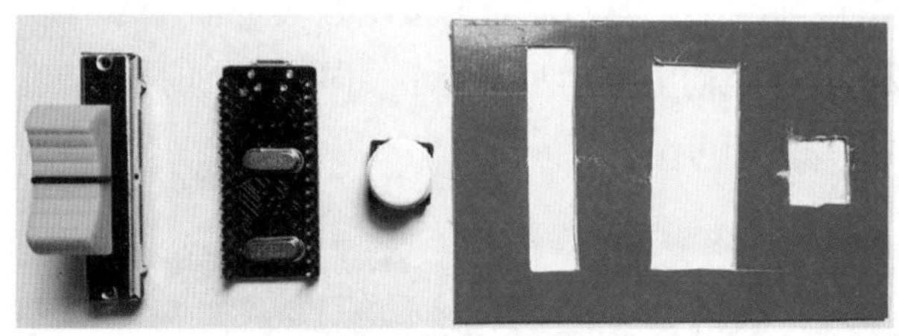
图 13.12　底板开孔效果图

（3）黏合电子元件。图 13.13 和图 13.14 是黏合电子元件效果图。可以根据图将电子元件安装到底板相应的孔位后，再用热熔胶枪在每一个电子元件的四周涂上适当的胶水，将电子元件牢牢地黏合到底板上。

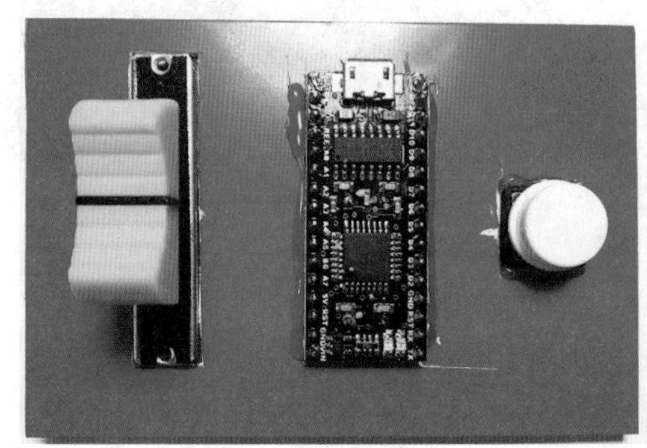
图 13.13　黏合电子元件 1

图 13.14　黏合电子元件 2

4. 连接导线

图 13.15 是连接好导线的效果图。参照该图黏合好所有电子元件后，再根据图 13.8 的原理图，逐一连接好各个电子元件的连接导线，并用电热胶枪，将这些导线固定在底板上。一个电子作品，不论有多少个电子元件，都可以从功能上将它们划分成很多部分，建议大家在具体制作时，一个模块一个模块地逐一进行。连接好一个部分后，强烈建议连接计算机进行测试一下，确认无误后，再进行下一模块的连接。这样，可有效防止连接错误的出现，并且当错误出现时，可快速锁定范围，便于快速排错。

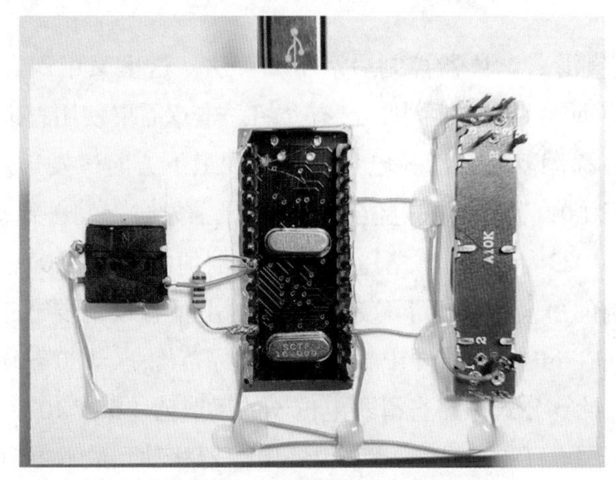

图 13.15　连接好导线

连接好所有导线后，就可以在 mBlock 中设计软件了。

13.3 设计软件

1. 整体分析

图 13.16 是神箭手项目分析导图。从该图中可以看到，神箭手项目主要角色有弓箭手、箭和气球。其中游戏手柄上的直滑式电位器控制弓箭手的上下移

动，按键控制箭的发射。

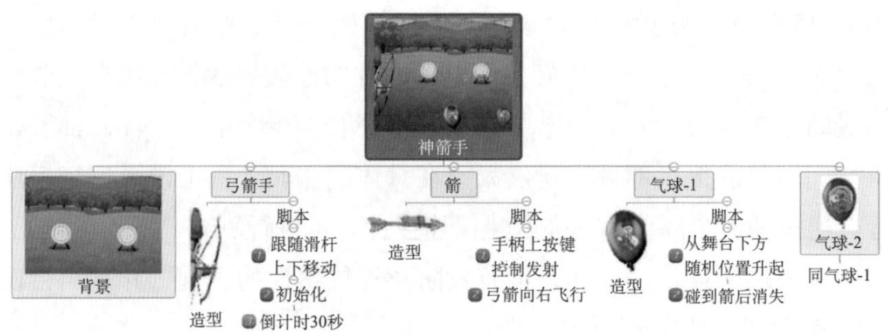

图 13.16　神箭手项目分析图

图 13.17 是直滑式电位器控制弓箭手的算法。这里又用到类比算法，类比算法在第 10 章抢滩登陆战项目中，已有介绍。本章需要使用直滑式电位器来控制弓箭手的上下移动。当直滑式电位器移动到最下方时，发送到 mBlock 中模拟端口 A0 的值为 0；当直滑式电位器移动到最上方时，发送到 mBlock 中模拟端口 A0 的值为 1023。也就是说，直滑式电位器值的范围为 0 ～ 1023。而神箭手项目需要控制的弓箭手的上下移动。角色的上下移动需要通过控制角色的 y 坐标来实现，而在 mBlock 软件中舞台的 y 坐标范围是 -180 ～ 180。所以，我们需要设计一个计算公式，将直滑式电位器的读取值（0 ～ 1023），类比到弓箭手 y 坐标取值范围（-180 ～ 180）。直滑式电位器移动到最下方时，弓箭手移动到最下方；直滑式电位器移动到正中间时，弓箭手移动到舞台中间；直滑式电位器移动到最上方时，弓箭手移动到最上方，这就是我们需要达到的效果。

图 13.17　直滑式电位器控制弓箭手

假设直滑式电位器发送到 mBlock 端的值为 A，通过计算公式：y 坐标 =360*A ÷ 1023-180，就将直滑式电位器读取值（0 ～ 1023），类比到弓箭手的 y 坐标（-180 ～ 180）。

2. 初始化设置和倒计时

图 13.18 是初始化和倒计时的设计。单击绿旗后，倒计时 3 秒，计时器归零，并开始计时，将变量“成绩”设定为 0，广播 start，游戏正式开始。

接下来，程序进入等待状态，等待条件是计时器大于 60 秒。当满足这一条件时，用“说”的方式汇报变量“成绩”统计的弓箭手射中的气球数量，所有程序停止运行。

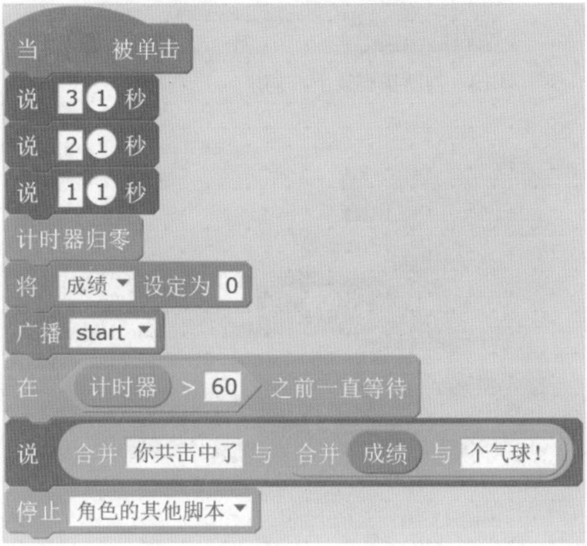

图 13.18　初始化和倒计时

3. 弓箭控制脚本

在神箭手项目中，弓箭手的发射由手柄上的按键控制。当按键按下时，发射一支弓箭。我们很快就可以想到，这种效果需要使用“如果……那么……”语句来实现，如图 13.19 所示。经过测试，我们可以很快地发现这种设计的弊端：当玩家一直按住手柄上的发射按键，弓箭将不停地发射，这是神箭手游戏不希望出现的效果。

于是，我们改进了控制软件，如图 13.20 所示。这样，当玩家一直按住发射按键时，程序执行“克隆自己”模块，发射一支弓箭后，程序处于一直等待状态，等待数字端口等于 0，也就是发射按键弹起。使用这种“等待”算法成功地解决长按发射按键时，弓箭不停地发射的问题。

当 被单击
重复执行
如果 数字口 5 = 1 那么
克隆 自己

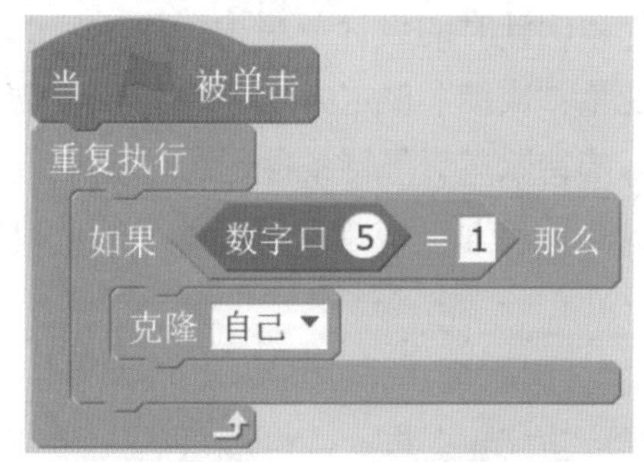

图 13.19　判断按键按下“如果……那么……”语句

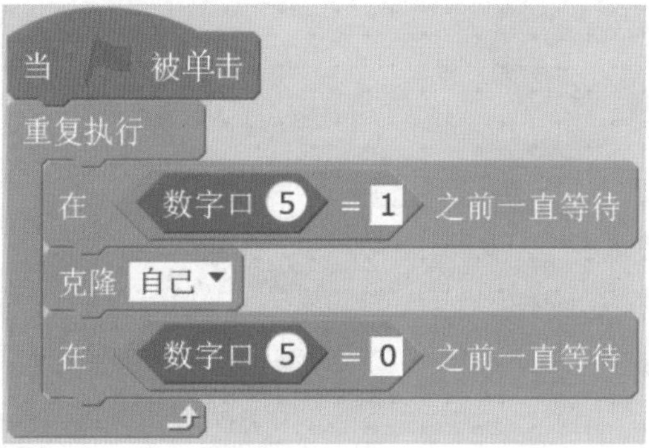

当 被单击
重复执行
在 数字口 5 = 1 之前一直等待
克隆 自己
在 数字口 5 = 0 之前一直等待

图 13.20　手柄上的按键控制弓箭发射

像这样的，手柄端的硬件没有做任何改进，改进的只是控制软件，也就是我们所说的算法，成功地解决了问题。可见算法是多么得重要。

4. 弓箭发射动作设计

图 13.21 是弓箭发射脚本。弓箭收到“克隆自己”的发射命令后，使用“当作为克隆体启动时”作为开始标志的程序模块就将开始执行。首先显示出来，再移动到此时弓箭手的位置。这一功能通过移动（x, y）坐标模块实现。其中的 x 坐标值来自于当前弓箭手的 x 坐标加上 50，加上 50 目的是让弓箭手向右移动一点，使它完全显露出来；y 坐标值来自于当前弓箭手的 y 坐标。现在，弓箭已移动到弓箭手的位置，等待向右方射出了。

接下来，需要将弓箭沿水平方向向右射出。通过“在 0.5 秒内滑行到

（240，弓箭手的 y 坐标）”来实现。也就是说，弓箭沿着此时弓箭手的位置，水平向右发射。

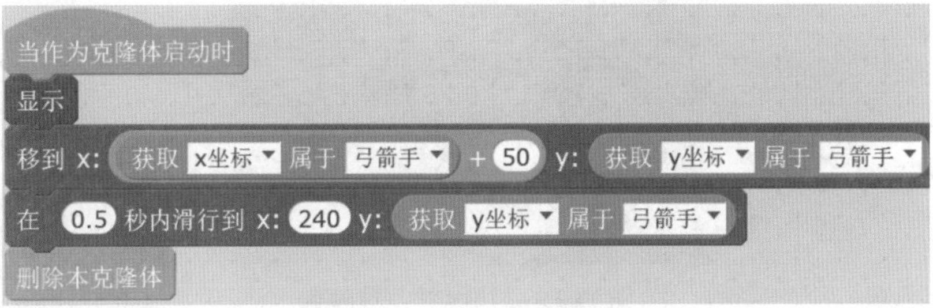

当作为克隆体启动时
显示
移到 x: (获取 x坐标 属于 弓箭手) + 50 y: 获取 y坐标 属于 弓箭手
在 0.5 秒内滑行到 x: 240 y: 获取 y坐标 属于 弓箭手
删除本克隆体

图 13.21　弓箭发射脚本

5. 气球的随机飞起

图 13.22 是气球随机飞起脚本。为了增加游戏的可玩性，气球角色设计成了从随机的横向位置飞起，并以随机速度，向气球出现的位置的正上方飞起。其中，随机横向位置通过设定气球的随机 x 坐标来实现，具体范围为 -100 ～ 200，也就是舞台上靠右侧的位置；随机速度是通过设定随机时间 0.3 ～ 5 秒滑行到气球出现位置的正上方来实现的。

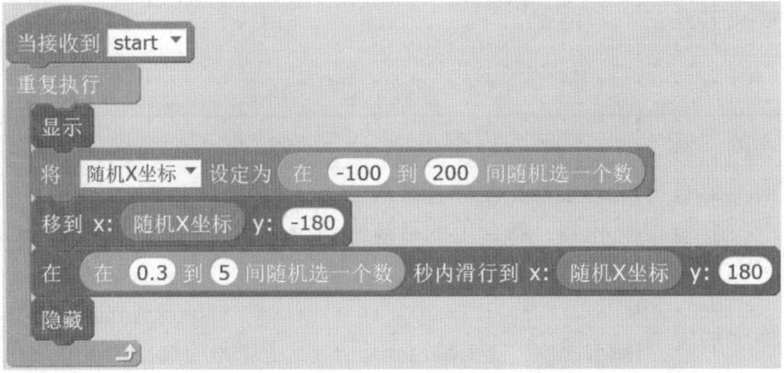

当接收到 start
重复执行
显示
将 随机X坐标 设定为 在 -100 到 200 间随机选一个数
移到 x: 随机X坐标 y: -180
在 在 0.3 到 5 间随机选一个数 秒内滑行到 x: 随机X坐标 y: 180
隐藏

图 13.22　气球随机飞起脚本

6. 弓箭击中气球脚本设计

图 13.23 弓箭击中气球脚本。在弓箭飞行过程中，如果碰到气球，就用弹奏鼓声来提示，并增加变量“成绩”，气球也要隐藏起来，表示被击破了。

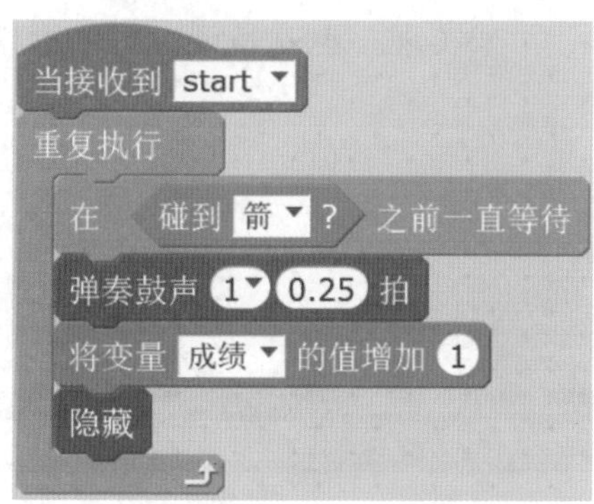

图 13.23　弓箭击中气球脚本

其他气球脚本设计，与气球 1 的脚本完全一致。

至此，神箭手的软件设计全部完成了，可以开始测试了。

13.4　测试、优化和迭代

制作好手柄硬件和软件后，就可以连接好手柄并按表 13.2 中的各个项目，逐个进行测试了。

表 13.3　神箭手项目测试表

序　号	测试对象	调试内容	完成情况	改正建议
1	手柄上的直滑式电位器能控制弓箭手	滑动手柄左侧的直滑式电位器，舞台上的弓箭手角色随着移动	完成 / 未完成	mBlock 未连接 Arduino NANO 板；Arduino NANO 板未安装固件；按键连接到 Arduino NANO 板上的端口与 mBlock 上调用的端口不一致；硬件连接异常
2	手柄上的发射弓箭按键	按下按键，能发射弓箭	完成 / 未完成	
3	Scratch 脚本	气球从舞台下方随机位置向上飞行	完成 / 未完成	检查 Scratch 的相关脚本
4	Scratch 脚本	弓箭碰到气球后气球隐藏，“成绩”增加 1	完成 / 未完成	
5	Scratch 脚本	30 秒后游戏结束	完成 / 未完成	

13.5 拓展应用

任务：改进神箭手项目，如图 13.24 所示。

图 13.24 改进神箭手

（1）发射弓箭增加力度控制，如按下按键 4 秒后，松开按键，箭沿水平方向射出；按下按键 3 秒后，松开按键，箭在终点位置下降 5 步；按下按键 2 秒后，松开按键，箭在终点位置下降 10 步；按下按键 1 秒后，松开按键，箭在终点位置下降 15 步；按下按键后，立即松开按键，箭在终点位置下降 20 步。用这种方式，在箭的飞行路线上增加自由落体运动效果。

（2）设计两种游戏模式：一是计时赛；二是计数赛。

13.6 相关资料

厂家在发布每种电子元件产品时，都会提供一份说明文档，常见的电子元件的说明文档可以从 dl.21ic.com 网站快速找到。

13.6.1 直滑式电位器设计尺寸

以下所说的直滑式电位器尺寸，不是来自同一个电位器。

设计一个电子元件的PCB，最重要的是了解该电子元件是否适合，其次就是能否安装，能否安装就需要了解该电子元件的尺寸。下面，我们一起来解读一下直滑式电位器说明文档中的尺寸。需要特别注意的是，以下这些尺寸并非来自本章使用的电位器，也不是某一个电位器，而是来自多个电位器的说明文档。不论如何，在每种电位器的说明文档中，都会介绍相关的内容。

图13.25和图13.26是常见的直滑式电位器滑动臂尺寸。可以从这两个图中清楚地找到我们需要的尺寸，如滑动臂高度、宽度和厚度等。

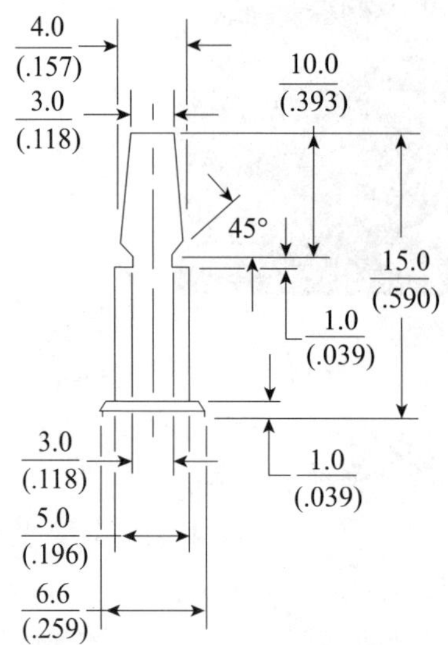

图13.25 直滑式电位器滑动臂样式1

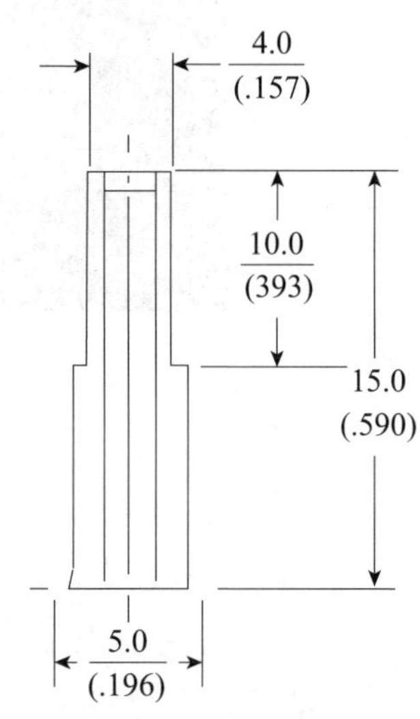

图13.26 直滑式电位器滑动臂样式2

图13.27是直滑式电位器防尘罩的详细尺寸。常见的直滑式电位器采用碳膜作为电阻材料，当碳膜上有灰尘时，将影响电位器的准确性，所以防尘罩的作用就显得特别重要。

图13.28是直滑式电位器的侧视图。从该图中可以清楚地找到电位器的总长度、总高度和引脚的长度等信息。

图13.29是直滑式电位器的另一侧视图。从该图中可以看出该电位器的宽度、引脚间距、滑动臂宽度等信息。

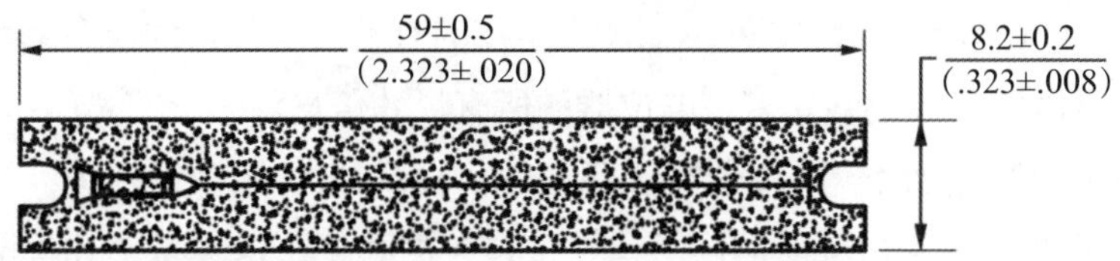

图 13.27 直滑式电位器防尘罩

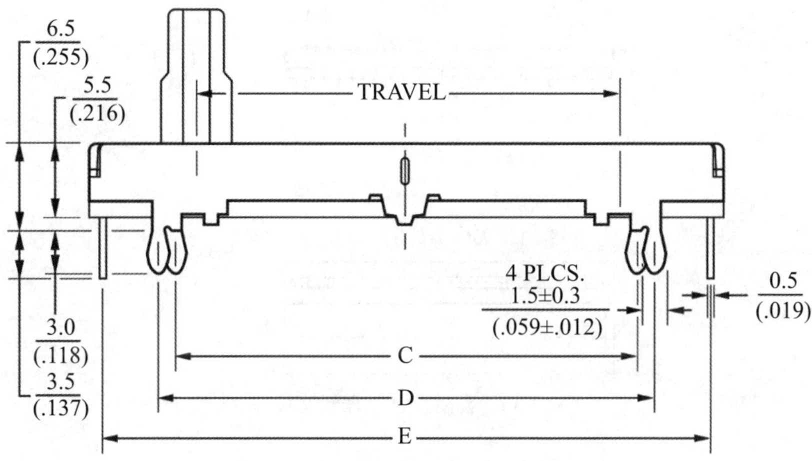

图 13.28 直滑式电位器侧面尺寸 1

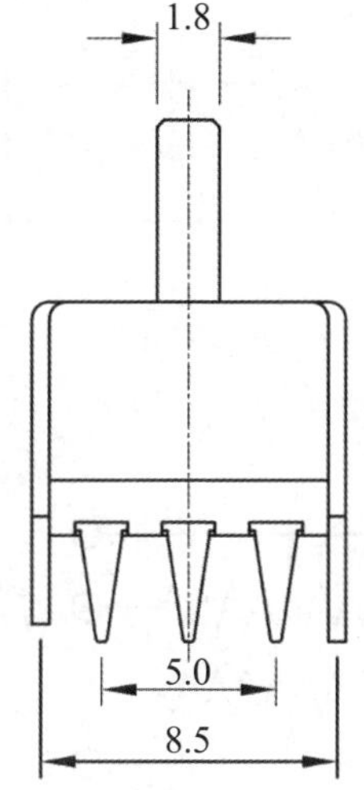

图 13.29 直滑式电位器侧面尺寸 2

图 13.30 和图 13.31 是另一个厂家生产的直滑式电位器的说明文档。从文档中依然可以清楚地找到安装该电位器的所有尺寸信息。

图 13.32 是直滑式电位器安装孔位图。在具体的 PCB 设计中，该图中的尺寸是最为重要的，它详细描述了元件中包含的孔位，以及每个孔位的直径、间距等信息。

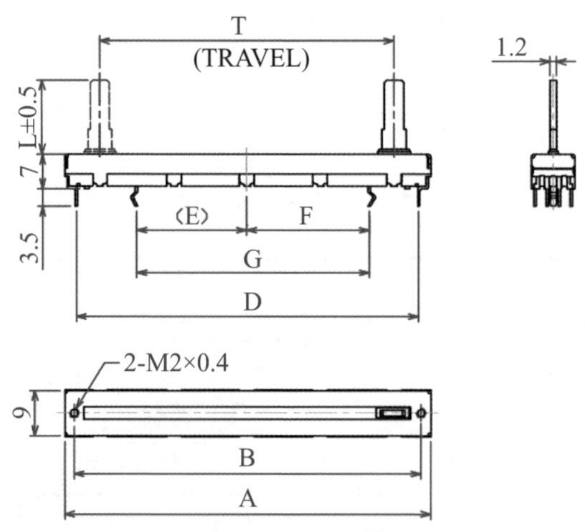

图 13.30　直滑式电位器侧面尺寸 3

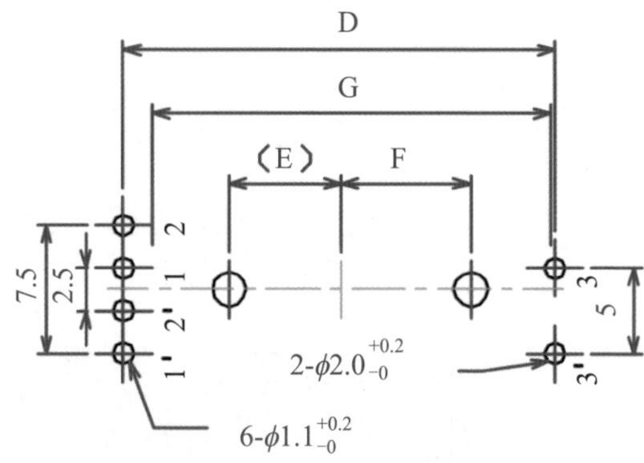

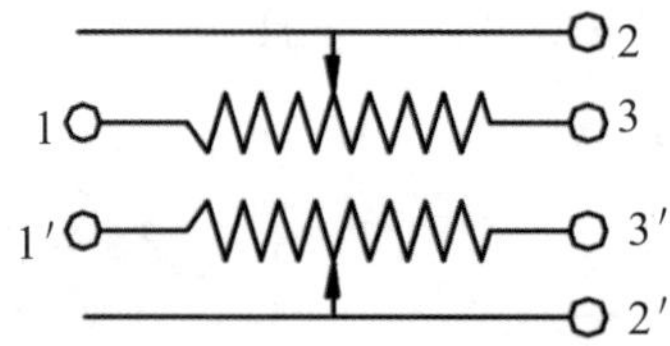

图 13.31　直滑式电位器侧面尺寸 4

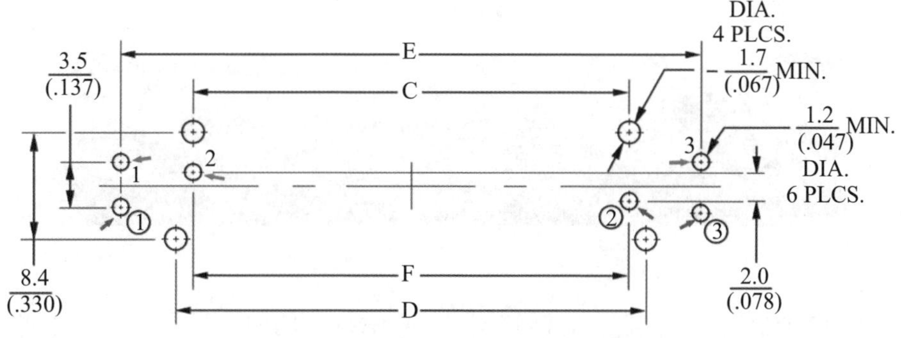

图 13.32　直滑式电位器安装孔位图

图 13.33 是直滑式电位器的背面图，其中蓝色圆圈标注的是第一组输出，红色圆圈标注的是第二组输出，原理图如图 13.31 所示。

图 13.34 是直滑式电位器的盖板图，其中标注的红色部分是连接如图 13.35 所示的上面两条碳膜的触点。盖板下面还有一个触片，用于连接另一组。

图 13.33　直滑式电位器背面图

图 13.34　直滑式电位器盖板图

图 13.35 是直滑式电位器的拆解图 1。其中，左侧的 2 号引脚连接电源负极，右侧的 3 号引脚连接电源正极。当滑动臂处于整个电位器行程的中间位置时，2 号引脚输出电阻值为 512。

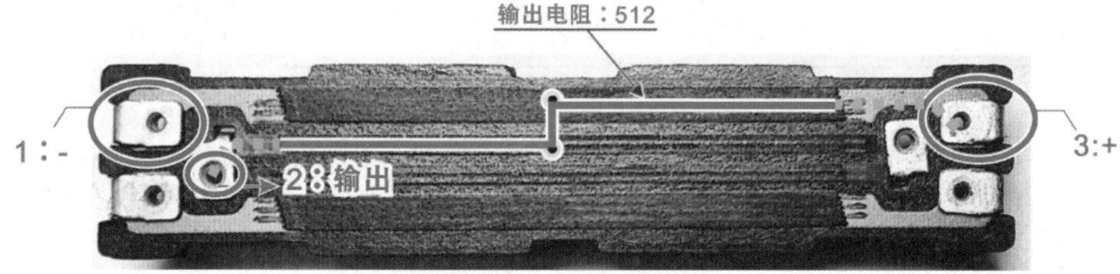

图 13.35　直滑式电位器拆解图 1

图 13.36 是直滑式电位器拆解图 2。其中，左侧的 2 号引脚连接电源负极，右侧的 3 号引脚连接电源正极。当滑动臂处于整个电位器行程的左侧位置时，2 号引脚输出电阻值为 1023。

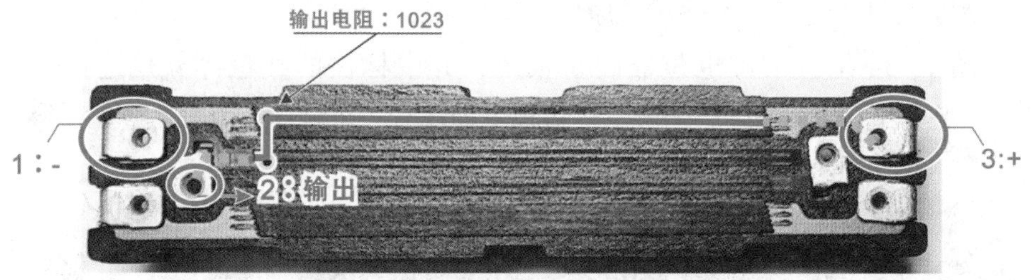

图 13.36　直滑式电位器拆解图 2

图 13.37 是直滑式电位器拆解图 3。其中，左侧的 2 号引脚连接电源负极，右侧的 3 号引脚连接电源正极。当滑动臂处于整个电位器行程的右侧位置时，2 号引脚输出电阻值为 0。

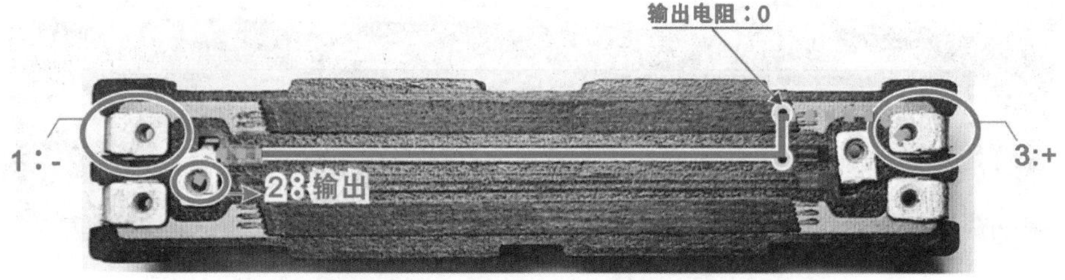

图 13.37　直滑式电位器拆解图 3

13.6.2　直滑式电位器使用方法详解

常见的直滑式电位器包括两种类型：一是单组设计；二是双组设计。

1. 单组设计

单组设计，滑动臂滑动时输出一个值，原理图如图 13.38 所示。输出的电阻值只能是同一种变化情况，当 1 号引脚连接 GND、3 号引脚连接 5V 时，水平方向握住电位器，向右推动滑动臂，如果得到的输出的值不是所希望的逐渐变大的，此时可交换 GND 和 5V 引脚的连线，再测试一下，就能得到逐渐变大的输出结果，这就是电位器的常见用法。

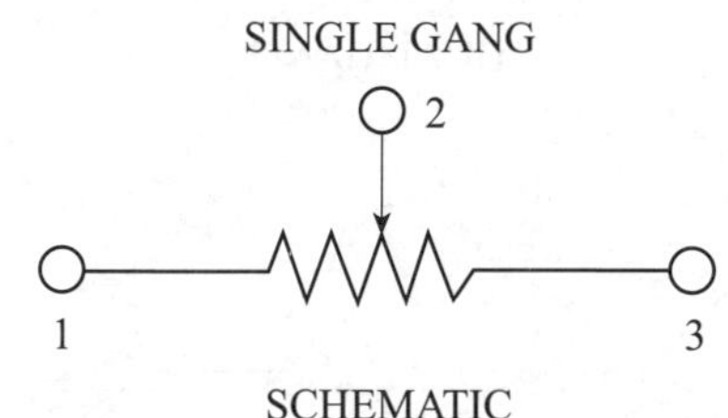

图 13.38　直滑式电位器电路原理图（单组）

2. 双组设计

双组设计，滑动臂滑动时可输出两个值，原理图如图 13.39 所示。

根据前面介绍的常见电位器使用方法，分析图 13.39，这个双组电位器上面的 1、2、3 号引脚为一组，其中 2 号引脚为输出端；下方的①②③号引脚为一组，其中②号引脚为输出端。而 2 号引脚和②号引脚是连接在同一个滑动臂上的，当推动滑动臂向右滑动时，1、2、3 号和①②③号这两组同时都向右移动。

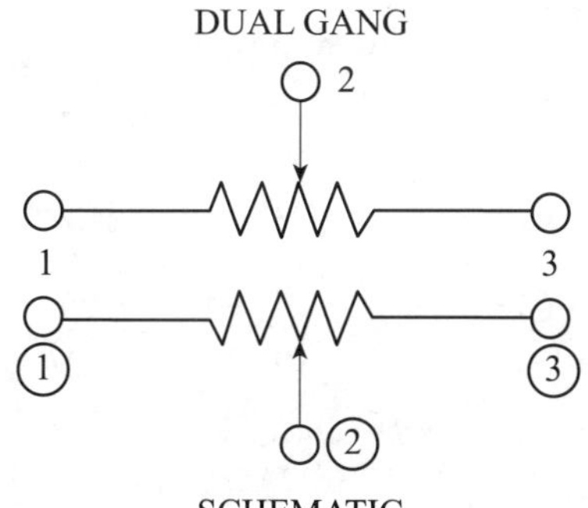

图 13.39　直滑式电位器电路原理图（双组）

3. 双输出同向值

图 13.40 是双输出同向值原理图。当 1 号引脚和①号引脚都接负极，3 号引脚和③号引脚都接正极时，向某一方向滑动滑动臂，2 号引脚和②号引脚输出的电阻值都同时变大；向相反方向滑动滑动臂时，2 号引脚和②号引脚输出的电阻值都同时变小。2 号和②号引脚输出的电阻值同时变大，或者同时变小，称为“双输出同向值”。

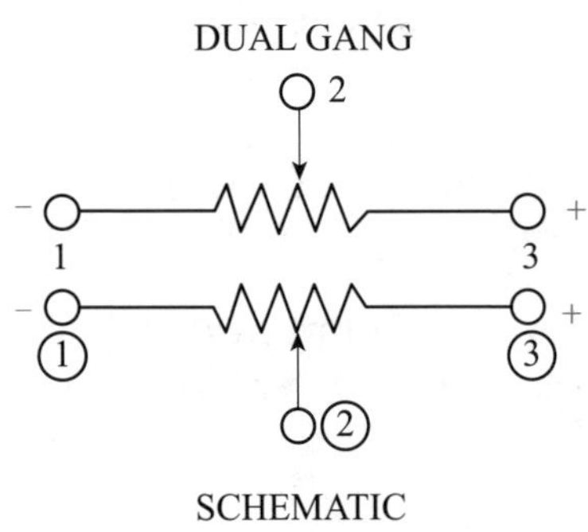

图 13.40　双输出同向值

4. 双输出异向值

图 13.41 是双输出异向值原理图。当 1 号引脚和③号引脚连接电源负极，①号引脚和 3 号引脚连接正极时，向同一方向推动滑动臂，2 号引脚和②号引脚输出的电阻值变化趋势是相反的。2 号引脚逐渐变大时，②号引脚将逐渐变小，反之亦然，这种用法称为“双输出异向值”。

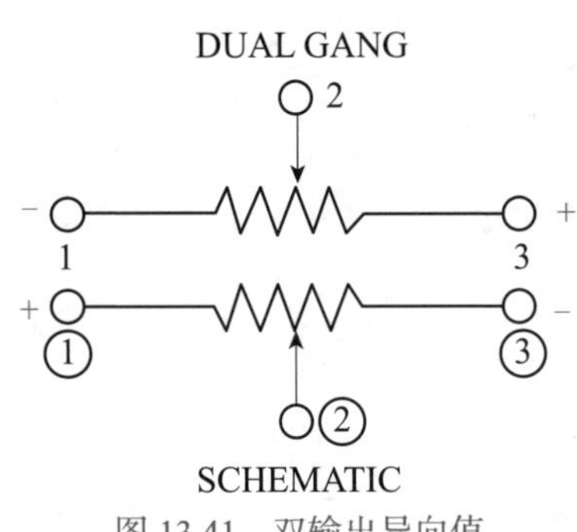

图 13.41　双输出异向值

13.6.3 直滑式电位器其他性能参数

表 13.4 直滑式电位器的电气性能

名　称	调音台推子 / 直滑式电位器	说　明
阻值	A10kΩ	最大输出电阻值为 10kΩ
声道	双声道	双输出
总长	45mm	总行程
宽度	9mm ± 5%	浮动范围为向上增加或向下减少 5%
厚度	5.5mm ± 5%	浮动范围为向上增加或向下减少 5%
柄宽	4mm ± 5%	浮动范围为向上增加或向下减少 5%
柄高	15mm ± 5%	浮动范围为向上增加或向下减少 5%
固定孔距	0mm ± 5%	浮动范围为向上增加或向下减少 5%
成色	全新	—
产地	中国	—

第 14 章

快快接礼物（直滑式电位器）

本章将制作一款快快接礼物游戏，使用直滑式电位器来控制礼品盒的左右移动，从而完成接礼物。

本章学习目标

- 硬件：掌握套装直滑式电位器和电子元件 DIY 直滑式电位器的使用
- 软件：掌握直滑式电位器值的读取和使用

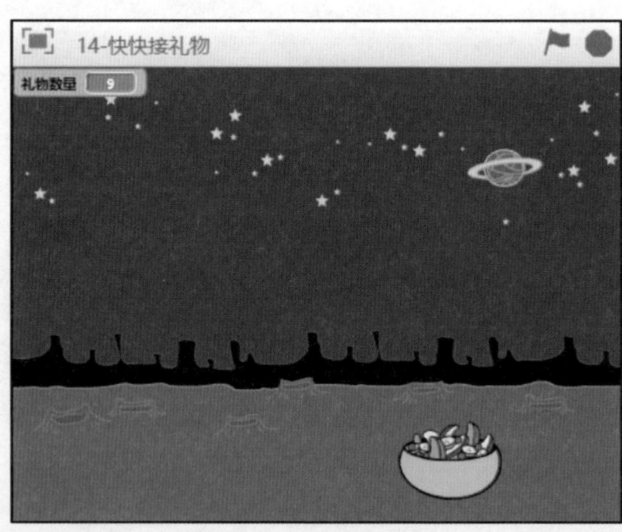

运行效果图

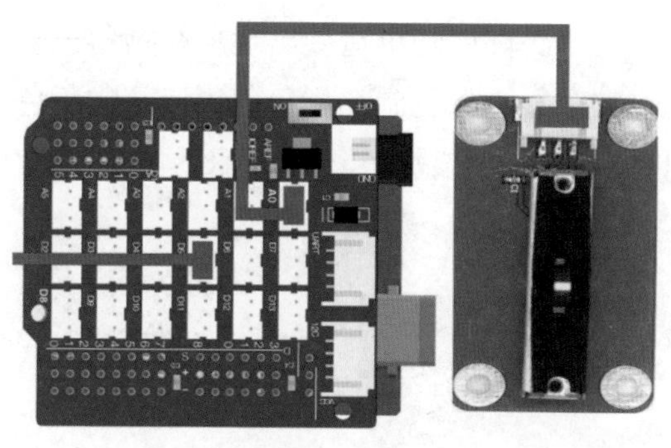

套装硬件连接图

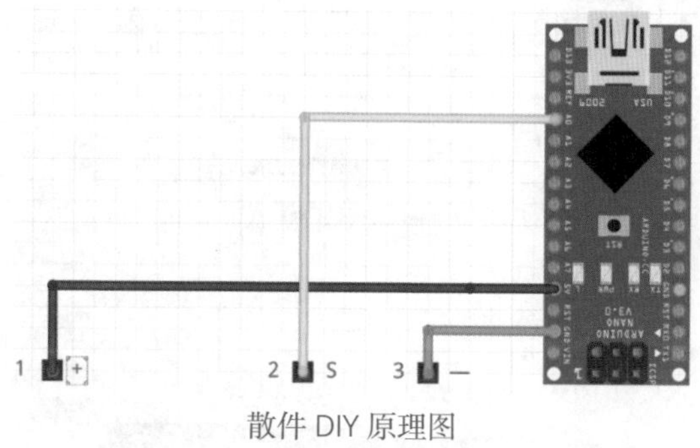

散件 DIY 原理图

天上掉馅饼了！快来接住呀。

快快接礼物是一款用直滑式电位器控制礼品盒左右移动，来接住舞台上方随机位置掉下来的礼物的游戏。每接住一个礼物，变量“礼物数量”增加 1。每次运行 30 秒，看看谁接住的礼物多。

14.1 项目分析和制作硬件

图 14.1 是快快接礼物项目分析导图。从该图中可以看到，快快接礼物项目背景选择黑色的星空背景，项目的主要角色是礼品盒，直滑式电位器控制礼品盒左右移动，来接住从舞台上方随机位置落下来的“礼物”。

为增加游戏的可玩性，策略一是“礼物”的出现位置设计为舞台上方的随机位置；策略二是礼物每次都以随机造型出现。礼物角色的个数，决定了舞台上最多同时出现礼物的个数。如复制礼物角色，使礼物角色为三个，这时运行程序，舞台中将同时出现三个礼物。当然，并不是说任何时候舞台上的礼物角色都是三个，而是指最多出现的个数。

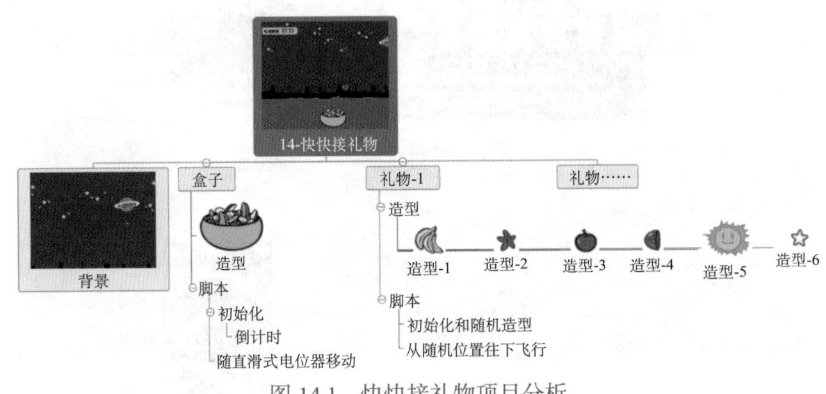

图 14.1　快快接礼物项目分析

14.2 制作硬件

根据如图 14.1 所示的项目分析，快快接礼物项目要控制的对象是礼品盒，由于礼品盒的移动范围是水平方向上的左右移动，因此，我们设计了一个直滑式电位器并横着摆放如图 14.2 所示。这样，当滑动电位器滑动臂时，就可以将电位器变化的电阻值实时传送到 mBlock 中，用这个变化的电阻值来控制礼品盒角色的左右移动，从而实现传感器与 mBlock 角色的完美互动。

快快接礼物项目的控制手柄，将用套装硬件、电子散件和面包板三种方式进行制作，大家可根据自己的材料情况和动手能力，灵活选择一种方案。

套装硬件制作参照 13.2.1 节套装硬件制作神箭手手柄，快快接礼物项目只需要使用一个直滑式电位器，这个电位器需要横向放置，设计图如图 14.2 所示。

下面介绍使用散件 DIY 快快接礼物手柄。原理图如图 14.3 所示，实物原型图如图 14.4 所示。

图 14.2　快快接礼物控制手柄设计图

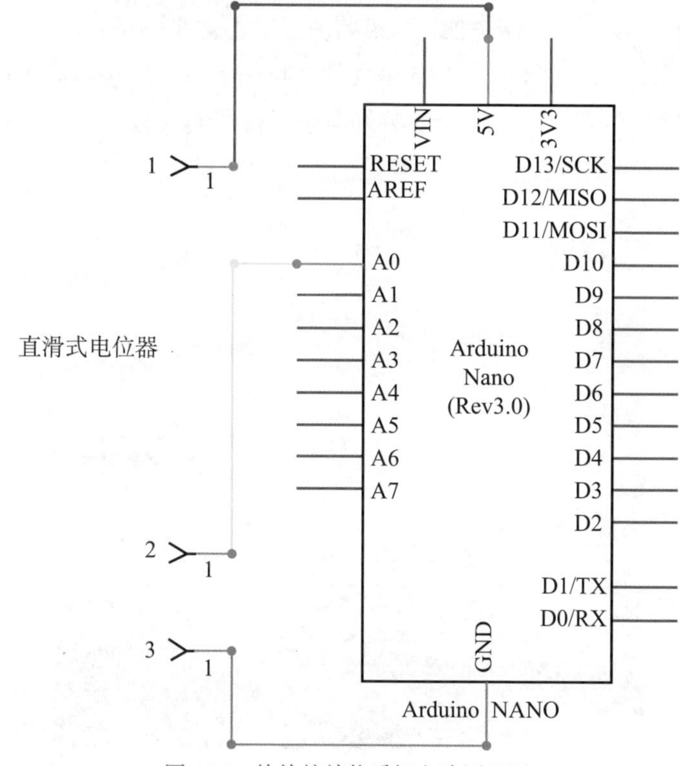

图 14.3　快快接礼物手柄电路原理图

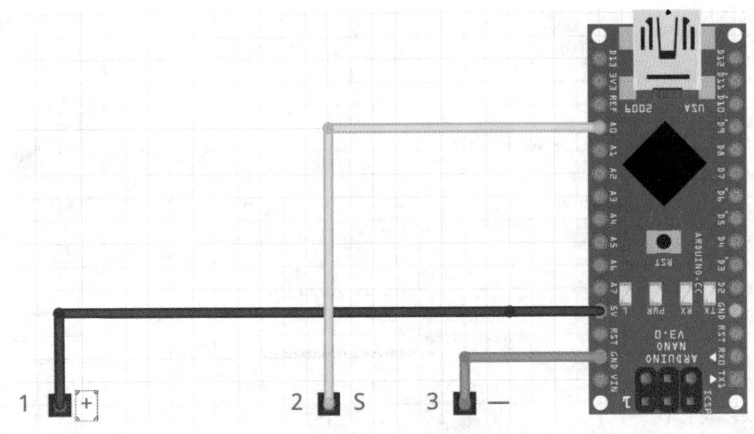

图 14.4　快快接礼物手柄设计原型图

1. 设计元件安装位置

快快接礼物项目的控制手柄，只需要两个电子元件：一个是 Arduino NANO 板；另一个是直滑式电阻。图 14.5 是规划材料图，根据操作习惯，将电子元件实物摆放在适当位置，确定完全安装好电子元件所需底板的尺寸，用铅笔画好矩形框，再用钢尺和美工刀切好一张适当大小的底板。

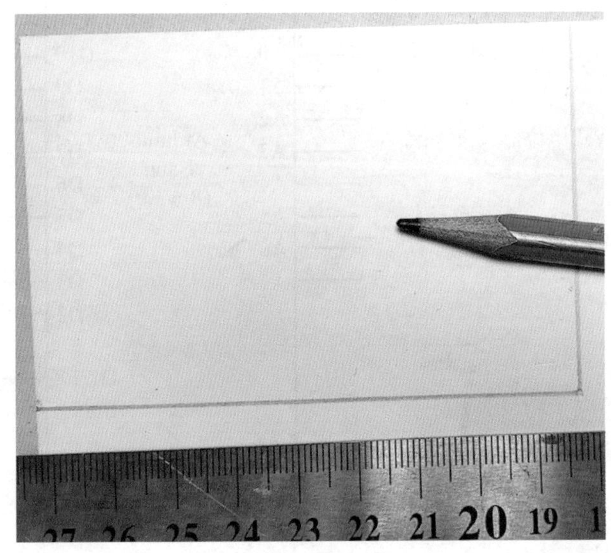
图 14.5　规划材料

底板加工好后，将两个电子元件放在底板上，用铅笔画好电子元件的外边框，为开孔做好准备，绘制好后的效果如图 14.6 所示。

图 14.6 绘制元件开孔位置

2. 开孔

绘制好元件的开孔位置后，用钢尺和美工刀可以很容易地加工好电子元件的开孔窗口。一次切割不是很光滑的话，可用美工刀进行再次加工，以确保能完全放入两个元件，开孔完成后的效果如图 14.7 所示。

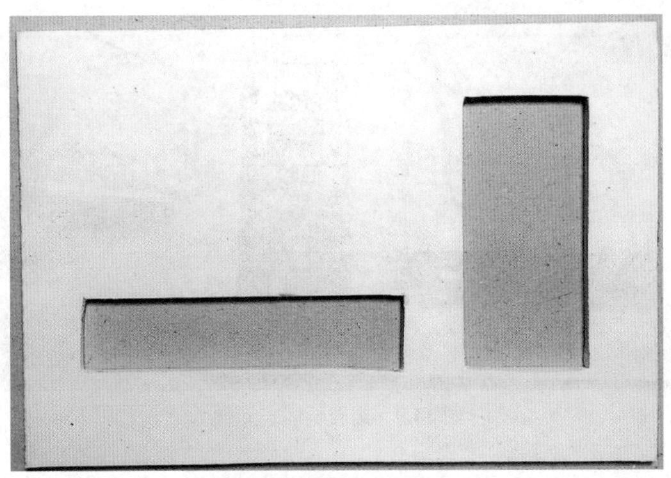

图 14.7 开孔完成

3. 固定元件

开孔完成后，就可以放入两个电子元件了，结果如图 14.8 所示。如果开孔太小，可再次加工；如开孔稍大，没有多大影响，可忽略不计。

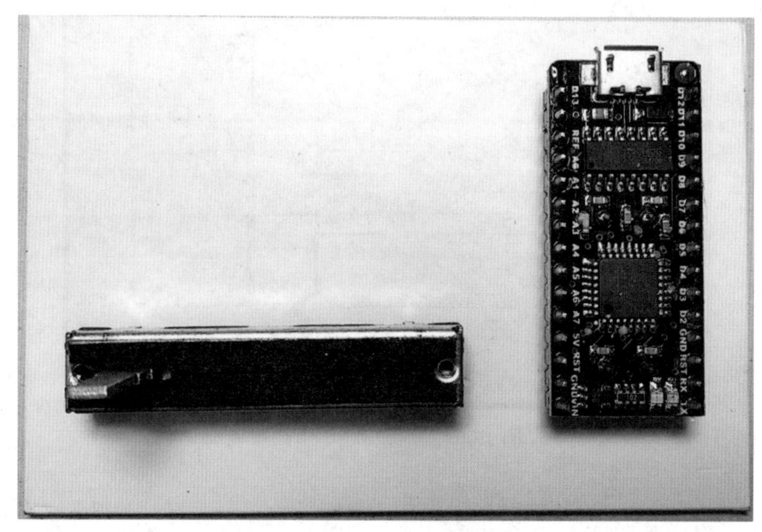

图 14.8　插入元件

接下来，根据如图 14.9 所示的固定元件图，用电热胶枪在每个电子元件的四周慢慢涂上胶，直到冷却后可松开手，此时元件已牢牢固定了。涂胶要涂在元件与底板连接的关键位置，不要挡住接线端子。用量适可而止，切忌太多。

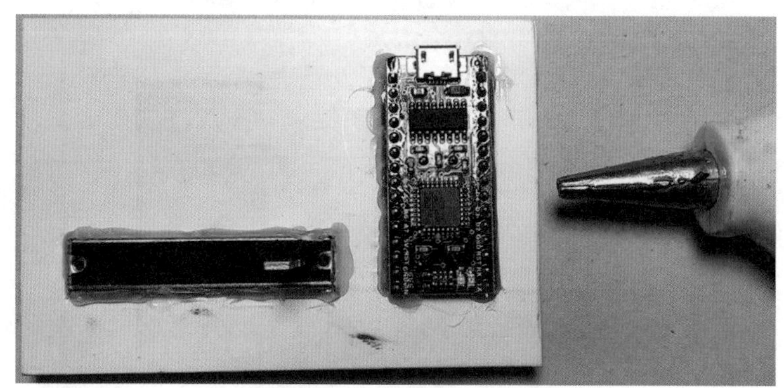

图 14.9　用胶枪固定元件

正面涂好胶，冷却后，再在手柄背面的适当位置也涂上胶，结果如图 14.10

所示。

图 14.10 用胶枪固定元件背面

4. 连接导线

元件固定好后，下面就可以开始连接导线了。

根据如图 14.11 所示的原理图，快快接礼物手柄只需要连接三根导线。先连接直滑式电位器的 3 号引脚到 Arduino NANO 板 GND 端口，具体连线时，可先焊接好 Arduino NANO 板这一端，再将导线尽可能地沿水平和垂直方向，以折线的方向排列整齐。在超出 Arduino NANO 板 GND 端口 1cm 处剪断。最后将这一端焊接在 Arduino NANO 板的 GND 端口上。这时，3 号引脚到 GND 的导线连接完成。

用同样的方法，连接 1 号引脚到 Arduino NANO 板的 5V 端口，最后连接 2 号引脚到 Arduino NANO 板的 A0 端口。

连接好所有导线后，尽可能地将导线沿水平和垂直方向排列整齐。再用电热胶枪（一般选择导线的拐弯位置和导线的交叉位置）固定好所有导线，如图 14.12 所示。

最后一步，安装好直滑式电位器的滑动臂帽，如图 14.13 所示。至此，快快接礼物的手柄就完全制作好了。

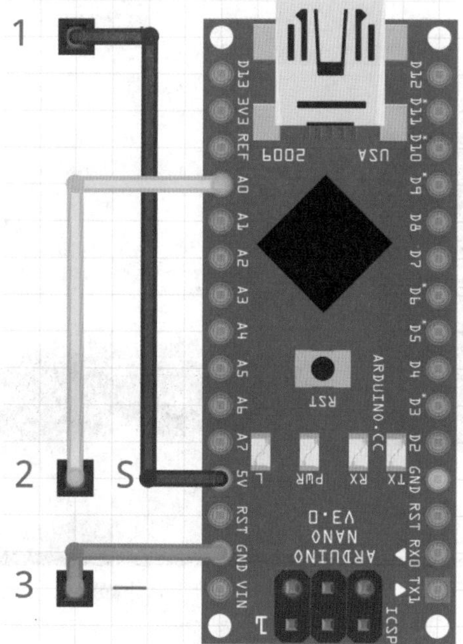

图 14.11　快快接礼物手柄原理图

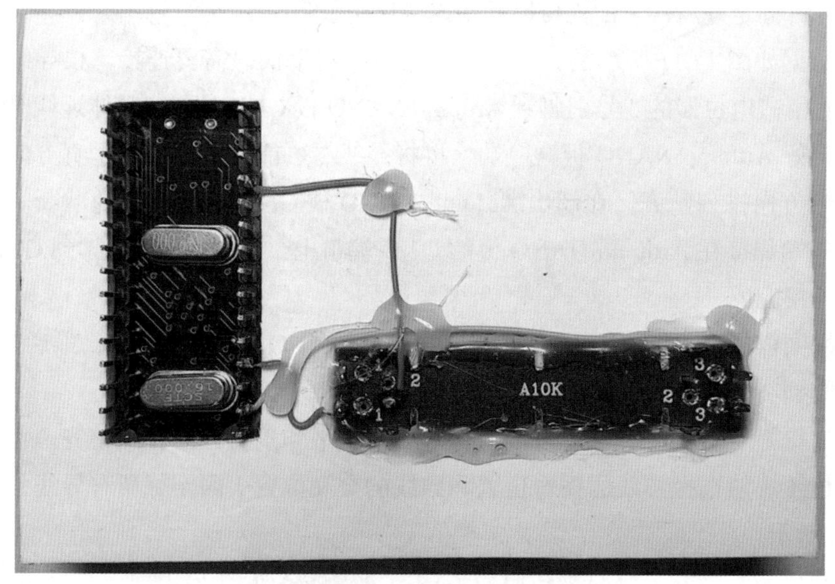

图 14.12　背部连接导线

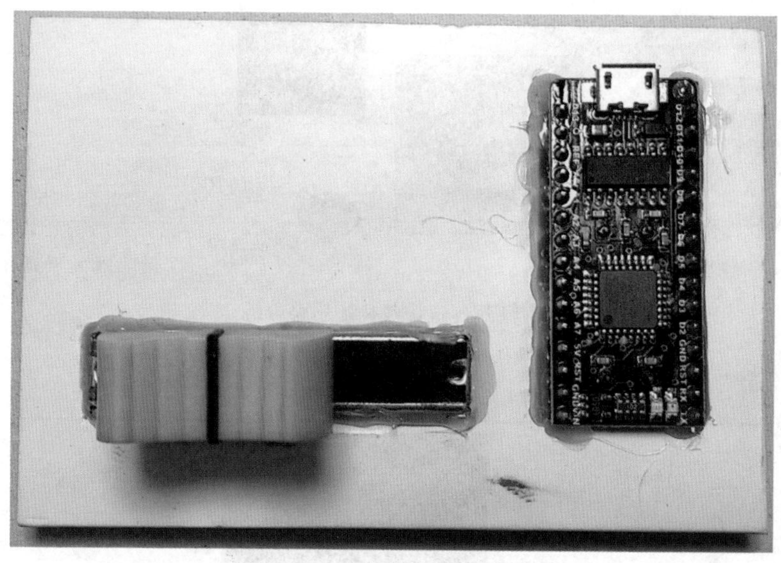

图 14.13　快快接礼物控制手柄

14.3 设计软件

快快接礼物项目是通过手柄控制“礼品盒”左右移动来接随机掉落的礼物的，最后，比较 30 秒内接收的礼物数量，以判断胜负。

14.3.1　整体思路分析

图 14.14 是快快接礼物游戏的思路分析图。单击绿旗，整个游戏开始运行，计时器和变量“礼物数量”都归零。在 30 秒游戏时间内，5 个造型的礼物随机出现。在下落过程中通过移动礼品盒收集礼物，并统计变量“礼品数量”的值。

表 14.1 是快快接礼物思路分析表，其中加入了自然语言。该思路分析表中呈现的是部分关键脚本，完整的脚本将在后面的脚本设计部分进行详细介绍。

图 14.14 快快接礼物思路分析

表 14.1 快快接礼物思路分析表

			脚本	
背景				
角色	名称	事件	自然语言	Scratch 模块
	礼品盒	单击绿旗	（1）计时器归零 （2）变量“礼品数量”的值为 0 （3）计时器时间超过 30 秒，游戏结束 （4）通过手柄控制“礼品盒”左右移动	移到 x: 模拟口 (A) 0 y: -140
	礼物	单击绿旗	（1）隐藏 （2）旋转模式为“不旋转” （3）随机切换造型 （4）克隆自己	将造型切换为 在 1 ~ 5 间随机选一个数 克隆 自己 等待 在 0.1 ~ 2 间随机选一个数 秒
		克隆体启动	（1）显示 （2）方向向下移动到 x 值随机，y 值固定的一个位置 （3）如果碰到礼物盒，变量“礼品数量”的值增加 1 并播放音乐，同时隐藏并删除克隆体	移到 x: 在 -240 ~ 240 间随机选一个数 y: 150 重复执行直到 碰到 Spaceship ? 面向 180 方向 移动 10 步

14.3.2 礼品盒脚本设计

在绿旗被单击后，首先将计时器归零，变量“礼物数量”设定为 0，然后通过手柄控制礼品盒左右移动接收礼物，当计时器超过 30 秒时游戏结束。

1. 初始化设置

图 14.15 是礼品盒初始化设计。当绿旗被单击，计时器归零，将变量“礼物数量”的值设定为 0。

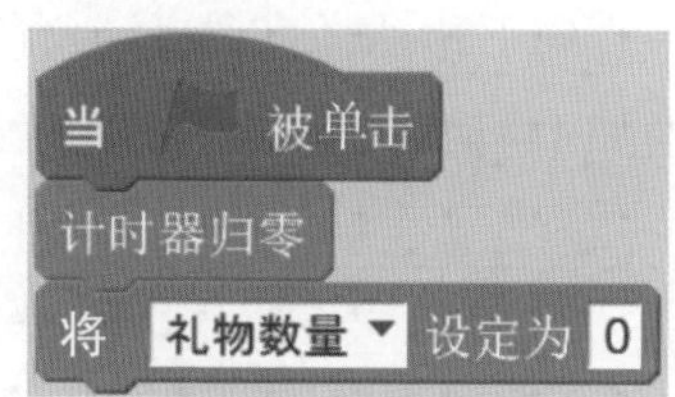

图 14.15 礼品盒初始化

2. 硬件控制

图 14.16 是电位器控制礼品盒移动设计。通过硬件手柄控制礼品盒左右移动来接收礼物。

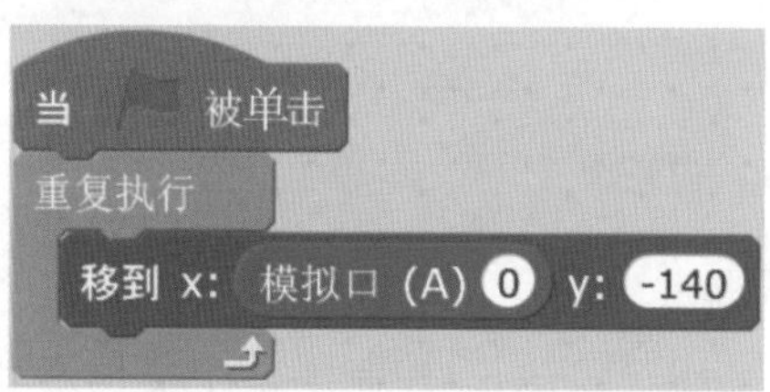

图 14.16 电位器控制礼品盒移动

3. 判断游戏结束

图 14.17 是项目结束条件设计。当计时器超过 30 秒，游戏结束并停止角色的其他脚本。

图 14.17　项目结束条件

14.3.3　礼物脚本设计

在快快接礼物项目中，游戏的可玩性在于礼物从舞台正上方随机出现，当自身作为克隆体启动后，出现在舞台上方的随机位置（x：随机，y：150），在碰到角色“礼品盒”之前一直向下移动，直到碰到角色“礼品盒”则播放声音，将变量“礼物数量”的值增加 1，同时，隐藏并删除克隆体。

1. 礼物在游戏开始后隐藏

图 14.18 是礼物隐藏设计。当单击绿旗，游戏开始后，角色“礼物”隐藏。

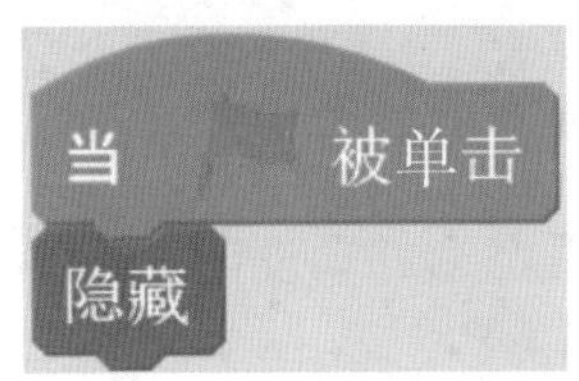

图 14.18　礼物隐藏

2. 礼物造型随机切换

图 14.19 是礼物随机出现设计。角色在第 1 ～第 5 个造型，随机切换，克隆自己后，通过设置随机等待时间，控制下一个角色出现的等待时间，从而形成礼物随机出现的神秘感和惊喜感。

3. 当作为克隆体启动时

图 14.20 是礼物克隆脚本设计。角色移动到 x 坐标为随机的位置、y 坐标为 150 并显示，“礼物”在碰到“礼品盒”之前一直重复执行向下移动，该克隆体

一旦碰到角色“礼品盒”，则播放音乐作为提示音，同时将变量“礼物数量”的值增加 1，隐藏并删除本克隆体。

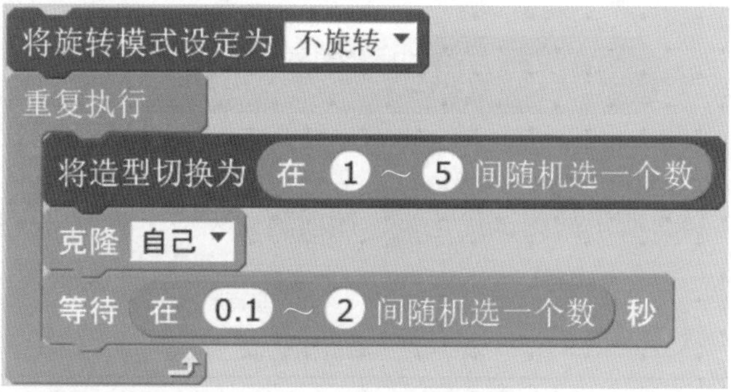

```
将旋转模式设定为 不旋转
重复执行
    将造型切换为 在 1 ~ 5 间随机选一个数
    克隆 自己
    等待 在 0.1 ~ 2 间随机选一个数 秒
```

图 14.19　礼物随机出现

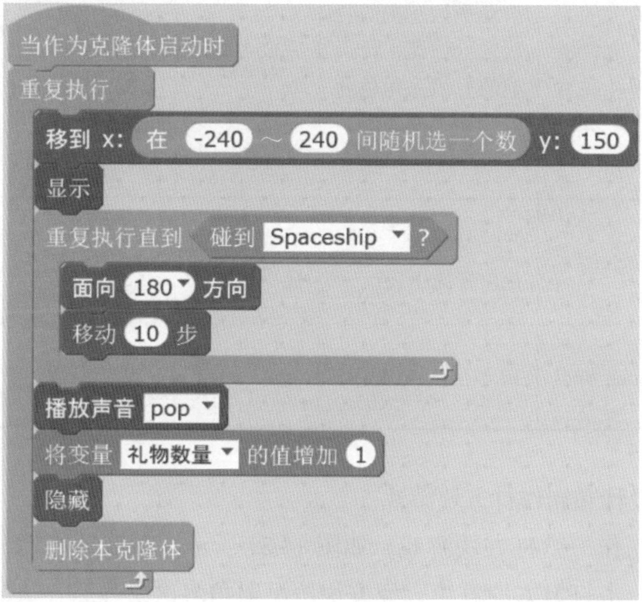

```
当作为克隆体启动时
重复执行
    移到 x: 在 -240 ~ 240 间随机选一个数 y: 150
    显示
    重复执行直到 碰到 Spaceship ?
        面向 180 方向
        移动 10 步
    播放声音 pop
    将变量 礼物数量 的值增加 1
    隐藏
    删除本克隆体
```

图 14.20　礼物克隆脚本

至此，程序设计完成。

14.4 测试、优化和迭代

根据如表 14.2 所示的测试优化表，逐项测试表格中的项目，直到完全正确为止。

表 14.2　测试优化表

序　号	测试对象	调试内容	完成情况	改正建议
1	手柄上的直滑式电位器控制礼品盒左右移动	滑动手柄左侧的直滑式电位器，舞台上的弓箭手角色随着移动	完成 / 未完成	mBlock 未连接 Arduino NANO 板；Arduino NANO 板未安装固件；按键连接到 Arduino NANO 板上的端口与 mBlock 上调用的端口不一致；硬件连接异常
2	Scratch 脚本	礼物从舞台上方随机位置向下飞行	完成 / 未完成	检查 Scratch 的相关脚本
3	Scratch 脚本	30 秒后游戏结束	完成 / 未完成	

任务：设计和制作打方块游戏。

设计和制作一款打方块游戏，如图 14.21 所示。游戏开始后，弹珠从下方的弹板发出，击打上方的方块，经方块按反射角多次反弹后，飞向下方。用本章制作的手柄，来控制弹板的左右移动，将弹球再次向上反弹回去，直到击毁全部方块。

控制方式：直滑式电位器控制弹板的左右移动。

游戏可玩性设计：

（1）方块的造型、位置和数量都是随机的。

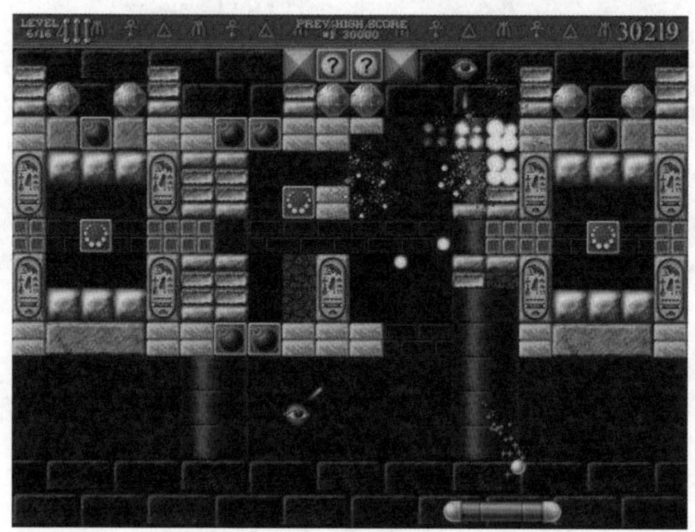

图 14.21　打方块游戏

（2）以完成任务为游戏结束的条件，按完成任务所用时间来计算成绩。用时越少，成绩越高。

关于直滑式电位器的相关资料，请参照 13.6 节相关资料。

第 15 章

深海潜行（超声波传感器）

本章将制作一款使用超声波传感器控制的潜艇游戏，不需要接触，即可完成控制。

本章学习目标

- 硬件：掌握套装超声波传感器和电子元件 DIY 超声波传感器的使用
- 软件：掌握超声波传感器值的读取和使用

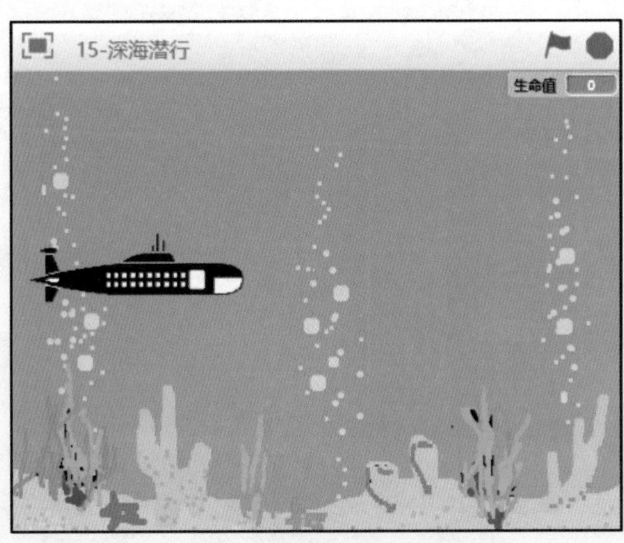

运行效果图

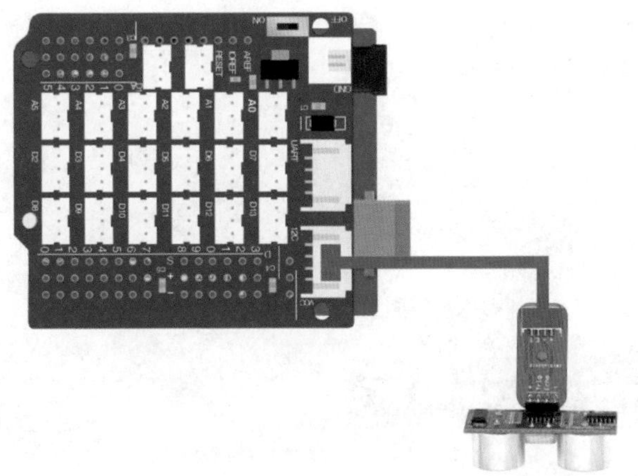

套装硬件连接图

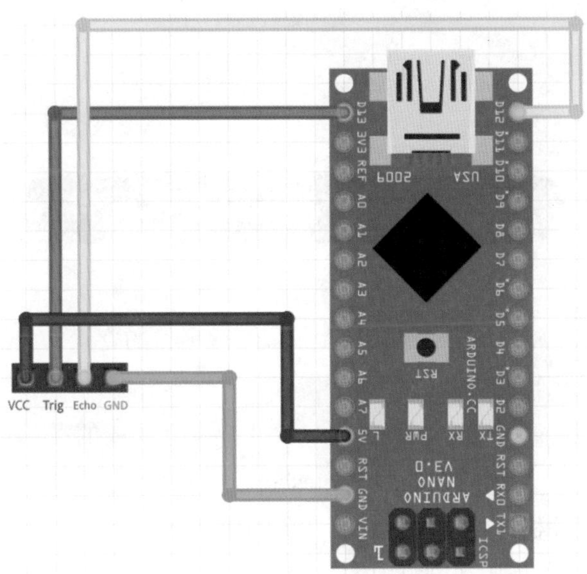

散件 DIY 原理图

前面章节使用的传感器都是接触型的，换句话说，使用这些传感器都必须用手接触到传感器。深海潜行使用的超声波传感器则不需要接触到传感器。超声波传感器测试的是传感器到正前方障碍物的距离，把这个传感器平放在桌面上，向正上方测试，玩家用手掌的上下移动来控制舞台上潜艇角色的上下移动，在海底穿行，游戏画面如图 15.1 所示。

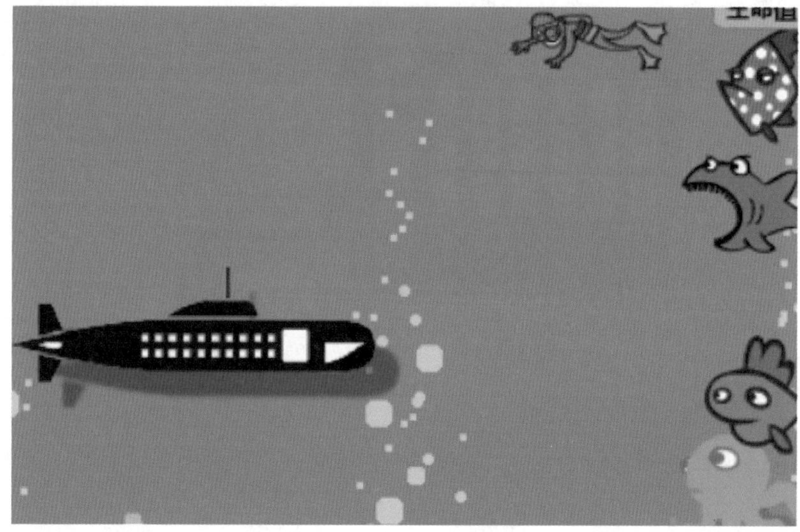

图 15.1　深海潜行项目运行中

15.1　项目分析和制作硬件

图 15.2 是深海潜行项目分析图。深海潜行项目的背景，我们选择了一张海底的图片，颜色比较明亮。

游戏主角是一艘潜艇。在 mBlock 软件中没有现成的潜艇角色，在百度图片中搜索“潜艇”关键词，再用 Photoshop 等图片处理软件，将潜艇处理成背景透明的 png 图片格式，这样就没有多余的白色背景了。

潜艇始终停留在舞台左侧，潜艇下潜的深度，由我们制作的超声波传感器来控制。超声波传感器放在桌面上，向正上方测试。通过计算，获得最近 5 次超声波传感器所测量的距离值。再通过类比计算，将我们设定的 30cm 范围类比到舞台上的 y 坐标 -180 ～ 180 的范围。潜艇实时滑行到这个类比值，从而实现用超声波在 30cm 内的移动范围，来控制潜艇的上下移动。

潜艇在潜行的过程中，如果碰到其他海洋生物，响起报警，“生命值”减少 1，直到减少到 0 游戏结束并汇报玩家的潜行时间。

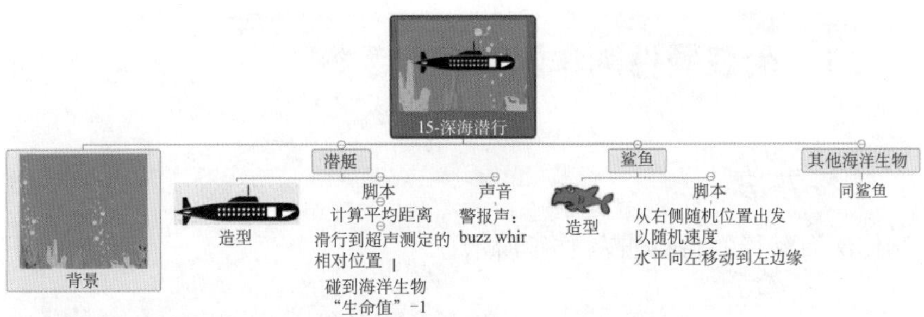

图 15.2　深海潜行项目分析图

为增加游戏的可玩性，我们设置了 5 种海洋生物，如图 15.3 所示。它们的控制脚本是完全相同的，不同的仅仅是造型。要实现的运行效果，是从舞台的右侧随机高度出发，沿水平方向向左侧移动，直到碰到左侧边缘隐藏起来，5 秒后又从右侧出发，如此重复。其他海洋生物运行效果相同。

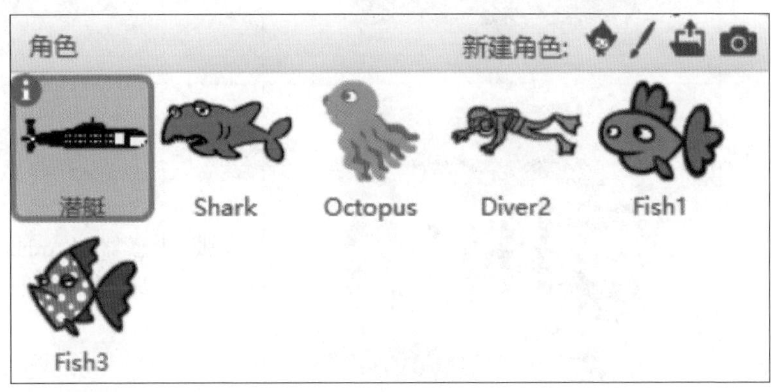

图 15.3　海洋生物

15.2　制作硬件

深海潜行项目需要使用超声波传感器来控制潜艇的上下移动。本章采用两种方式来分别介绍深海潜行手柄的制作。

15.2.1 套装硬件制作深海潜行手柄

1. 连接方法

制作深海潜行的材料如表 15.1 所示。

表 15.1 深海潜行手柄材料清单

材料名称	图 片	数 量	用 途
Arduino UNO		1 张	主控器用于写入程序接收外界信息，或者控制连接在它上面的设备
Arduino 扩展板		1 张	连接传感器，使得传感器与 Arduino 主控板通信更方便
4P 连接线		5 根	带防反接口的连接导线，防反接口的作用是，防止接错导线，烧坏主控板
USB 连接线		1 根	连接 Arduino UNO 主板和计算机

续表

材料名称	图　片	数　量	用　途
超声波传感器	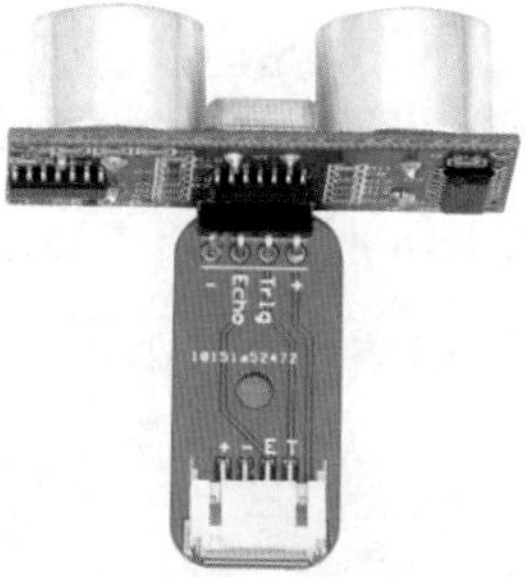	1 支	将超声波信号转换成其他能量信号（通常是电信号）的传感器，用于测距

在 mBlock 中，超声波发送和接收数据，已经被打包成了一个整体的函数模块，我们只需要调用函数，便可以得到超声波检测到前方障碍物的距离值，如图 15.4 所示。

超声波传感器 trig引脚 13 echo引脚 12

图 15.4　超声波传感器模块

在图 15.4 中，我们将超声波的触发引脚（trig）定义在数字端口 D13 上，检测回声（echo）引脚定义在数字端口 D12 上。而在传感器扩展板上，已经添加了超声波专用的接口（接口连接在 13 和 12 号引脚中），所以我们只需要将超声波传感器模块通过 4P 连接线，连接在传感器扩展板上的对应接口中，如图 15.5 所示。这时就完成连接了。

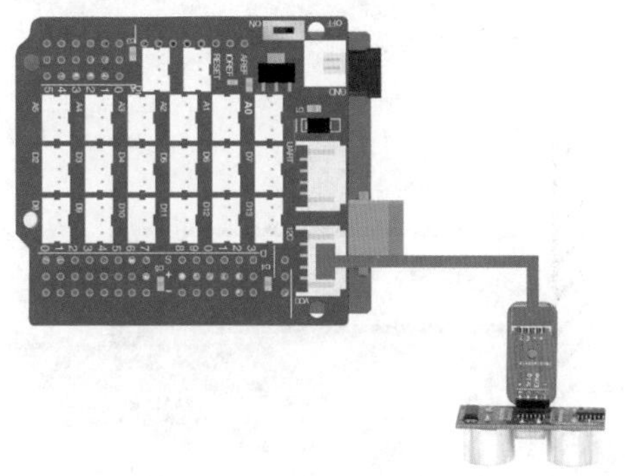

图 15.5　深海潜行手柄连接图

2. 硬件介绍

超声波是频率高于 20 000Hz 的声波，它指向性强，能量消耗缓慢，在介质中传播的距离较远，因而经常用于测量距离。超声波传感器是将超声波信号转换成其他能量信号（通常是电信号）的传感器。这里使用的是一款常见的超声波传感器：SR04 超声波传感器，如图 15.6 所示。超声波传感器是利用超声波特性检测距离的传感器，带有两个超声波探头，分别用作发射和接收超声波，测量范围在 3 ～ 450cm。

图 15.6　超声波传感器

图 15.7 是超声波传感器原理图。其原理是超声波发射器向某一方向发射超声波，在发射的同时开始计时，超声波在空气中传播，途中碰到障碍物就立即返回，超声波接收器收到反射波后，立即停止计时。声波在空气中的传播速度为 340m/s，根据计时器记录的时间 t，就可以计算出发射点距离障碍物的距离 S，即：S=340m/s*t/2，这就是时间差测距法。

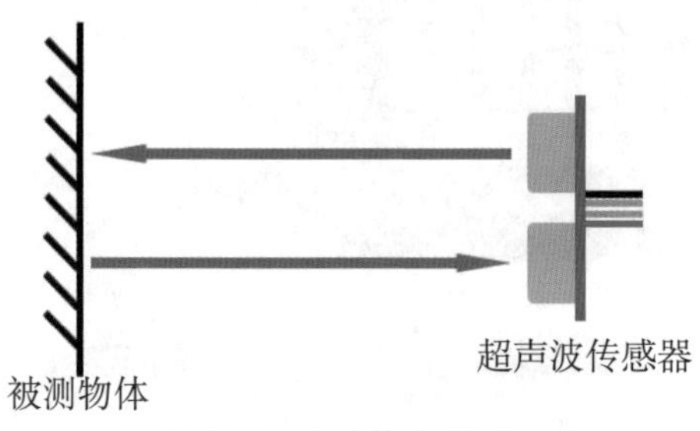

图 15.7　超声波传感器原理图

15.2.2 散件 DIY

深海潜行项目使用一个超声波传感器，还有必不可少的 Arduino NANO 板，只需要这两个元件即可。将这两个元件固定在底板上，根据原理图，连接好相应的导线即可。

1. 规划底板

图 15.8 是规划底板图。找一张大小适当的 PVC 底板，根据该图中元件的摆放位置，将两个电子元件放置在底板上面，观察它们的大致放置位置，确定好放置顺序，以达到方便操作的目的。

图 15.8　规划底板

图 15.9 是描出边线图。确定好元件位置后，根据该图中的画线方法，用铅笔描出所需要底板的边线。

图 15.9　描出边线

2. 切割底板

根据描好的长方形边线，在钢尺的配合下，小心地用美工刀切割好底板，结果如图 15.10 所示。

图 15.10　切割好的底板

3. 画出元件安装位置

切割好底板后，根据图 15.11 中的元件的安装位置，将两个电子元件放置在底板上的适当位置处，用铅笔沿着元件的四周画出元件的边框，为下一步开孔做好准备。画好元件边框后的效果如图 15.12 所示。

图 15.11　规划元件安装位置

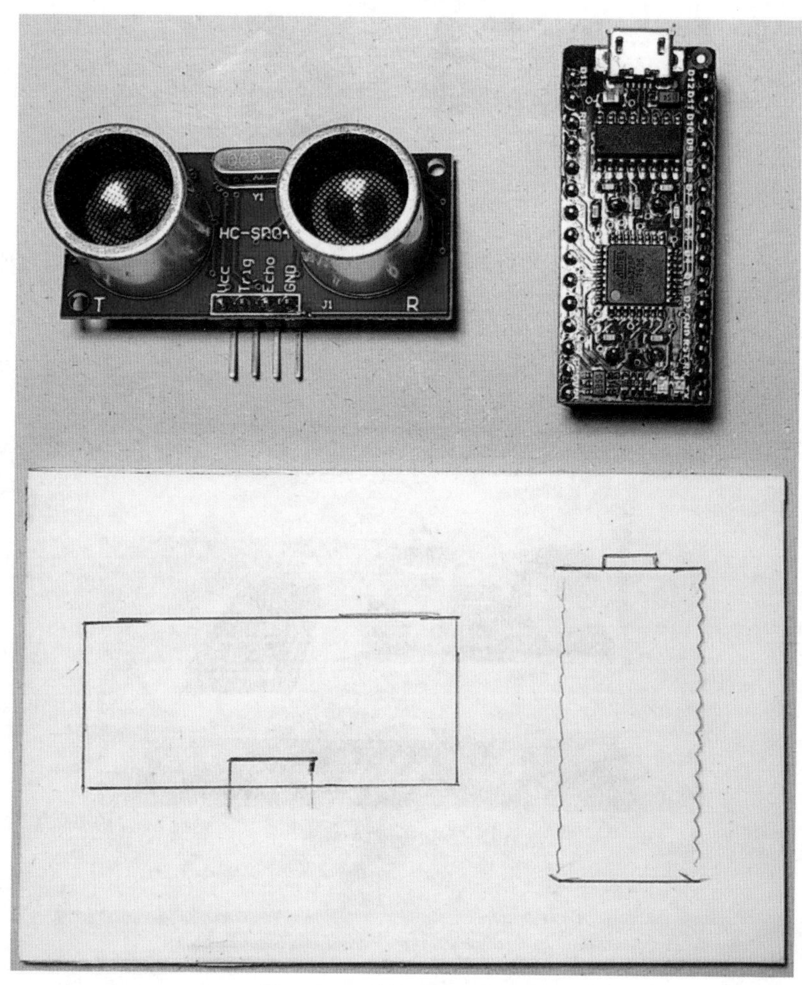

图 15.12 画好元件安装位置

4. 开孔

图 15.13 是开孔图。由于 Arduino NANO 板需要完全下嵌到底板上，因此，根据图 15.13 中的开孔方式，沿 Arduino NANO 板的安装位置开一个大孔，确保 Arduino NANO 板可以完全卡到底板里。元件卡入底板后的效果如图 15.14 所示。

超声波传感器的四个接线端，需要穿过底板，以便于背部连接导线，所以，在超声波的接线端位置，开一个长方形小孔即可，确保超声波传感器的四个接线端可以完全穿到底板背部。穿到底板背部的效果如图 15.15 所示。

图 15.13　开孔

图 15.14　安装元件

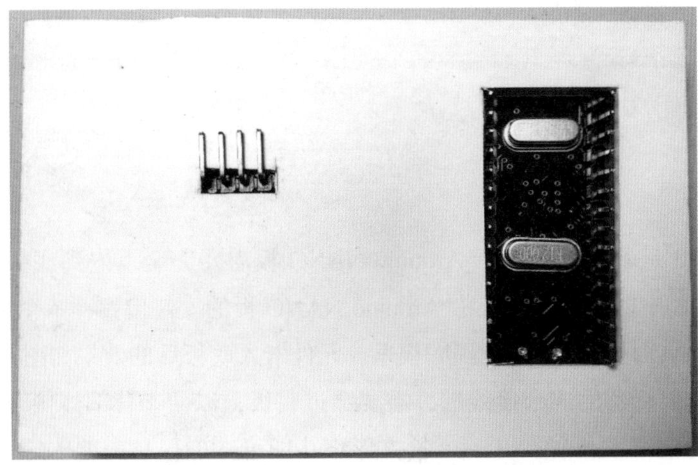

图 15.15　底板背面

5. 黏合元件

根据图 15.16 中的黏合元件的方法，用电热胶枪将这两个电子元件模块黏合到底板上。

图 15.16　黏合元件

6. 绘制连线图

根据图 15.17 中的实物连线图和图 15.18 中的电路原理图，在深海潜行的底板背面，标注好需要连接的相应端口，并用导线连接好需要连接的端口。导线尽量进行水平和垂直排列，绘制好后的连线图如图 15.19 所示。

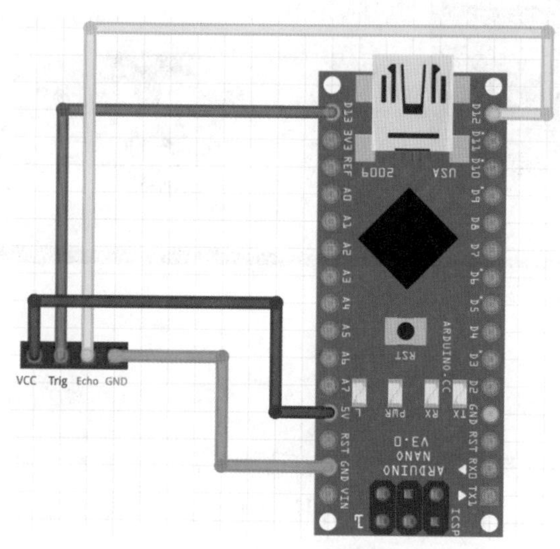

图 15.17　深海潜行实物连线图

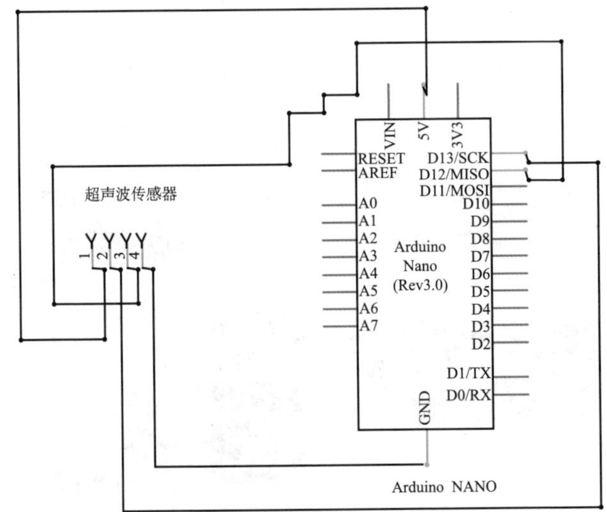

图 15.18　深海潜行电路原理图

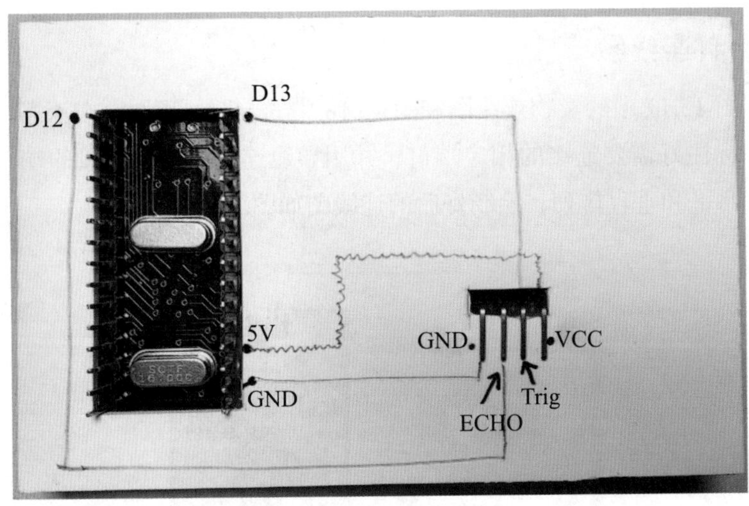

图 15.19　绘制连线图

7. 焊接导线

根据图 15.20 中的连接导线，选取适当长度的 OK 线，根据绘制好的连线图，逐一连接各端口之间的连线，并按照水平或垂直的方向，用电热胶枪在导线的转角位置固定导线，固定好后的效果如图 15.21 所示。

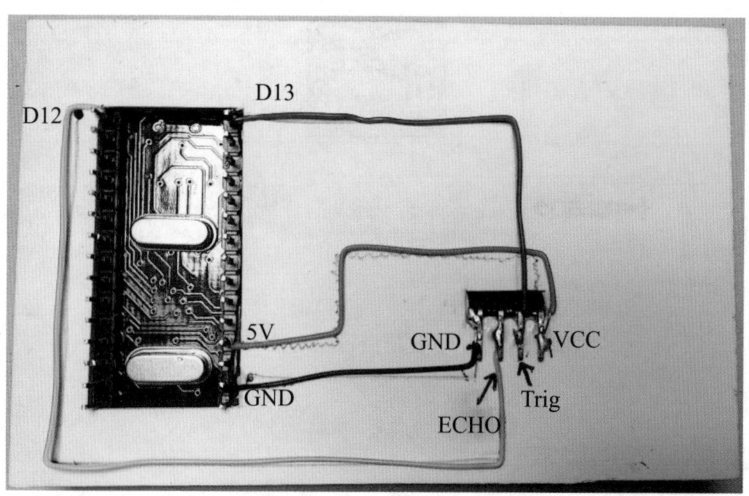

图 15.20　连接导线

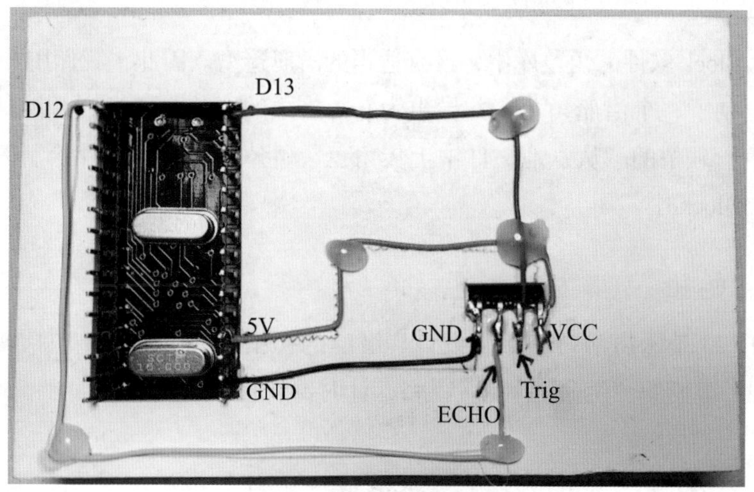

图 15.21　黏合导线

15.3 设计软件

现在我们已经做好了一款深海潜行的手柄，接下来根据如图 15.22 所示的深海潜行项目分析导图。马上开始制作深海潜行的软件部分吧！

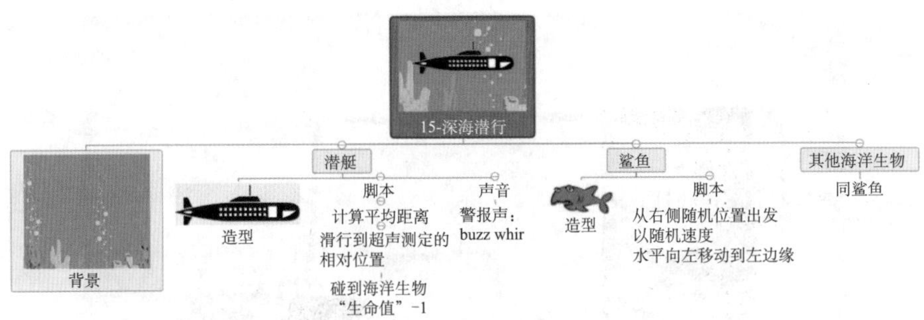

图 15.22 深海潜行项目分析图

15.3.1 潜艇脚本设计

1. 造型

在 mBlock 软件的角色库中，没有适当的潜艇造型。因此，我们用 Coreldraw 软件，绘制了一个潜艇角色，并导出为 png 格式的图片。切换到 mBlock 软件，单击角色管理中的“从本地文件中上传角色”，将 Coreldraw 软件绘制的潜艇造型导入 mBlock 中。

2. 初始化

图 15.23 是深海潜行初始化设计。潜艇的初始化脚本部分，包括初始成绩设定为 0，潜艇的“生命值”设定为 5，计时器设置归零等。

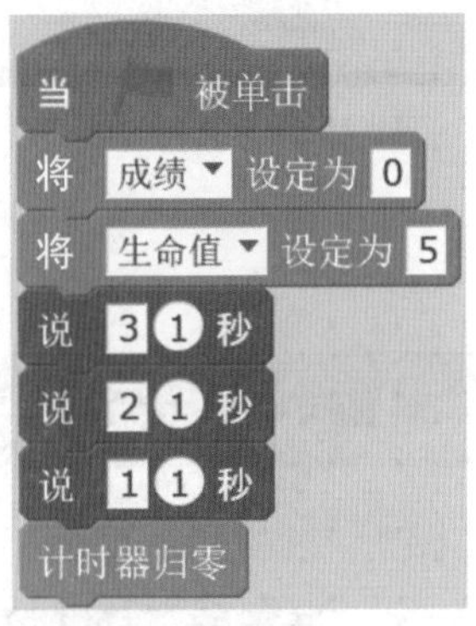

图 15.23 深海潜行初始化

3. 检测撞击和结束条件设计

图 15.24 是检测撞击和结束条件设计。潜艇在上下移动过程中，需要不断地检测是否碰到其他物体。碰到其他对象后，生命值增加 -1。当生命值小于 1 时，游戏结束。

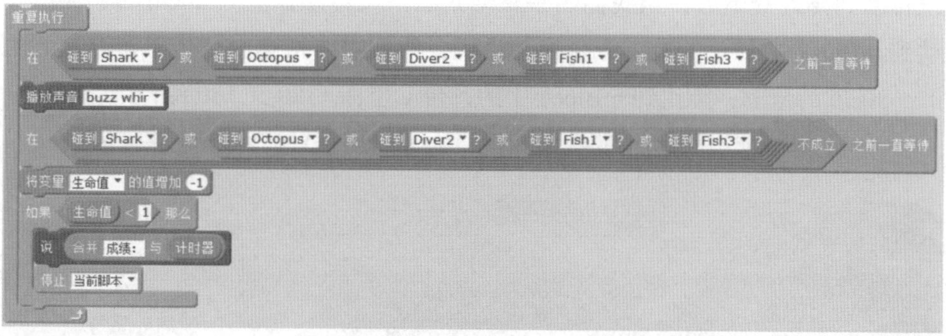

```
重复执行
  在 碰到 Shark ? 或 碰到 Octopus ? 或 碰到 Diver2 ? 或 碰到 Fish1 ? 或 碰到 Fish3 ? 之前一直等待
  播放声音 buzz whir
  在 碰到 Shark ? 或 碰到 Octopus ? 或 碰到 Diver2 ? 或 碰到 Fish1 ? 或 碰到 Fish3 ? 不成立 之前一直等待
  将变量 生命值 的值增加 -1
  如果 生命值 < 1 那么
    说 合并 成绩: 与 计时器
    停止 当前脚本
```

图 15.24　检测撞击和结束条件

4. 连续读取超声波传感器的距离值

图 15.25 是连续读取超声波传感器的距离值设计。超声波传感器的灵敏度很高，游戏时，如果稍有空挡，或者障碍物离开了，都可以瞬间测试出来。而我们控制的潜艇，需要维持一定的稳定性，不需要反应那么灵敏，太灵敏不是很真实。所以，采取连续读取，并计算平均值的方式，以达到稳定地控制潜艇上下移动。

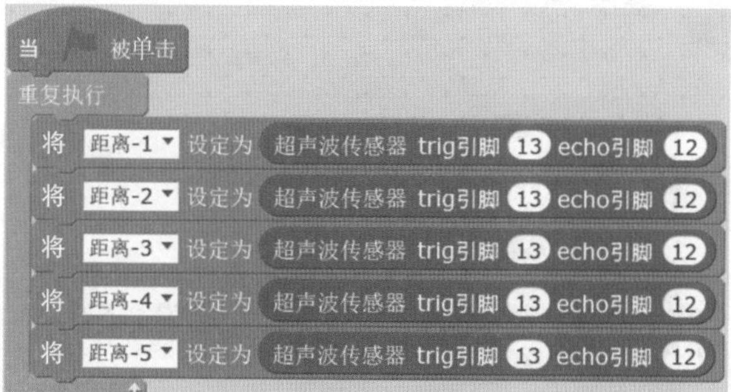

```
当 🏁 被单击
重复执行
  将 距离-1 设定为 超声波传感器 trig引脚 13 echo引脚 12
  将 距离-2 设定为 超声波传感器 trig引脚 13 echo引脚 12
  将 距离-3 设定为 超声波传感器 trig引脚 13 echo引脚 12
  将 距离-4 设定为 超声波传感器 trig引脚 13 echo引脚 12
  将 距离-5 设定为 超声波传感器 trig引脚 13 echo引脚 12
```

图 15.25　连续读取超声波传感器的距离值

5. 平滑移动到连续 5 次距离的平均值

图 15.26 是平滑移动到连续 5 次距离的平均值设计。潜艇的上下移动采用滑行动作来完成。超声波传感器控制的范围，我们设计为 30cm。也就是说，当我们用手贴在超声波传感器上面时，这时距离值为 0，在 mBlock 中潜艇角色移动到舞台最下方；当我们用手移动到超声波传感器上方 30cm 时，潜艇移动到 mBlock 中舞台的最上方。换句话说，我们需要把超声波传感器测试到的 0 ～ 30cm 的范围，类比到 mBlock 中的舞台 y 坐标 -180 ～ 180 的范围。

计算过程需要用到初中的数学知识，大家如果感兴趣可以研究一下。

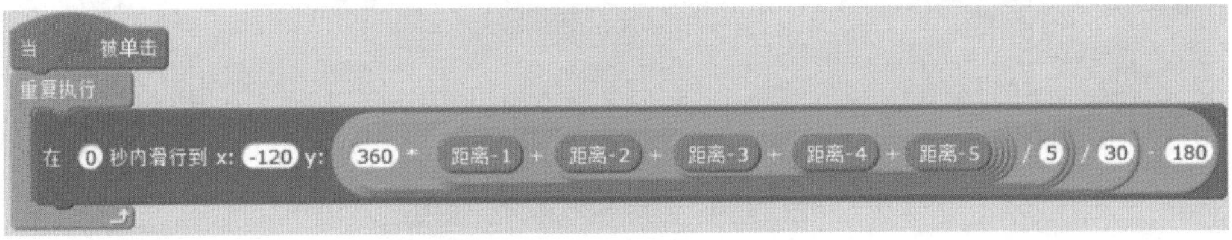

```
当 被单击
重复执行
    在 0 秒内滑行到 x: -120 y: 360 * 距离-1 + 距离-2 + 距离-3 + 距离-4 + 距离-5 / 5 / 30 - 180
```

图 15.26　平滑移动到平均值

15.3.2　鲨鱼脚本设计

鲨鱼角色从右侧的随机出发，慢慢向左侧移动，用这种动作来模拟海底世界。

1. 鲨鱼出现在舞台右侧的随机位置

图 15.27 是鲨鱼出现设计。为增加游戏的可玩性，鲨鱼角色需要出现在舞台右侧的随机位置。

```
当 被单击
隐藏
将角色的大小设定为 50
重复执行
    移到 x: 240 y: 在 -180 ~ 180 间随机选一个数
    克隆 自己
    等待 5 秒
```

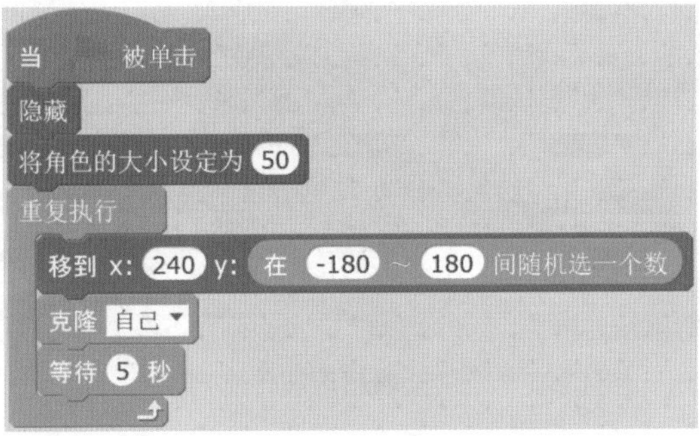

图 15.27　鲨鱼出现

2. 以随机速度、沿水平方向向左侧移动

图 15.28 是鲨鱼向左移动设计。除了设计了鲨鱼出现的随机高度，还设计了随机速度。同样采用了滑行动作，以确保获得一个良好的视觉效果。同时，通过获得鲨鱼刚出现时的 y 坐标，以实现鲨鱼沿水平方向移动。

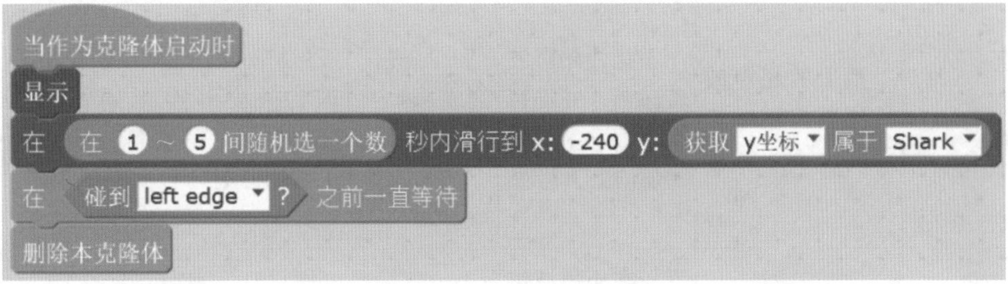

当作为克隆体启动时
显示
在 在 1 ~ 5 间随机选一个数 秒内滑行到 x: -240 y: 获取 y坐标 属于 Shark
在 碰到 left edge ? 之前一直等待
删除本克隆体

图 15.28　鲨鱼向左移动

3. 鲨鱼游动

为增加游戏画面的可观性，增加了动画效果，如图 15.29 所示。

当作为克隆体启动时
重复执行
下一个造型
等待 0.2 秒

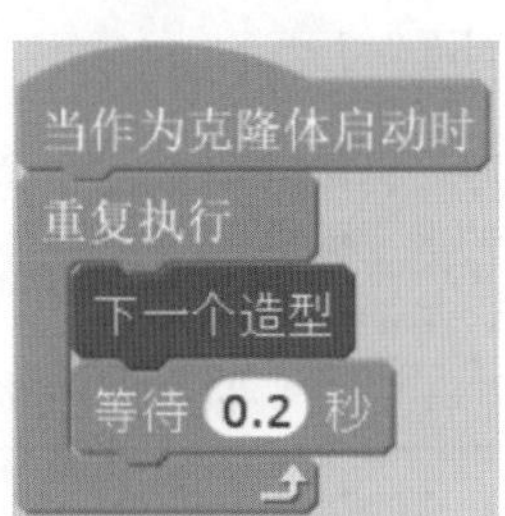

图 15.29　鲨鱼游动效果

15.4　测试、优化和迭代

任何作品很难一次性做到很完美，所以测试、优化和迭代是必不可少的。

1. 测试

根据如表 15.2 所示的测试项目，逐项测试，直到所有项目完全测试通过。

表 15.2 深海潜行项目测试表

序 号	测试对象	调试内容	完成情况	改正建议
1	手柄上的超声波传感器控制潜艇深度	用手挡住超声波传感器，并进行上下移动来控制潜艇的上下移动	完成 / 未完成	mBlock 未连接 Arduino NANO 板；Arduino NANO 板未安装固件；按键连接到 Arduino NANO 板上的端口与 mBlock 上调用的端口不一致；硬件连接异常
2	Scratch 脚本	潜艇在超声波传感器的控制下，在舞台的上下边缘之间移动	完成 / 未完成	检查 Scratch 的相关脚本
3	Scratch 脚本	潜艇碰到一个海洋生物，“生命值”只减少 1	完成 / 未完成	
4	Scratch 脚本	其他海洋生物从右侧的上下随机位置，水平向左移动	完成 / 未完成	

2. 优化

超声波传感器数据稳定性设计，超声波传感器工作频率非常高，能实时测得当前的距离值。在深海潜行项目中，当超声波传感器测得的距离值稍有变化，潜艇都将立即调整下潜深度，这种不稳定的瞬时反应，是游戏设计中不希望看到的，所以，在测试软件中，我们采用了连续采集五次，用最近五次距离的平均值，来控制潜艇的下潜深度的算法。潜艇的下潜稳定性提升了不少，但还有更优秀的算法，更能有效地解决这一问题，期待大家自己开动智慧。

15.5 拓展应用

任务：制作面积测试仪。

制作一个如图 15.30 所示的面积测试仪，可用于测试长方形、圆形的面积。手柄上，设计一个超声波传感器和一个按键。当按下按键时，mBlock 记录当前测得的距离值；当第二次按下按键时，mBlock 记录测试物体的第二条边。用这种方式实现快速测量物体的面积。

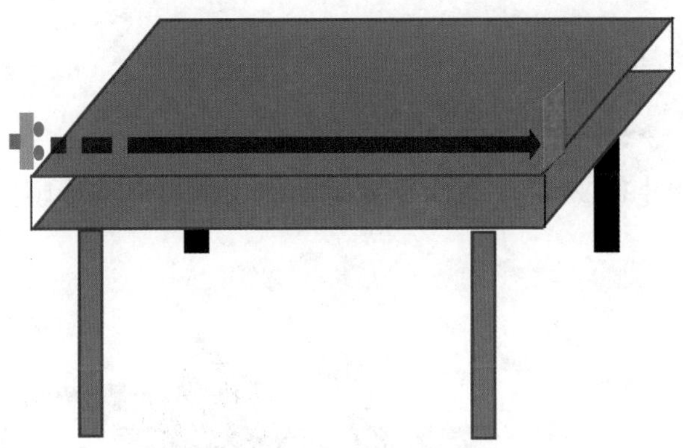

图 15.30　面积测试仪应用场景

15.6 相关资料

以下资料来自网络上的关于超声波传感器的说明文档。

1. 超声波传感器模块外形

图 15.31 是常见的超声波传感器模块，通常用于单片机、Arduino 开源硬件

和树莓派等设备上，兼容性很好。

图 15.31　超声波传感器模块

2. 倒车雷达上使用的超声波传感器

图 15.32 和图 15.33 是车载倒车雷达上使用的超声波传感器，应用场景如图 15.34 所示。

图 15.32　车载倒车雷达 1

图 15.33　车载倒车雷达 2

图 15.34　车载倒车雷达应用场景

3. 工业生产中使用的超声波传感器

图 15.35 ～图 15.39 为工业生产中广泛使用的超声波传感器，其广泛应用于油位测试、工件传输、工件定位等。

图 15.35　工业超声波传感器 1

图 15.36　工业超声波传感器 2

图 15.37　工业超声波传感器 3

图 15.38　工业超声波传感器 4

图 15.39　工业超声波传感器 5

4. 尺寸

图 15.40 为超声波传感器模块的外形尺寸图，其长为 45mm、宽为 20mm、高为 15mm，接线端子采用四根均为 2.5mm 间距的插针，便于与其他设备连接。

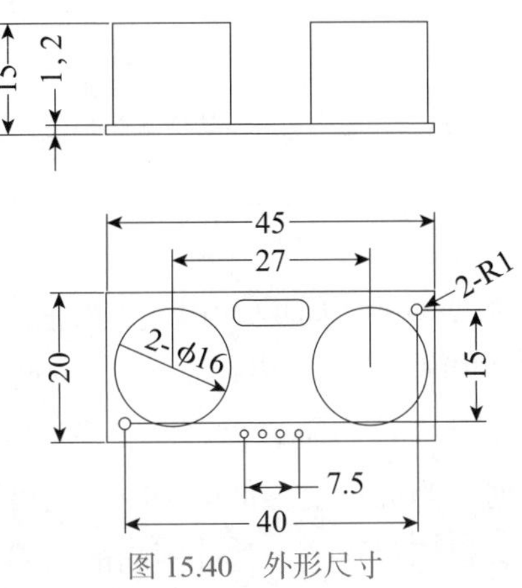

图 15.40　外形尺寸

5. 接口定义

表 15.3 是超声波传感器接线端口定义表。超声波传感器共 4 个接线端口，分别是 VCC、TRIG（控制端）、ECHO（接收端）和 GND。其中，VCC 接 5V 电源、TRIG 触发控制信号输入、ECHO 回响信号输出、GND 为地线。

表 15.3　超声波传感器接线端口定义表

VCC	TRIG	ECHO	GND
接 5V 电源	触发控制信号输入	回响信号输出	接地

6. 原理分析

HC-SR04 超声波测距模块可提供 2 ～ 400cm 的非接触式距离感测功能，测距精度可达到 3mm；模块包括超声波发射器、接收器与控制电路。

图 15.41 是超声波传感器工作时序图。超声波传感器的基本工作原理如下所示。

（1）采用 IO 口 TRIG 触发测距，给至少 10us 的高电平信号。

（2）模块自动发送 8 个 40KHz 的方波，自动检测是否有信号返回。

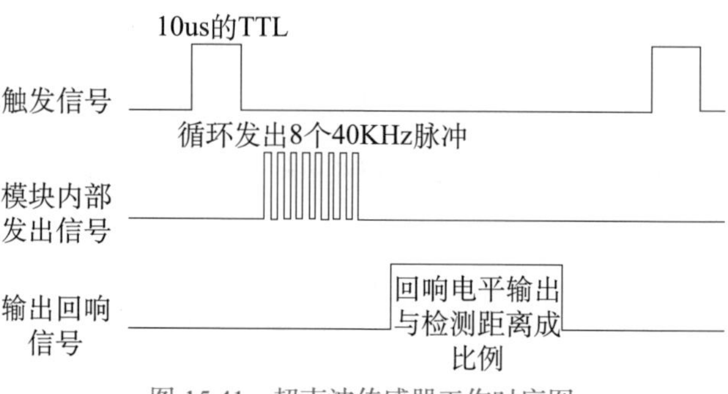

图 15.41　超声波传感器工作时序图

（3）有信号返回，通过 IO 口 ECHO 输出一个高电平，高电平持续的时间就是超声波从发射到返回的时间。测试距离 =（高电平时间 * 声速（340m/s））/2。

控制口发一个 10us 以上的高电平，就可以在接收口等待高电平输出。一有输出就可以开定时器计时。当此口变为低电平时，就可以读定时器的值，此时就为此次测距的时间，方可算出距离。如此不断的周期测试，就可以达到移动测量的值了。

7. 电气参数

表 15.4 为超声波传感器模块电气参数表。

表 15.4　超声波传感器模块电气参数表

电气参数	HC-SR04 超声波模块
工作电压	DC5V
工作电流	15mA
工作频率	40Hz
最远射程	4m
最近射程	2cm
测量角度	15°
输入触发信号	10us 的 TTL 脉冲
输出回响信号	输出 TTL 电平信号，与射程成比例
规格尺寸	45mm × 20mm × 15mm

8. 其他注意事项

（1）超声波传感器模块不宜带电连接，若要带电连接，则先让模块的 GND 端先连接，否则会影响模块的正常工作。

（2）测距时，被测物体的面积不少于 $0.5m^2$ 且平面尽量要求平整，否则影响测量的结果。

附录 1

各项目底板尺寸图

原文件下载详见附录 5。

（单位：mm）

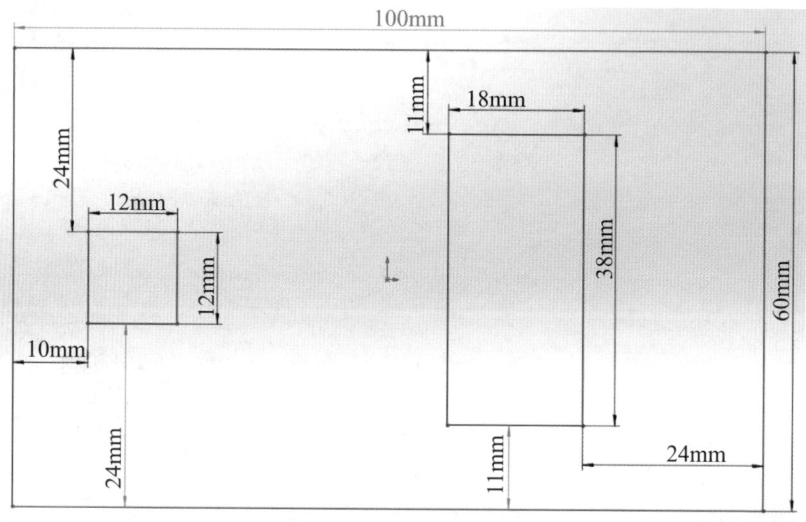

附录图 1.1　第 5 章　反应速度测试仪（按键传感器）底板尺寸

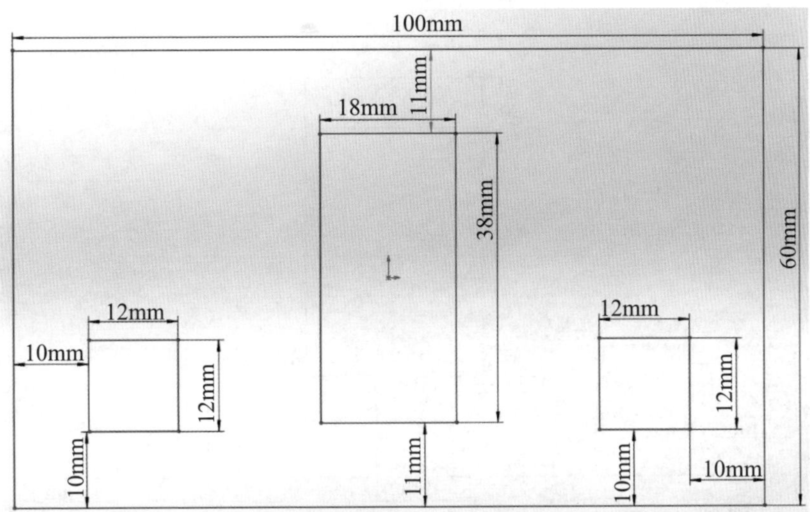

附录图 1.2　第 6 章　按键赛马（按键传感器）底板尺寸

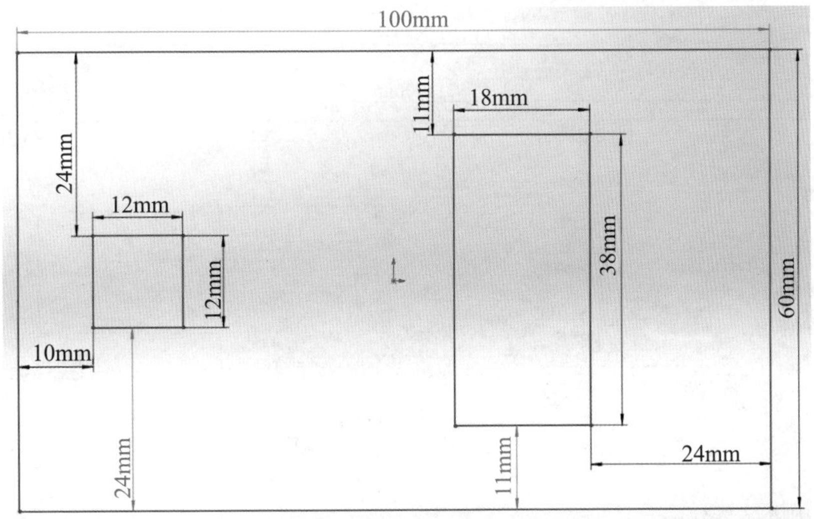

附录图 1.3　第 7 章　抽奖机（触摸传感器）底板尺寸

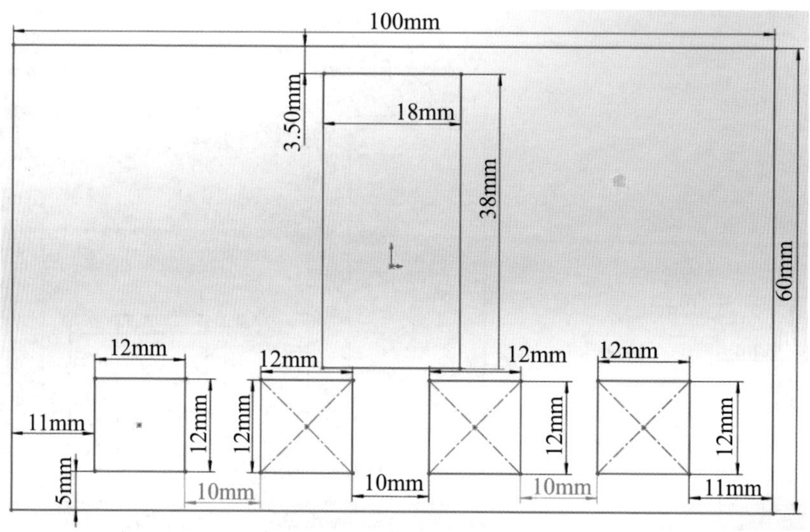

附录图 1.4　第 8 章　投票器（触摸传感器）底板尺寸

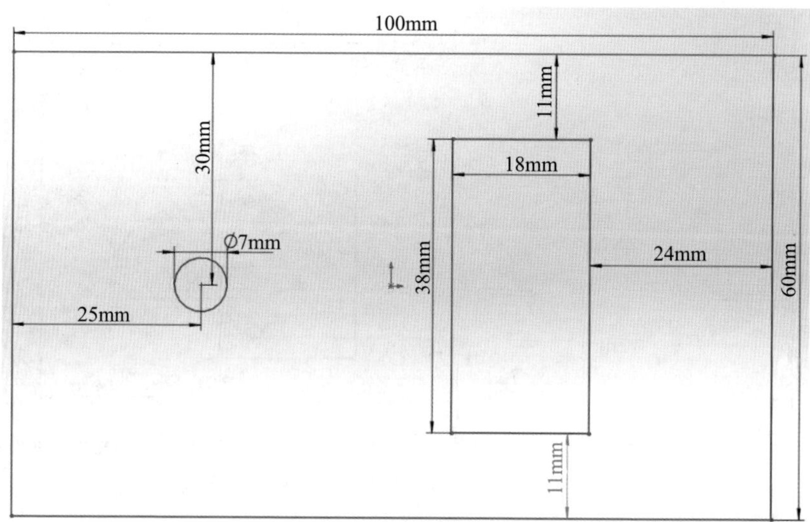

附录图 1.5　第 9 章　迷宫（旋转电位器）底板尺寸

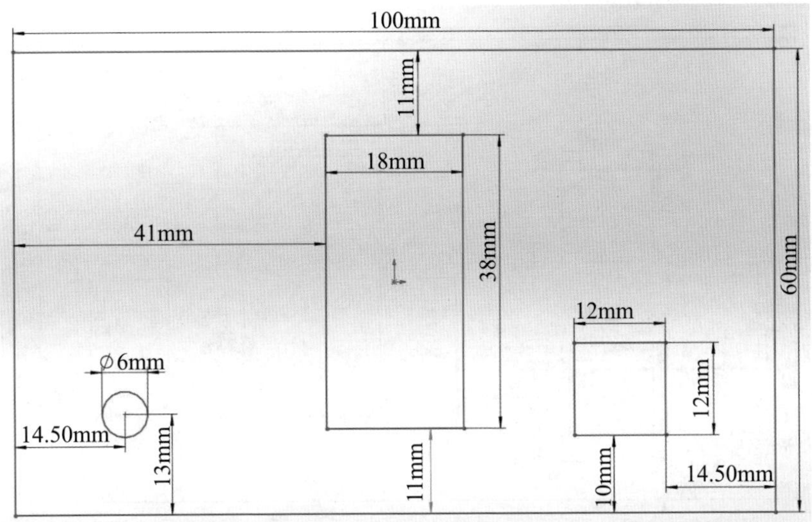

附录图 1.6　第 10 章　抢滩登陆战（旋转电位器 + 按键）底板尺寸

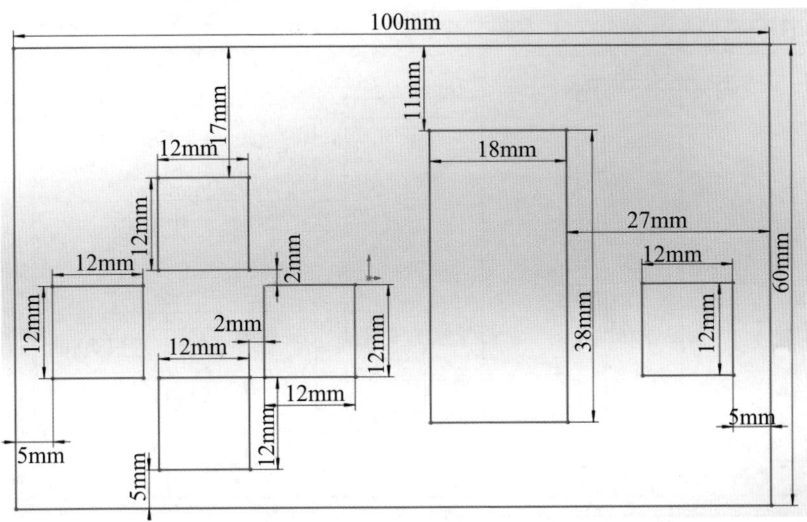

附录图 1.7　第 11 章　坦克大战（左边的 4 个按键 + 右边的一个按键）底板尺寸

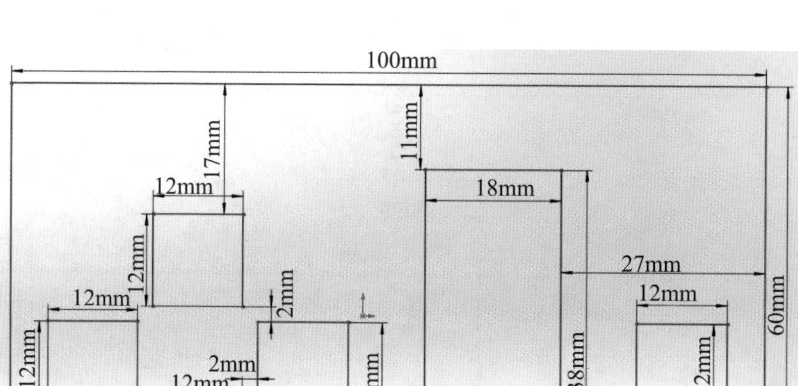

附录图 1.8　第 12 章　雷电（左边的 4 个按键 + 左边的一个按键）底板尺寸

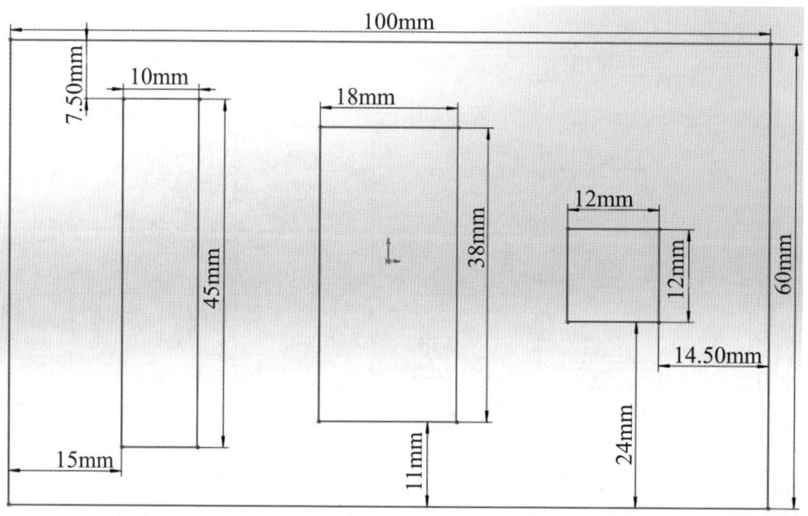

附录图 1.9　第 13 章　神箭手（直滑式电位器 + 按键）底板尺寸

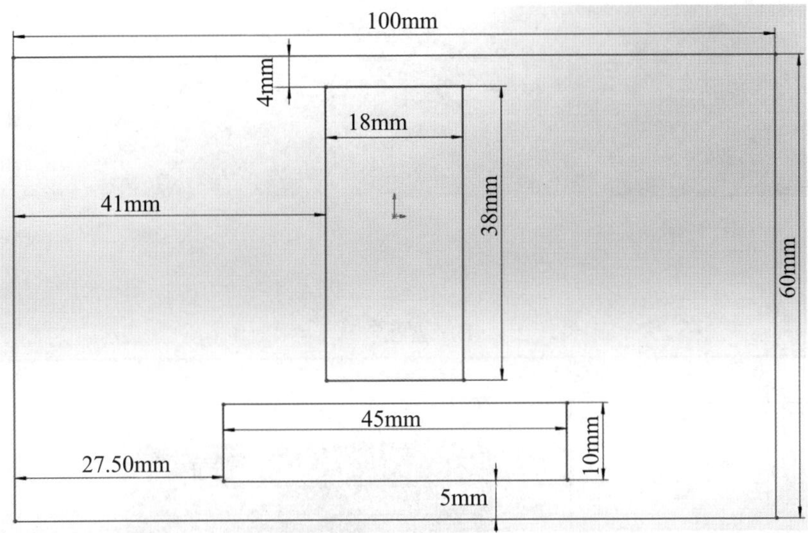

附录图 1.10　第 14 章　快快接礼物（直滑式电位器）底板尺寸

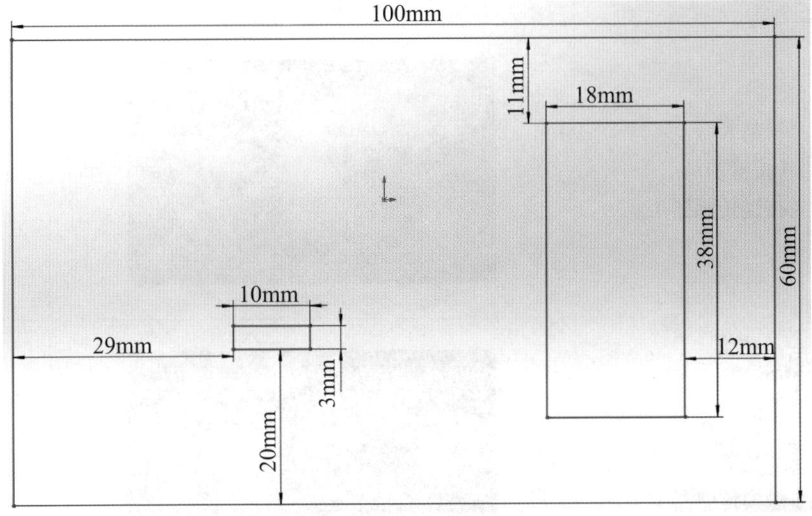

附录图 1.11　第 15 章　深海潜行（超声波传感器）底板尺寸

附录 2

配套的全套 DIY 底板

附录表 2.1　DIY 底板清单（共 11 张）

名　　称	图　　片	数　量
第 5 章 反应速度测试仪 （按键传感器）	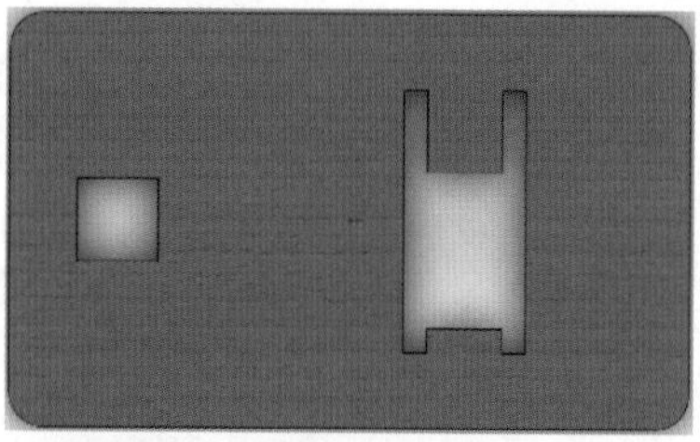	1 张
第 6 章 按键赛马 （按键传感器）	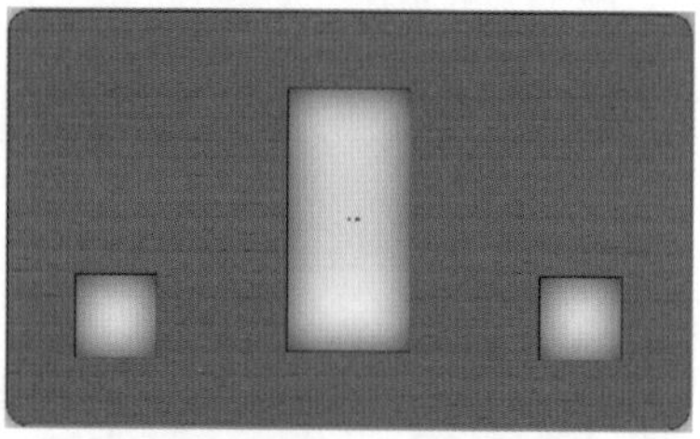	1 张
第 7 章 抽奖机 （触摸传感器）	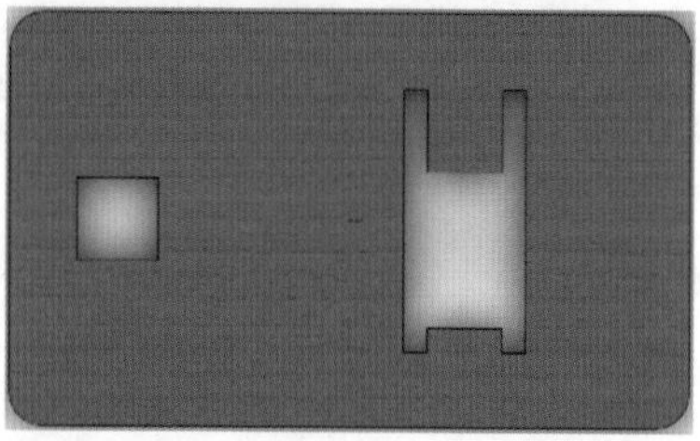	1 张

续表

名　　称	图　　片	数　量
第 8 章 投票器 （按键传感器）	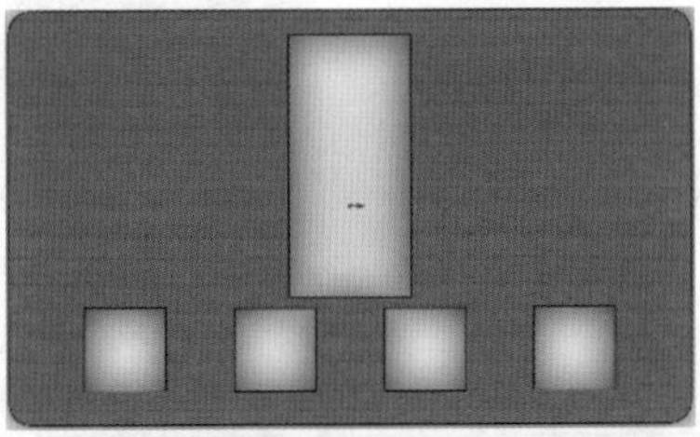	1 张
第 9 章 迷宫 （旋转电位器）		1 张
第 10 章 抢滩登陆战 （旋转电位器 + 按键）	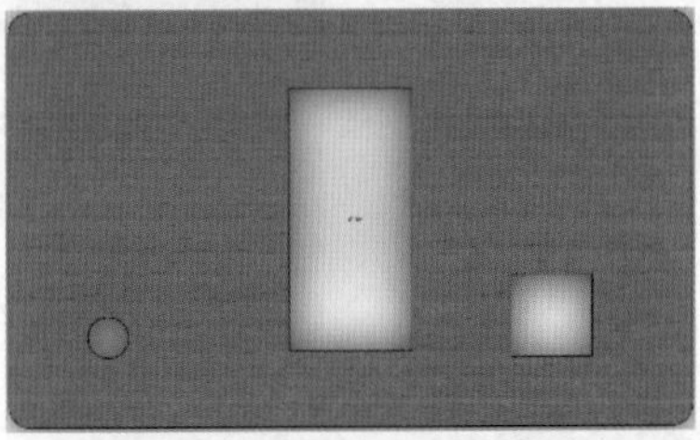	1 张
第 11 章 坦克大战 （左边的 4 个按键 + 右边的一个按键）	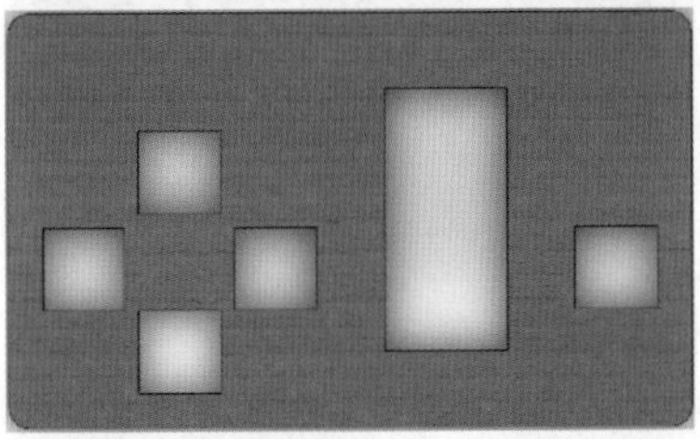	1 张
第 12 章 雷电 （左边的 4 个按键 + 右边的一个按键）	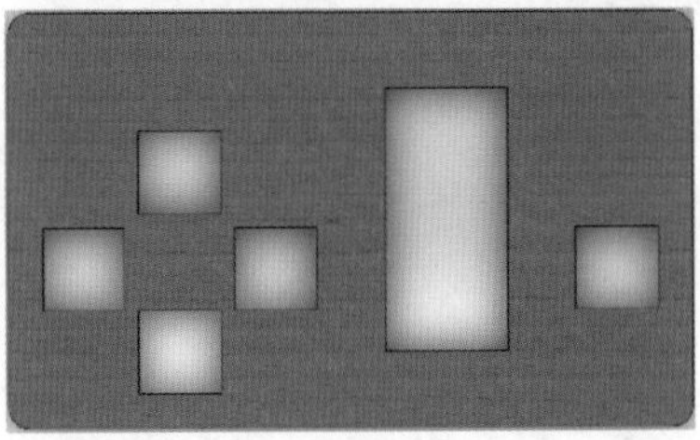	1 张

续表

名　称	图　片	数　量
第 13 章 神箭手 （直滑式电位器 + 按键）	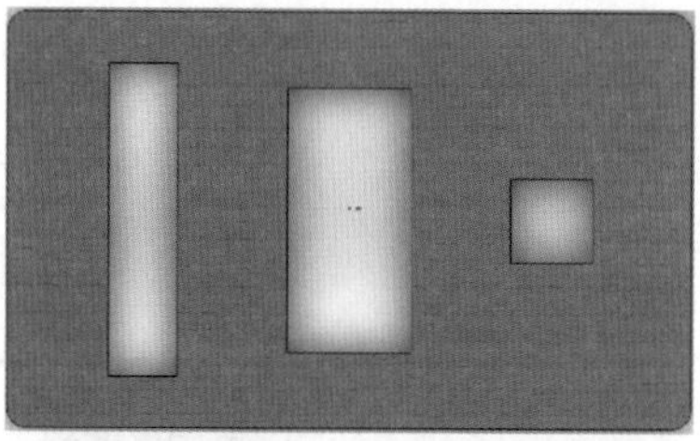	1 张
第 14 章 快快接礼物 （直滑式电位器）	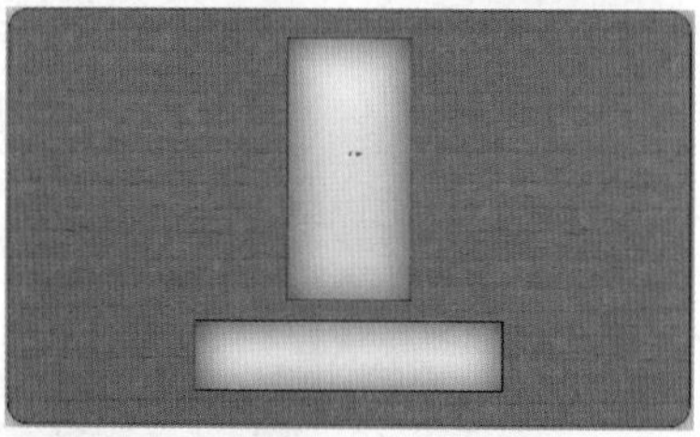	1 张
第 15 章 深海潜行 （超声波传感器）	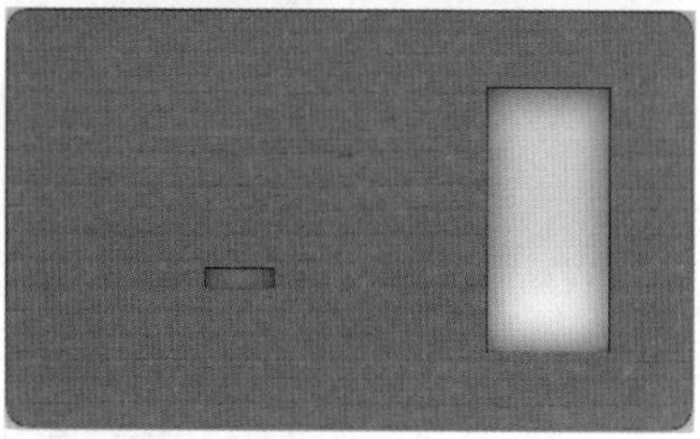	1 张

配套的套装硬件

附录表 3.1　本书配套的套装硬件清单

（各传感器模块将重复使用，同一时间只能满足一个项目使用，多购不受限制）

名　称	图　片	数　量
触摸传感器		1 个
按键传感器		4 个
按键手柄		1 个
旋转电位器模块		1 块
直滑式电位器模块		1 块

续表

名　　称	图　　片	数　量
超声波传感器	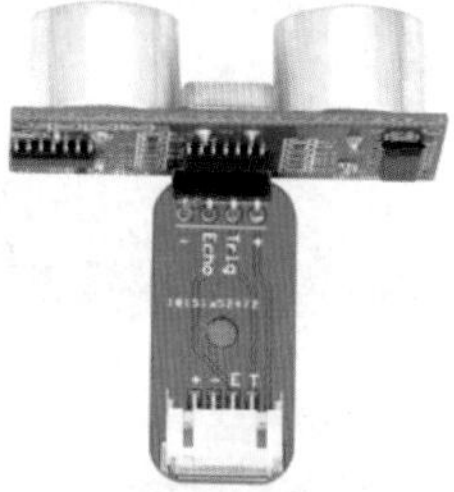	1 个
Arduino UNO 主控板（以实物为准）		1 张
传感器扩展板		1 张
3P 连接线	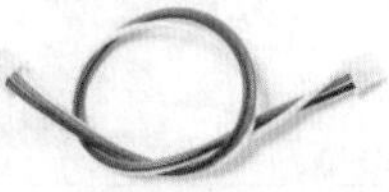	10 根
4P 连接线		5 根
USB 数据线		1 根
塑料盒子		1 个

附录 4

配套的全套 DIY 电子元件

附录表 4.1　DIY 电子元件清单

名　　称	图　　片	数　量
Arduino NANO 板		10 张
直滑式电位器（10kΩ）	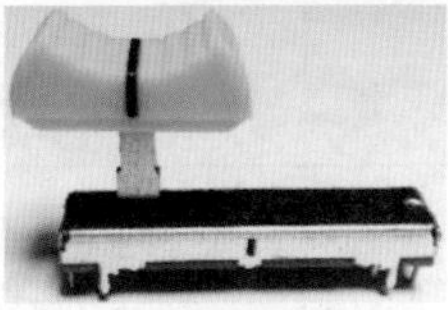	2 个
按键开关		20 个
旋转电位器（10 kΩ）		2 支
电阻（10 kΩ）		20 颗

续表

名　称	图　片	数　量
微动开关		1 个
超声波传感器		1 个
彩色排线	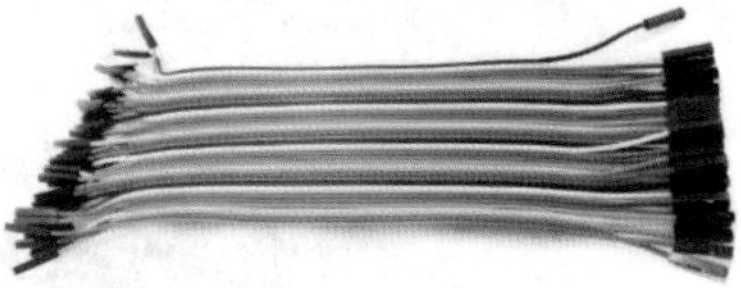	1 排 40P
收纳盒	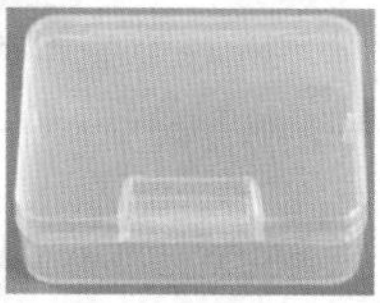	1 个
Micro USB 数据线——TPE	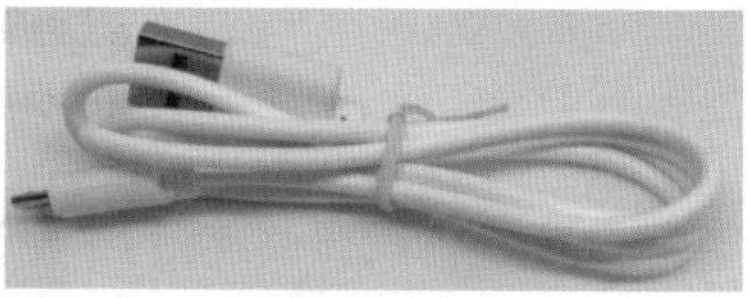	1 根

附录 5

原文件下载

文件夹名称	文件用途
SolidWorks 原文件	SolidWorks 中底板设计的原文件
底板截图	底板设计的尺寸说明图
电路原理图 Fritzing	电子元件接线示意图
激光切割 DXF 文件	导入激光切割机加工底板中
示例程序	配套的每一章示例程序